● まえがき ●

・この「応用電気回路ノート」は、高専生および大学生が電気回路を学ぶ教科書として、「基礎電気回路ノートⅠ」、「同Ⅱ」、「同Ⅲ」（電気書院発行）とセットで使用できるように企画したものです。

・基礎電気回路ノートでは直流回路から交流回路の基礎的な理論を取り上げ、応用電気回路ノートでは、それに続く**応用**として、不平衡三相回路、分布定数回路、過渡現象、そしてラプラス変換を取り上げています。この４冊により、電気回路において学ぶべき主な内容が網羅されています。

・本書は学習ができるだけ円滑に進められるよう、基礎電気回路ノートと同様、

- ▶ 各章が理論とその理解のための例題、練習問題により構成されています。また、理論、例題では、**飛躍の少ない、ていねいな説明**を心がけています。
- ▶ 理論、例題には**空白**箇所が設けてあり、そこを**穴埋め***することにより、**考える、受け身にならない学習**を促しています。そのため、自習にも適した教科書になっています。
- ▶ 教科書＋ノートとして使えるように、練習問題には**解答記入**のための**スペース**が設けてあります。また、全ての練習問題に**詳しい解答**が付けてあります。

みなさんが、「電気回路がわかる、なっとく」するのに、本書が役立つことを願っています。

*穴埋め用の空白は、アンダーラインおよび四角で示されています。**点線の＿＿＿＿あるいは□には、文字式（文字）**を記入してください。**実線の＿＿＿＿あるいは□には、数値**（多くは、文字式に代入する数値）を記入してください。なお、定義の部分は、自分だけで埋めることが難しい場合があります。その場合は、解答から、埋めるべき言葉を書き写してください。また、波線のアンダーラインは、選択のための候補を示しています。選択しないほうを二重線で消すなどして、どちらかを選んでください。

応用電気回路ノート　目次

第 1 章　不平衡三相回路

｜﹍﹍﹍、┆　┆：文字式を記入
｜＿＿＿、□：数値を記入

・三相交流回路の負荷は、3 個の負荷が全く同一の場合を平衡負荷、そうでない場合を不平衡負荷という。また、電圧源が対称で負荷が不平衡である回路や、電圧源が非対称で負荷が平衡あるいは不平衡である回路を不平衡（非対称とも呼ばれる）三相回路という。

1.1　不平衡負荷のΔ－Y 変換

学習内容　不平衡負荷のΔ－Y変換について学ぶ。

目　標　不平衡負荷のΔ－Y変換公式が導出でき、それによる計算ができる。

・不平衡負荷には図 1-1 (a) のようにインピーダンスがY結線された負荷と同図 (b) のようにΔ結線された負荷があり、これらは相互に変換することができる。以下で、相互変換の式を求める。

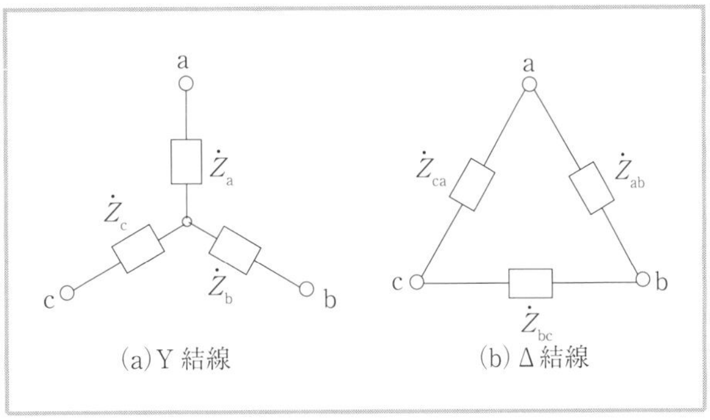

図 1-1

1.1 (1)　Δ結線からＹ結線への変換

・図 1-1 (a) における端子 a-b 間のインピーダンスを左辺に、同図 (b) における端子 a-b 間のインピーダンスを右辺に記述し、それらを等しいとおくと、(1-1) 式になる。

$$\text{端子 a-b 間}\quad \dot{Z}_a+\dot{Z}_b=\frac{\dot{Z}_{ab}\dot{Z}_{bc}+\dot{Z}_{ca}\dot{Z}_{ab}}{\dot{Z}_{ab}+\dot{Z}_{bc}+\dot{Z}_{ca}} \tag{1-1}$$

以下、同様に端子 b-c 間、c-a 間のインピーダンスを求める。

$$\text{端子 b-c 間}\quad \dot{Z}_b+\dot{Z}_c= \text{①}\fbox{} \tag{1-2}$$

$$\text{端子 c-a 間}\quad \dot{Z}_c+\dot{Z}_a= \text{②}\fbox{} \tag{1-3}$$

(1-1) 式、(1-2) 式、(1-3) 式の左辺、右辺をそれぞれ加算すると、

$$2\left(\dot{Z}_a+\dot{Z}_b+\dot{Z}_c\right)=\frac{2\left(\dot{Z}_{ab}\dot{Z}_{bc}+\text{③}\fbox{}\right)}{\dot{Z}_{ab}+\dot{Z}_{bc}+\dot{Z}_{ca}} \tag{1-4}$$

(1-4)式の両辺を2で除した式から、(1-2)式、(1-3)式、(1-1)式をそれぞれ引き算すると変換式は次のようになる。

$$\dot{Z}_{\mathrm{a}}=\frac{\dot{Z}_{\mathrm{ca}}\dot{Z}_{\mathrm{ab}}}{\dot{Z}_{\mathrm{ab}}+\dot{Z}_{\mathrm{bc}}+\dot{Z}_{\mathrm{ca}}},\ \dot{Z}_{\mathrm{b}}=\text{④}\boxed{},\ \dot{Z}_{\mathrm{c}}=\text{⑤}\boxed{} \qquad (1\text{-}5)$$

1.1(2) Y結線からΔ結線への変換

・(1-5)式を用いて、$\dot{Z}_{\mathrm{a}}\times\dot{Z}_{\mathrm{b}}$, $\dot{Z}_{\mathrm{b}}\times\dot{Z}_{\mathrm{c}}$, $\dot{Z}_{\mathrm{c}}\times\dot{Z}_{\mathrm{a}}$を計算し、左辺、右辺をそれぞれ加算すると、

$$\dot{Z}_{\mathrm{a}}\dot{Z}_{\mathrm{b}}+\dot{Z}_{\mathrm{b}}\dot{Z}_{\mathrm{c}}+\dot{Z}_{\mathrm{c}}\dot{Z}_{\mathrm{a}}=\frac{\dot{Z}_{\mathrm{ab}}\dot{Z}_{\mathrm{bc}}\dot{Z}_{\mathrm{ca}}\cancel{\left(\dot{Z}_{\mathrm{ab}}+\dot{Z}_{\mathrm{bc}}+\dot{Z}_{\mathrm{ca}}\right)}}{\left(\dot{Z}_{\mathrm{ab}}+\dot{Z}_{\mathrm{bc}}+\dot{Z}_{\mathrm{ca}}\right)^{\cancel{2}}} \qquad (1\text{-}6)$$

(1-6)式の左辺、右辺を、(1-5)式の$\dot{Z}_{\mathrm{c}}$の式で除すと$\dot{Z}_{\mathrm{ab}}$についての変換式

$$\frac{\dot{Z}_{\mathrm{a}}\dot{Z}_{\mathrm{b}}+\dot{Z}_{\mathrm{b}}\dot{Z}_{\mathrm{c}}+\dot{Z}_{\mathrm{c}}\dot{Z}_{\mathrm{a}}}{\dot{Z}_{\mathrm{c}}}=\frac{\dot{Z}_{\mathrm{ab}}\cancel{\dot{Z}_{\mathrm{bc}}\dot{Z}_{\mathrm{ca}}}}{\cancel{\dot{Z}_{\mathrm{ab}}+\dot{Z}_{\mathrm{bc}}+\dot{Z}_{\mathrm{ca}}}}\Big/\frac{\cancel{\dot{Z}_{\mathrm{bc}}\dot{Z}_{\mathrm{ca}}}}{\cancel{\dot{Z}_{\mathrm{ab}}+\dot{Z}_{\mathrm{bc}}+\dot{Z}_{\mathrm{ca}}}}$$

が得られる．同様に、(1-6)式を(1-5)式の$\dot{Z}_{\mathrm{a}}$, $\dot{Z}_{\mathrm{b}}$でそれぞれ除すと、$\dot{Z}_{\mathrm{bc}}$, $\dot{Z}_{\mathrm{ca}}$について変換式が得られる。それらをまとめて示すと次のようになる。

$$\dot{Z}_{\mathrm{ab}}=\frac{\dot{Z}_{\mathrm{a}}\dot{Z}_{\mathrm{b}}+\dot{Z}_{\mathrm{b}}\dot{Z}_{\mathrm{c}}+\dot{Z}_{\mathrm{c}}\dot{Z}_{\mathrm{a}}}{\dot{Z}_{\mathrm{c}}},\ \dot{Z}_{\mathrm{bc}}=\text{⑥}\boxed{},\ \dot{Z}_{\mathrm{ca}}=\text{⑦}\boxed{} \qquad (1\text{-}7)$$

＜1.1 例題＞

[1] 図1-1(a)に示すY負荷を同図(b)のΔ負荷に変換せよ。ただし、$\dot{Z}_{\mathrm{a}}=5\,\Omega$, $\dot{Z}_{\mathrm{b}}=3\,\Omega$, $\dot{Z}_{\mathrm{c}}=4\,\Omega$とする。

(解答)

$$\dot{Z}_{\mathrm{ab}}=\frac{\dot{Z}_{\mathrm{a}}\dot{Z}_{\mathrm{b}}+\dot{Z}_{\mathrm{b}}\dot{Z}_{\mathrm{c}}+\dot{Z}_{\mathrm{c}}\dot{Z}_{\mathrm{a}}}{\dot{Z}_{\mathrm{c}}}=\frac{5\times3+3\times4+5\times4}{4}=\frac{47}{4}=11.75\,\Omega$$

$$\dot{Z}_{\mathrm{bc}}=\text{⑧}\boxed{}=\text{⑨}\boxed{=}=9.4\,\Omega$$

$$\dot{Z}_{\mathrm{ca}}=\text{⑩}\boxed{}=\text{⑪}\boxed{=}=15.67\,\Omega$$

[2] 図 1-1(b)に示すΔ負荷を同図(a)のY負荷に変換せよ。ただし、$\dot{Z}_{ab}=5\ \Omega$, $\dot{Z}_{bc}=3\ \Omega$, $\dot{Z}_{ca}=4\ \Omega$とする。

(解答)

$$\dot{Z}_a=\frac{\dot{Z}_{ca}\dot{Z}_{ab}}{\dot{Z}_{ab}+\dot{Z}_{bc}+\dot{Z}_{ca}}=\frac{4\times5}{5+3+4}=\frac{5}{3}=1.67\ \Omega$$

$\dot{Z}_b=$ ⑫[　　　] = ⑬[　　　=　　] $=1.25\ \Omega$

$\dot{Z}_c=$ ⑭[　　　] = ⑮[　　　=　　] $=1.0\ \Omega$

＜1.1 練習問題＞

[1] 問図 1-1(a)に示すY負荷を同図(b)のΔ負荷に変換せよ。ただし、$\dot{Z}_a=5\ \Omega$, $\dot{Z}_b=3+j4\ \Omega$, $\dot{Z}_c=4-j3\ \Omega$とする。

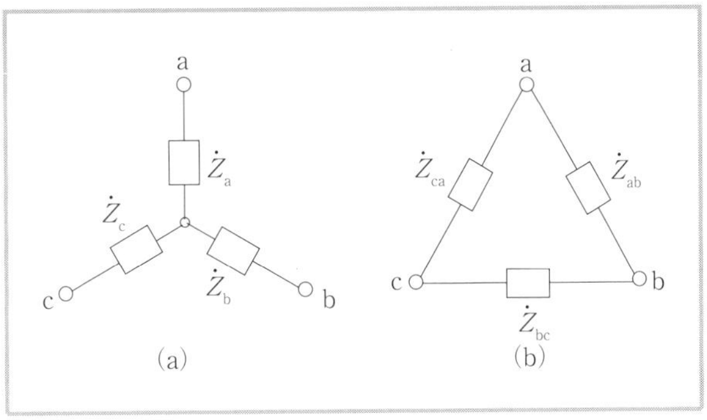

問図 1-1

第
1
章

[2] 問図 1-1 (b) に示す Δ 負荷を同図 1-1 (a) の Y 負荷に変換せよ。ただし、$\dot{Z}_{ab}=5\,\Omega$, $\dot{Z}_{bc}=3+j4\,\Omega$, $\dot{Z}_{ca}=4-j3\,\Omega$とする。

1.2　不平衡三相回路の計算

学習内容　三相電圧源がΔ結線およびY結線の場合の不平衡三相回路の解法について学ぶ。

目　標　三相電圧源がΔ結線およびY結線の場合の不平衡三相回路の電圧、電流の基本的な計算ができる。

・三相電圧源の結線にはΔ結線とY結線がある。また、負荷においても前述したようにΔ結線とY結線がある。この結線方法の違いにより適した解法がある。ここでは、まず、Δ結線の電圧源を取り上げて解法を説明する。次いでY結線の電圧源を取り上げる。なお、Δ結線、Y結線に関わらず電圧源の多くは対称であるので、説明は対称電圧源について行うが、その解法は非対称電圧源の場合もそのまま適用できる。非対称電源の場合の計算例については練習問題の中で取り上げる。

・ここで、対称電圧源について説明しておく。図1-2(a)のΔ結線電圧源の電圧 $\dot{V}_{ab}$, $\dot{V}_{bc}$, $\dot{V}_{ca}$ が同図(b)のベクトル図に示すように、それぞれの大きさが等しく、位相差が120°ずつ異なる場合をΔ結線の対称電圧源という。

・この場合、$\dot{V}_{ab}=V\angle 0°$ とすると、

$\dot{V}_{bc}=V\angle$ ①［　　　］,

$\dot{V}_{ca}=V\angle$ ②［　　　］と表される。

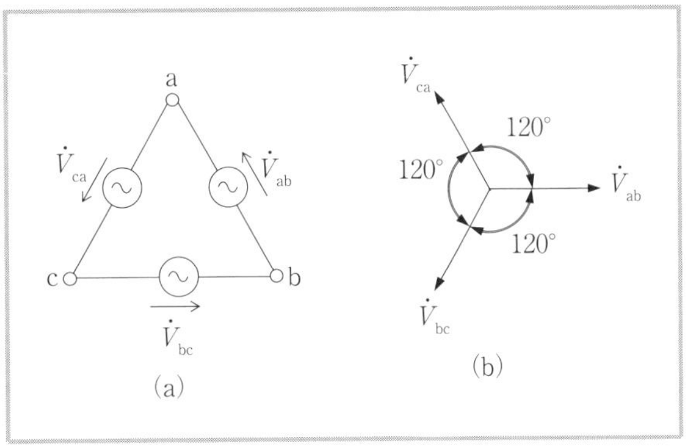

図1-2

・また、図1-3(a)のY結線電圧源の電圧 $\dot{E}_a$, $\dot{E}_b$, $\dot{E}_c$ が、同図(b)のようにそれぞれの大きさが等しく、位相差が120°ずつ異なる場合をY結線の対称三相電圧源という。

・この場合、$\dot{E}_a=E\angle 0°$ とすると、

$\dot{E}_b=E\angle$ ③［　　　］,

$\dot{E}_c=E\angle$ ④［　　　］と表される。

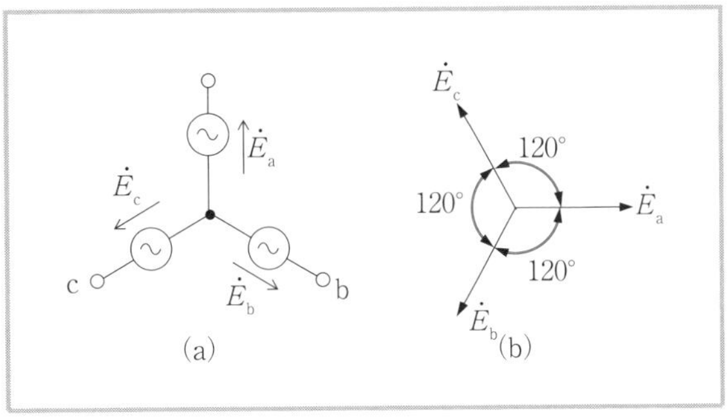

図1-3

・なお、図 1-4(a) Y 結線電圧源の ab 端子間、bc 端子間、ca 端子間の電圧 $\dot{V}_{ab}$, $\dot{V}_{bc}$, $\dot{V}_{ca}$ は、同図(b)のベクトル図からわかるように、それぞれ

$\dot{V}_{ab}=\dot{E}_a\times\sqrt{3}\angle 30°$,

$\dot{V}_{bc}=\dot{E}_b\times$ ⑤ ［　　　　］,

$\dot{V}_{ca}=\dot{E}_c\times$ ⑥ ［　　　　］と表される。

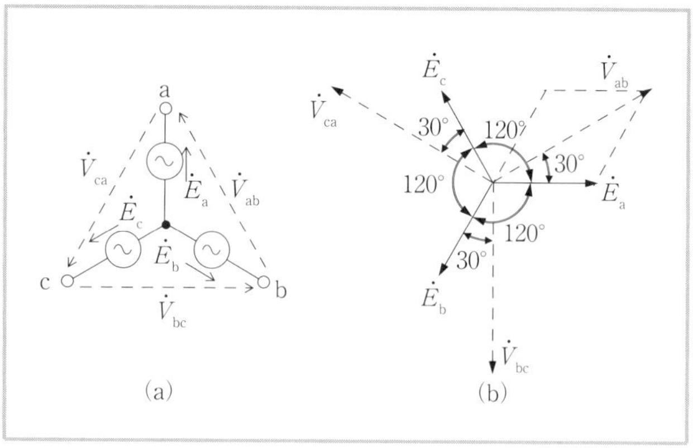

図 1-4

1.2(1) Δ結線電圧源における不平衡負荷回路の計算

・Δ結線の電圧源について、まずΔ結線の不平衡負荷を取り上げ、次いでY結線の不平衡負荷を取り上げる。

1.2(1)-1 Δ結線電圧源-Δ結線不平衡負荷の場合

・図 1-5 はΔ結線された対称三相電圧 $\dot{V}_{ab}$, $\dot{V}_{bc}$, $\dot{V}_{ca}$ にΔ結線の不平衡負荷 $\dot{Z}_{ab}$, $\dot{Z}_{bc}$, $\dot{Z}_{ca}$ が接続された回路を示している。この場合の負荷電流 $\dot{I}_{ab}$, $\dot{I}_{bc}$, $\dot{I}_{ca}$ と線電流 $\dot{I}_a$, $\dot{I}_b$, $\dot{I}_c$ を求める。

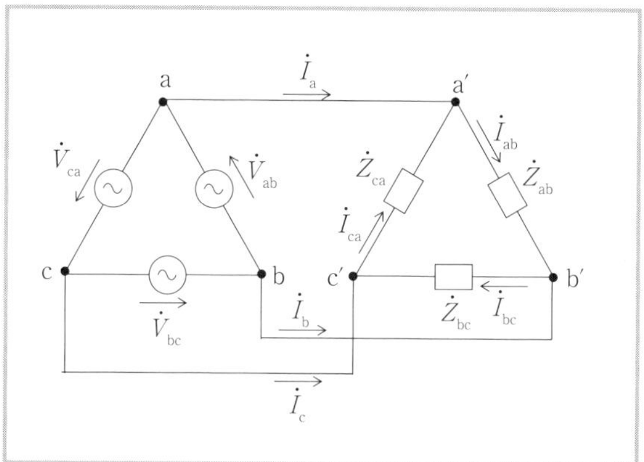

図 1-5　Δ結線電圧源-Δ結線不平衡負荷

・同図で線間電圧 $\dot{V}_{ab}$, $\dot{V}_{bc}$, $\dot{V}_{ca}$ はそれぞれ対応するインピーダンス $\dot{Z}_{ab}$, $\dot{Z}_{bc}$, $\dot{Z}_{ca}$ に直接加わるから、負荷での電圧、電流、インピーダンスの関係は次式のようになる。

$$\dot{V}_{ab}=\dot{Z}_{ab}\dot{I}_{ab},\ \dot{V}_{bc}=\text{⑦}\ [\quad],\ \dot{V}_{ca}=\text{⑧}\ [\quad] \tag{1-8}$$

・対称電圧源であるから、a-b 間電圧 $\dot{V}_{ab}$ の位相を基準として、$\dot{V}_{ab}=V\angle 0°$, $\dot{V}_{bc}=V\angle -120°$, $\dot{V}_{ca}=V\angle -240°$ とする。各インピーダンスを $\dot{Z}_{ab}=|\dot{Z}_{ab}|\angle\theta_{ab}$, $\dot{Z}_{bc}=|\dot{Z}_{bc}|\angle\theta_{bc}$, $\dot{Z}_{ca}=|\dot{Z}_{ca}|\angle\theta_{ca}$ と表すと、各負荷電流 $\dot{I}_{ab}$, $\dot{I}_{bc}$, $\dot{I}_{ca}$ は(1-8)式より、次のよう

になる。

$$\left.\begin{aligned}
\dot{I}_{ab} &= ^{⑨}\boxed{\quad = \quad = \quad \angle \quad} \\
\dot{I}_{bc} &= \frac{\dot{V}_{bc}}{\dot{Z}_{bc}} = \frac{V\angle-120°}{|\dot{Z}_{bc}|\angle\theta_{bc}} = \frac{V}{|\dot{Z}_{bc}|}\angle-(120°+\theta_{bc}) \\
\dot{I}_{ca} &= ^{⑩}\boxed{\quad = \quad = \quad \angle \quad}
\end{aligned}\right\} \quad (1\text{-}9)$$

・このとき、線電流$\dot{I}_a$, $\dot{I}_b$, $\dot{I}_c$は(1-9)式の負荷電流$\dot{I}_{ab}$, $\dot{I}_{bc}$, $\dot{I}_{ca}$を使って次のように表される。

$$\left.\begin{aligned}
\dot{I}_a &= \dot{I}_{ab}-\dot{I}_{ca} = V\left(\frac{1}{|\dot{Z}_{ab}|}\angle-\theta_{ab}-\frac{1}{|\dot{Z}_{ca}|}\angle-(240°+\theta_{ca})\right) \\
\dot{I}_b &= \dot{I}_{bc}-\dot{I}_{ab} = V\left(\frac{1}{|\dot{Z}_{bc}|}\angle-(120°+\theta_{bc})-\frac{1}{|\dot{Z}_{ab}|}\angle-\theta_{ab}\right) \\
\dot{I}_c &= \dot{I}_{ca}-\dot{I}_{bc} = V\left(\frac{1}{|\dot{Z}_{ca}|}\angle-(240°+\theta_{ca})-\frac{1}{|\dot{Z}_{bc}|}\angle-(120°+\theta_{bc})\right)
\end{aligned}\right\} \quad (1\text{-}10)$$

・ここで、仮に各インピーダンスが等しい平衡負荷の場合の場合を考えると、(1-9)式において、$\dot{I}_{ab}=I\angle\theta_I$とすれば、$\dot{I}_{bc}=I\angle(\theta_I-120°)$, $\dot{I}_{ca}=I\angle(\theta_I-240°)$となって、図 1-6(a)のベクトル図に示すように3つの電流は平衡する。したがって、負荷電流の和（$\dot{I}_{ab}+\dot{I}_{bc}+\dot{I}_{ca}$）は0 Aとなる。

・これに対し不平衡負荷の場合は図 1-6(b)に示すベクトル図のように、負荷電流の総和（$\dot{I}_{ab}+\dot{I}_{bc}+\dot{I}_{ca}$）は0 Aと⑪なる、ならない。このとき、線電流$\dot{I}_a$, $\dot{I}_b$, $\dot{I}_c$の総和を求めてみると、(1-10)式より

$$\dot{I}_a+\dot{I}_b+\dot{I}_c=\left(\dot{I}_{ab}-\dot{I}_{ca}\right)+\left(\dot{I}_{bc}-\dot{I}_{ab}\right)+\left(\dot{I}_{ca}-\dot{I}_{bc}\right)$$

となるから、$\dot{I}_a+\dot{I}_b+\dot{I}_c$は0 Aと⑫なる、ならない。

第1章

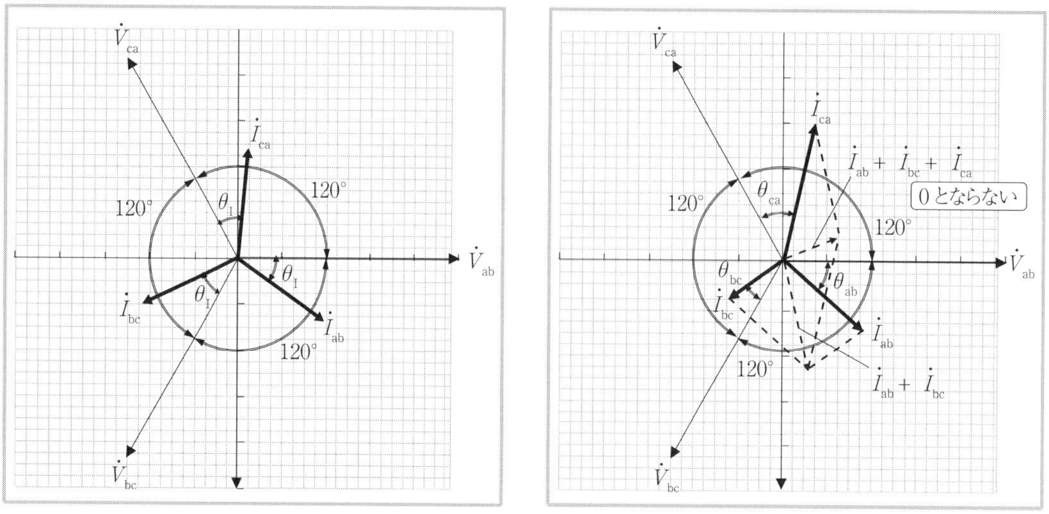

(a)平衡負荷
(負荷電流の総和は0になる)

(b)不平衡負荷
(負荷電流の総和は0にならない)

図 1-6　負荷電流のベクトル図

＜1.2(1)-1 例題＞

[1] 図 1-7 に示す回路において、三相電圧源は対称で$\dot{V}_{ab}=200\angle 0°$ Vである。負荷インピーダンスは$\dot{Z}_{ab}=2\ \Omega$, $\dot{Z}_{bc}=5\ \Omega$, $\dot{Z}_{ca}=4\ \Omega$である。

(1) 各負荷電流$\dot{I}_{ab}$, $\dot{I}_{bc}$, $\dot{I}_{ca}$を求めよ。

(2) 線電流$\dot{I}_{a}$, $\dot{I}_{b}$, $\dot{I}_{c}$と、その総和を求めよ。

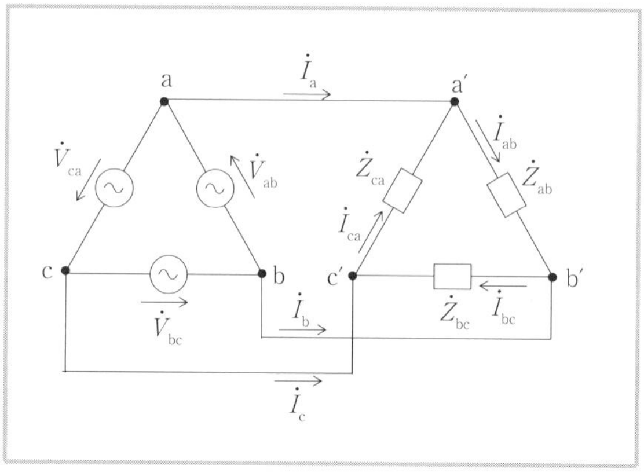

図 1-7

(解答)

(1)

$\dot{Z}_{ab}=2\angle 0°\ \Omega$, $\dot{Z}_{bc}=5\angle$⑬$\square\ \Omega$, $\dot{Z}_{ca}=4\angle$⑭$\square\ \Omega$であるから、

$$\dot{I}_{ab}=\text{⑮}\boxed{}=\text{⑯}\boxed{\qquad = \qquad}=100\ \text{A}$$

$$\dot{I}_{bc}=\frac{\dot{V}_{bc}}{\dot{Z}_{bc}}=\frac{200\angle -120°}{5\angle 0°}=40\angle -120°=40\left(-\frac{1}{2}-\mathrm{j}\frac{\sqrt{3}}{2}\right)=-20-\mathrm{j}20\sqrt{3}\ \text{A}$$

$$\dot{I}_{ca}=\text{⑰}\boxed{}=\text{⑱}\boxed{\qquad = \qquad \angle \qquad = \qquad}=-25+\mathrm{j}25\sqrt{3}\ \text{A}$$

となる。

(2)

$\dot{I}_a =$ ⑲ $\boxed{\quad}$ $=$ ⑳ $\boxed{\qquad = \qquad}$ A

$\dot{I}_b = \dot{I}_{bc} - \dot{I}_{ab} = (-20 - j20\sqrt{3}) - 100 = -120 - j20\sqrt{3}$ A

$\dot{I}_c =$ ㉑ $\boxed{\quad}$ $=$ ㉒ $\boxed{\qquad - \qquad = \qquad}$ A

したがって、線電流$\dot{I}_a$, $\dot{I}_b$, $\dot{I}_c$の総和は、次のとおりとなる。

$\dot{I}_a + \dot{I}_b + \dot{I}_c = (125 - j25\sqrt{3}) + (-120 - j20\sqrt{3}) + (-5 + j45\sqrt{3}) =$ ㉓ $\boxed{\quad}$ A

＜1.2(1)-1 練習問題＞

[1] 問図 1-2 に示す回路において三相電圧源は対称で$\dot{V}_{ab} = 200\angle 0°$ Vである。負荷インピーダンスは$\dot{Z}_{ab} = 5 + j5\ \Omega$, $\dot{Z}_{bc} = 5\ \Omega$, $\dot{Z}_{ca} = 5 - j5\sqrt{3}\ \Omega$である。

(1) 各負荷電流$\dot{I}_{ab}$, $\dot{I}_{bc}$, $\dot{I}_{ca}$を求めよ。

(2) 線電流$\dot{I}_a$, $\dot{I}_b$, $\dot{I}_c$と、その総和を求めよ。

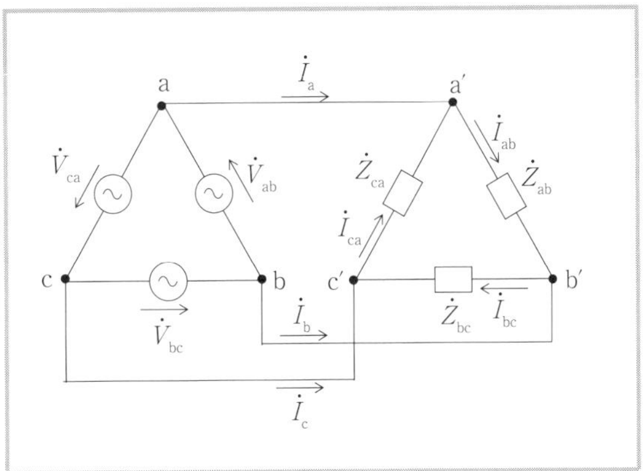

問図 1-2

[2] 問図 1-3 に示す回路において電圧源は非対称で、$\dot{V}_{ab}=200\angle 0°$ V, $\dot{V}_{bc}=300\angle -120°$ V, $\dot{V}_{ca}=120\angle -240°$ Vである。負荷インピーダンスは $\dot{Z}_{ab}=j2\,\Omega$, $\dot{Z}_{bc}=j5\,\Omega$, $\dot{Z}_{ca}=-j3\,\Omega$である。

(1) 各負荷電流$\dot{I}_{ab}$, $\dot{I}_{bc}$, $\dot{I}_{ca}$を求めよ。

(2) 線電流$\dot{I}_{a}$, $\dot{I}_{b}$, $\dot{I}_{c}$と、その総和を求めよ。

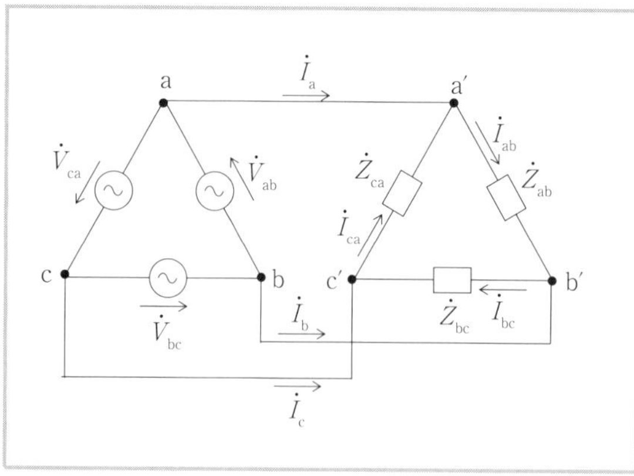

問図 1-3

1.2(1)-2 Δ結線電圧源-Y結線不平衡負荷の場合

・図 1-8 のように対称三相交流電圧 $\dot{V}_{ab}$, $\dot{V}_{bc}$, $\dot{V}_{ca}$ が Y 結線負荷 $\dot{Z}_a$, $\dot{Z}_b$, $\dot{Z}_c$ と接続された回路の場合は、負荷を Y-Δ 変換を用いて Δ 結線に変換することで、線電流 $\dot{I}_a$, $\dot{I}_b$, $\dot{I}_c$ を求めることができる。

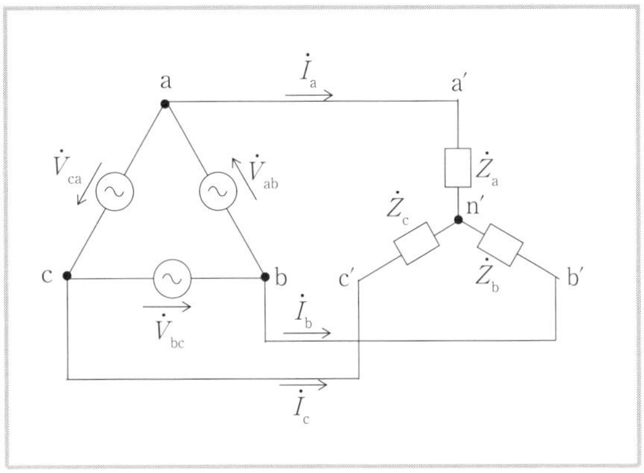

図 1-8　Δ結線電圧源-Y 結線不平衡負荷

＜ 1.2(1)-2 例題＞

図 1-8 に示す回路において三相電圧源は対称であり、$\dot{V}_{ab}=100\angle 30°$ V である。負荷インピーダンスが $\dot{Z}_a=3\,\Omega$, $\dot{Z}_b=4\,\Omega$, $\dot{Z}_c=6\,\Omega$ のとき、線電流 $\dot{I}_a$, $\dot{I}_b$, $\dot{I}_c$ と、その総和を求めよ。

（解答）

$\dot{V}_{ab}=100\angle 30°$ V より、

$\dot{V}_{bc}=$ ㉔ [　　　　] V

$\dot{V}_{ca}=$ ㉕ [　　　　] V

負荷を Y-Δ 変換すると、

$$\dot{Z}_{ab}=\frac{3\times4+4\times6+3\times6}{6}=9\,\Omega$$

$\dot{Z}_{bc}=$ ㉖ [　　　　　＝　　] Ω

$\dot{Z}_{ca}=$ ㉗ [　　　　　＝　　] Ω

であるから、各負荷電流 $\dot{I}_{ab}$, $\dot{I}_{bc}$, $\dot{I}_{ca}$ は次のように求まる。

$$\dot{I}_{ab}=\frac{\dot{V}_{ab}}{\dot{Z}_{ab}}=\frac{100\angle 30°}{9}=\frac{100}{9}\left(\frac{\sqrt{3}}{2}+\mathrm{j}\frac{1}{2}\right)=\frac{50}{9}\sqrt{3}+\mathrm{j}\frac{50}{9}\,\mathrm{A}$$

$\dot{I}_{bc}=$ ㉘ [　　] ＝ ㉙ [　　　　] $=-\mathrm{j}\dfrac{50}{9}$ A

$\dot{I}_{ca}=$ ㉚ [　　] ＝ ㉛ [　　　　＝　　　　] $=-\dfrac{100}{27}\sqrt{3}+\mathrm{j}\dfrac{100}{27}$ A

したがって、線電流 $\dot{I}_a$, $\dot{I}_b$, $\dot{I}_c$ とその総和は次のとおりになる。

$$\dot{I}_a=\dot{I}_{ab}-\dot{I}_{ca}=\left(\frac{50}{9}\sqrt{3}+j\frac{50}{9}\right)-\left(-\frac{100}{27}\sqrt{3}+j\frac{100}{27}\right)=\frac{250}{27}\sqrt{3}+j\frac{50}{27}\text{A}$$

$$\dot{I}_b=㉜\boxed{\qquad =\qquad\qquad}=-\frac{50}{9}\sqrt{3}-j\frac{100}{9}\text{A}$$

$$\dot{I}_c=㉝\boxed{\qquad =\qquad\qquad}=-\frac{100}{27}\sqrt{3}+j\frac{250}{27}\text{A}$$

$$\dot{I}_a+\dot{I}_b+\dot{I}_c=\frac{250}{27}\sqrt{3}+j\frac{50}{27}-\frac{150}{27}\sqrt{3}-j\frac{300}{27}-\frac{100}{27}\sqrt{3}+j\frac{250}{27}=㉞\square\text{A}$$

< 1.2(1)-2 練習問題>

問図 1-4 に示す回路において三相電圧源は対称で、$\dot{V}_{ab}=100\angle 30°$ V である。負荷インピーダンスが $\dot{Z}_a=3+j4\Omega$, $\dot{Z}_b=3-j3\Omega$, $\dot{Z}_c=3-j1\Omega$ のとき、線電流 $\dot{I}_a$, $\dot{I}_b$, $\dot{I}_c$ と、その総和を求めよ。

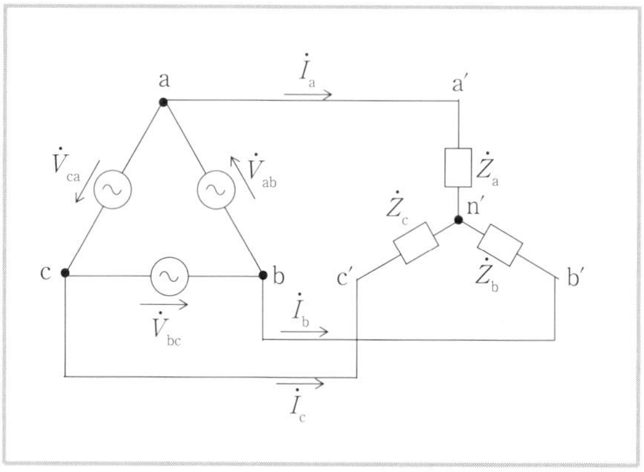

問図 1-4

1.2(2) Y 結線電圧源における不平衡負荷回路の計算

・Y 結線の電圧源について、初めにY結線の不平衡負荷を取り上げ、次にΔ結線の不平衡負荷を取り上げる。

1.2(2)-1 Y 結線電圧源-Y 結線不平衡負荷の場合

・図 1-9 はY結線された対称三相電圧$\dot{E}_a$, $\dot{E}_b$, $\dot{E}_c$にY結線の不平衡の負荷アドミタンス$\dot{Y}_a$, $\dot{Y}_b$, $\dot{Y}_c$が接続された回路を示している（この節では負荷をアドミタンスで表示する。この方がインピーダンスで表すよりも式が簡潔になる)。この場合の負荷電流$\dot{I}_a$, $\dot{I}_b$, $\dot{I}_c$を求める。

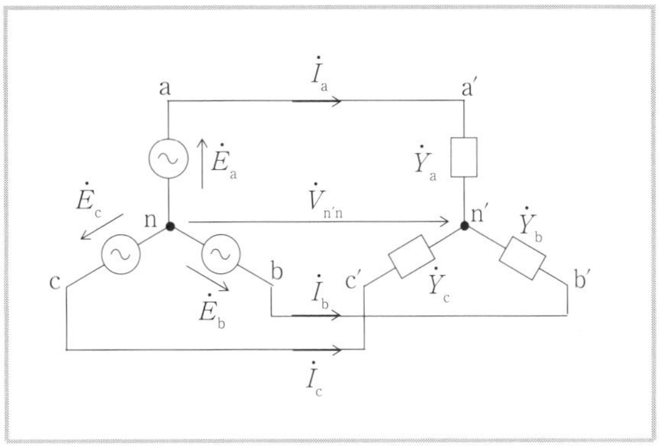

図 1-9　Y 結線電圧源-Y 結線不平衡負荷

・中性点間の電圧を$\dot{V}_{n'n}$とする。$\dot{E}_a$を$\dot{V}_{n'n}$, $\dot{I}_a$, $\dot{Y}_a$で表すと、

$\dot{E}_a=$㉟□であるから，電流$\dot{I}_a$, $\dot{I}_b$, $\dot{I}_c$は次のように表される。

$$\left.\begin{aligned} \dot{I}_a &= \left(\dot{E}_a - \dot{V}_{n'n}\right)\dot{Y}_a \\ \dot{I}_b &= \text{㊱}\square \\ \dot{I}_c &= \text{㊲}\square \end{aligned}\right\} \tag{1-11}$$

中性点n′に流入する電流の総和は㊳□ゆえ、

$$\dot{I}_a+\dot{I}_b+\dot{I}_c=\text{㊴}\square \tag{1-12}$$

となる。(1-12)式に(1-11)式を代入すると、

$$\left(\dot{E}_a-\dot{V}_{n'n}\right)\dot{Y}_a+\left(\dot{E}_b-\dot{V}_{n'n}\right)\dot{Y}_b+\left(\dot{E}_c-\dot{V}_{n'n}\right)\dot{Y}_c=0$$

$$\therefore \dot{V}_{n'n}=\frac{\dot{E}_a\dot{Y}_a+\text{㊵}\square}{\dot{Y}_a+\dot{Y}_b+\dot{Y}_c} \tag{1-13}$$

したがって、(1-13)式により中性点間の電圧を$\dot{V}_{n'n}$を求め、これと(1-11)式より電流$\dot{I}_a$, $\dot{I}_b$, $\dot{I}_c$を求めることができる。

＜1.2(2)-1 例題＞

[1] 図 1-9 に示す回路において三相電圧源は対称で、$\dot{E}_a=100\sqrt{3}\angle 0°$ Vである。負荷アドミタンスが$\dot{Y}_a=2$ S, $\dot{Y}_b=3$ S, $\dot{Y}_c=5$ Sであるとき、電流$\dot{I}_a$, $\dot{I}_b$, $\dot{I}_c$を求めよ。

（解答）

題意より、

$$\dot{E}_a=100\sqrt{3}\,\text{V}$$

$$\dot{E}_b=100\sqrt{3}\angle-120°=100\sqrt{3}\left(-\frac{1}{2}-j\frac{\sqrt{3}}{2}\right)=-50\sqrt{3}-j150\,\text{V}$$

$\dot{E}_c=$ ㊶［　　∠　　＝　　　　＝　　　］V

$$\dot{E}_a\dot{Y}_a=100\sqrt{3}\times2=200\sqrt{3}\,\text{A}$$

$\dot{E}_b\dot{Y}_b=$ ㊷［　　　×　＝　　　］A

$\dot{E}_c\dot{Y}_c=$ ㊸［　　　×　＝　　　］A

(1-13)式より、

$\dot{V}_{n'n}=$ ㊹［$\dfrac{\quad}{\quad}$］＝ ㊺［$\dfrac{\quad}{\quad}$ ＝ $\dfrac{\quad}{\quad}$］

$$=-20\sqrt{3}+j30$$

(1-11)式より、

$\dot{I}_a=$ ㊻［　　　］＝ ㊼［　　　　　］$=240\sqrt{3}-j60\,\text{A}$

$$\dot{I}_b=(\dot{E}_b-\dot{V}_{n'n})\dot{Y}_b=[-50\sqrt{3}-j150-(-20\sqrt{3}+j30)]\times3=-90\sqrt{3}-j540\,\text{A}$$

$\dot{I}_c=$ ㊽［　　　］＝ ㊾［　　　　　］$=-150\sqrt{3}+j600\,\text{A}$

（この結果から、$\dot{I}_a+\dot{I}_b+\dot{I}_c=0$が満たされていることがわかる）

＜1.2(2)-1 練習問題＞

[1] 問図 1-5 に示す回路において三相電圧源は対称で、$\dot{E}_a=100\sqrt{3}\angle0°\,\text{V}$ である。負荷アドミタンスが $\dot{Y}_a=j3\,\text{S}$, $\dot{Y}_b=-j2\,\text{S}$, $\dot{Y}_c=j2\,\text{S}$ であるとき、電流$\dot{I}_a$, $\dot{I}_b$, $\dot{I}_c$を求めよ。

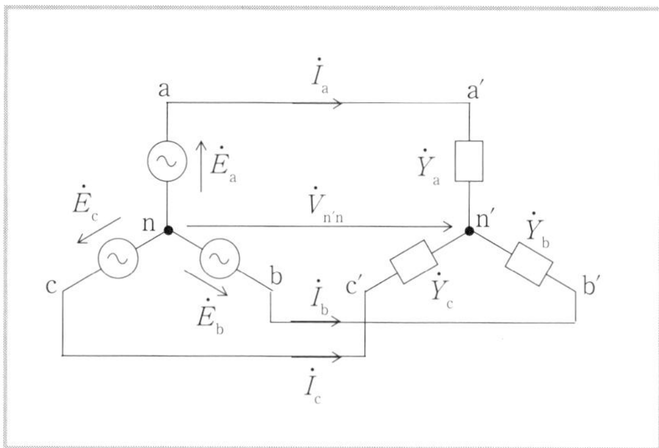

問図 1-5

[2] 問図 1-6 に示す回路において、三相電圧源は非対称で、

$\dot{E}_{\mathrm{a}}=100\sqrt{3}\angle 0°$ V,

$\dot{E}_{\mathrm{b}}=120\sqrt{3}\angle -120°$ V,

$\dot{E}_{\mathrm{c}}=60\sqrt{3}\angle -240°$ V である。負荷アドミタンスが $\dot{Y}_{\mathrm{a}}=3$ S, $\dot{Y}_{\mathrm{b}}=3$ S, $\dot{Y}_{\mathrm{c}}=4$ S であるとき、電流 $\dot{I}_{\mathrm{a}}$, $\dot{I}_{\mathrm{b}}$, $\dot{I}_{\mathrm{c}}$ を求めよ。

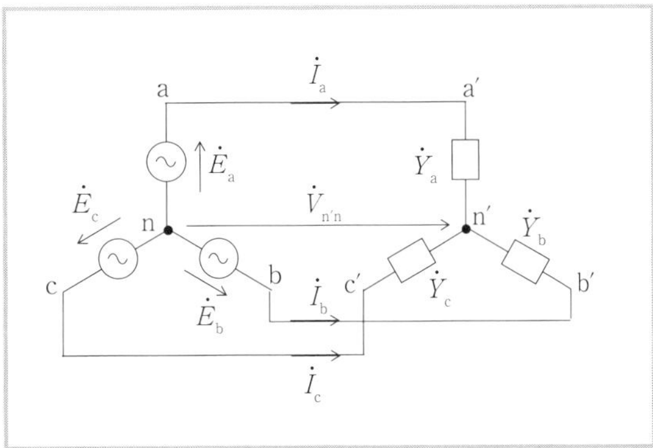

問図 1-6

1.2(2)-2 Y結線電圧源-Δ結線不平衡負荷の場合

・図 1-10 はY結線された対称三相電圧$\dot{E}_a, \dot{E}_b, \dot{E}_c$にΔ結線の不平衡の負荷インピーダンス$\dot{Z}_a, \dot{Z}_b, \dot{Z}_c$が接続された回路を示している。

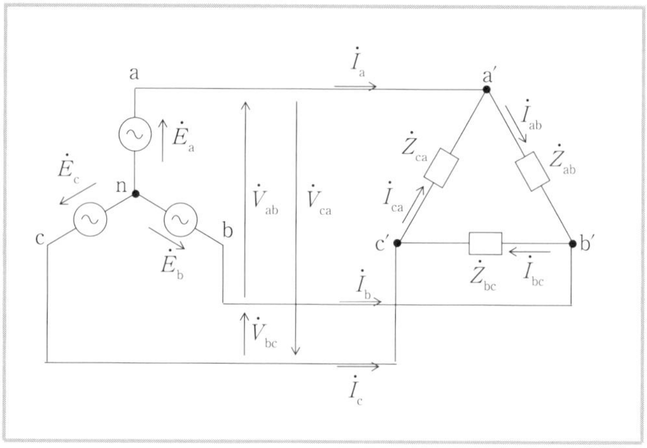

図 1-10　Y結線電圧源-Δ結線不平衡負荷

・この場合、電流$\dot{I}_a, \dot{I}_b, \dot{I}_c$を求めるのに、図に示す線間電圧$\dot{V}_{ab}, \dot{V}_{bc}, V_{ca}$を求めて、Δ結線三相電圧-Δ結線不平衡負荷回路として解く方法と、負荷のΔ結線回路をY結線回路に変換して、前節で述べた中性点間電圧を$\dot{V}_{n'n}$を利用する方法がある。

＜1.2(2)-2 例題＞

図 1-10 に示す回路において三相電圧源は対称で、$\dot{E}_a=100\sqrt{3}\angle 0°$ Vである。負荷インピーダンスが$\dot{Z}_{ab}=25\ \Omega$, $\dot{Z}_{bc}=-j20\sqrt{3}\ \Omega$, $\dot{Z}_{ca}=15\ \Omega$のとき、線電流$\dot{I}_a$, $\dot{I}_b$, $\dot{I}_c$を求めよ。

（解答）

ここでは、線間電圧$\dot{V}_{ab}$, $\dot{V}_{bc}$, V_{ca}を利用する方法で解く。

$$\dot{E}_a=100\sqrt{3}\ \text{V}$$

$$\dot{E}_b=100\sqrt{3}\angle -120°=100\sqrt{3}\times\left(-\frac{1}{2}-j\frac{\sqrt{3}}{2}\right)=-50\sqrt{3}-j150\ \text{V}$$

$$\dot{E}_c=100\sqrt{3}\angle -240°=100\sqrt{3}\times\left(-\frac{1}{2}+j\frac{\sqrt{3}}{2}\right)=-50\sqrt{3}+j150\ \text{V}$$

であるから、線間電圧は、

$$\dot{V}_{ab}=\dot{E}_a-\dot{E}_b=100\sqrt{3}-(-50\sqrt{3}-j150)=150\sqrt{3}+j150\ \text{V}$$

$\dot{V}_{bc}=$ (50)［　　　］ $=$ (51)［　　　　　　　］ $=-j300$ V

$\dot{V}_{ca}=$ (52)［　　　］ $=$ (53)［　　　　　　　］ $=-150\sqrt{3}+j150$ V

この線間電圧の計算は、電圧源が対称であるから、線間電圧と相電圧の関係がP.6 図 1-4 で説明したように、$\dot{V}_{ab}=\dot{E}_a\times\sqrt{3}\angle 30°$, $\dot{V}_{bc}=\dot{E}_b\times\sqrt{3}\angle 30°$, $\dot{V}_{ca}=\dot{E}_c\times\sqrt{3}\angle 30°$であることを利用して、

$\dot{V}_{ab}=$ (54) [　　　＝　　　＝　　　＝　　　] $=150\sqrt{3}+j150$V

$\dot{V}_{bc}=$ (55) [　　　＝　　　＝　　　] $=-j300$V

$\dot{V}_{ca}=\dot{E}_c\times\sqrt{3}\angle 30°=100\sqrt{3}\angle -240°\times\sqrt{3}\angle 30°=300\angle -210°=300\left(-\frac{\sqrt{3}}{2}+j\frac{1}{2}\right)$

$=-150\sqrt{3}+j150$ Vと求めることもできる。したがって負荷電流は

$$\dot{I}_{ab}=\frac{\dot{V}_{ab}}{\dot{Z}_{ab}}=\frac{150\sqrt{3}+j150}{25}=6\sqrt{3}+j6\text{A}$$

$\dot{I}_{bc}=$ (56) [　　] ＝ (57) [　　　＝　　　] $=5\sqrt{3}$A

$\dot{I}_{ca}=$ (58) [　　] ＝ (59) [　　　] $=-10\sqrt{3}+j10$A

となる。これより、

$\dot{I}_a=\dot{I}_{ab}-\dot{I}_{ca}=6\sqrt{3}+j6-(-10\sqrt{3}+j10)=16\sqrt{3}-j4$A

$\dot{I}_b=$ (60) [　　] ＝ (61) [　　　] $=-\sqrt{3}-j6$A

$\dot{I}_c=$ (62) [　　] ＝ (63) [　　　] $=-15\sqrt{3}+j10$A

（この結果から、$\dot{I}_a+\dot{I}_b+\dot{I}_c=0$が満たされていることがわかる）

＜1.2(2)-2 練習問題＞

問図1-7に示す回路において三相電圧源は対称で、$\dot{E}_a=100\sqrt{3}\angle 0°$ Vである。負荷インピーダンスは$\dot{Z}_{ab}=1\,\Omega$, $\dot{Z}_{bc}=5\,\Omega$, $\dot{Z}_{ca}=4\,\Omega$である。線電流$\dot{I}_a$, $\dot{I}_b$, $\dot{I}_c$を、

(1) 線間電圧$\dot{V}_{ab}$, $\dot{V}_{bc}$, V_{ca}を利用する方法で解け。

(2) 負荷をY結線に変換して、中性点間電圧を$\dot{V}_{n'n}$を利用する方法で解け。

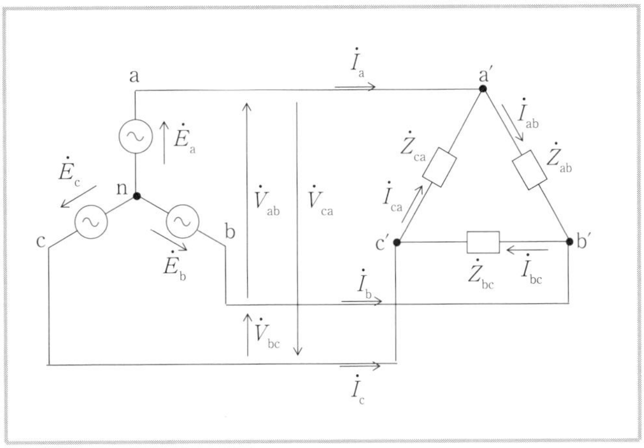

問図1-7

1.3 対称座標法

学習内容 対称座標法について学ぶ。

目　標 ベクトルオペレータ、変換式および発電機モデルについて理解し、対称座標法を用いた基本的な故障解析ができる。

・図 1-11(a)のように無負荷状態の発電機の a 相のみが地絡した場合の電流$\dot{I}_a$を、発電機の各相の内部インピーダンスが$\dot{Z}$であるとき、$\dot{I}_a=\dfrac{\dot{E}_a}{\dot{Z}}$と計算してよいだろうか（$\dot{E}_a, \dot{E}_b, \dot{E}_c$は各相の電源電圧）。内部インピーダンス$\dot{Z}$は三相に平衡した電流が流れる場合の値である。これに対し、図(a)は$\dot{I}_b, \dot{I}_c=0$（∵ b, c 相は開放）という極めて不平衡な状態にある。このような不平衡な状態においては、内部インピーダンスは平衡時の値から大きく変化する。そのために、この計算は大変複雑になり、1.2 節の方法や、上述の$\dot{I}_a=\dfrac{\dot{E}_a}{\dot{Z}}$という簡単な式で$\dot{I}_a$を求めることはできない。(参考：同図(b)に示す三相短絡のような、三相が平衡した故障であれば、内部インピーダンスは変化しないため、$\dot{I}_a=\dfrac{\dot{E}_a}{\dot{Z}}$と計算できる)。

・また、発電機に送電線等がつながれた場合も同様で、不平衡な故障においては、関係するインピーダンスが平衡なときに比べ、大きく変化するため解析は複雑になる。

・このような場合に有用なのが対称座標法である。対称座標法とは、非対称な電流（$\dot{I}_a, \dot{I}_b, \dot{I}_c$）、電圧（$\dot{E}_a, \dot{E}_b, \dot{E}_c$）を、後述する零相、正相、逆相という対称な電流（$\dot{I}_0, \dot{I}_1, \dot{I}_2$）、電圧（$\dot{E}_0, \dot{E}_1, \dot{E}_2$）に変換して解析する方法である。対称な電流、電圧は解析しやすく、複雑であった不平衡な故障の解析が可能になる。以下で、対称座標法に必要な知識であるベクトルオペレータ、対称座標法の変換式および発電機モデルを説明した後、故障解析の手順と基

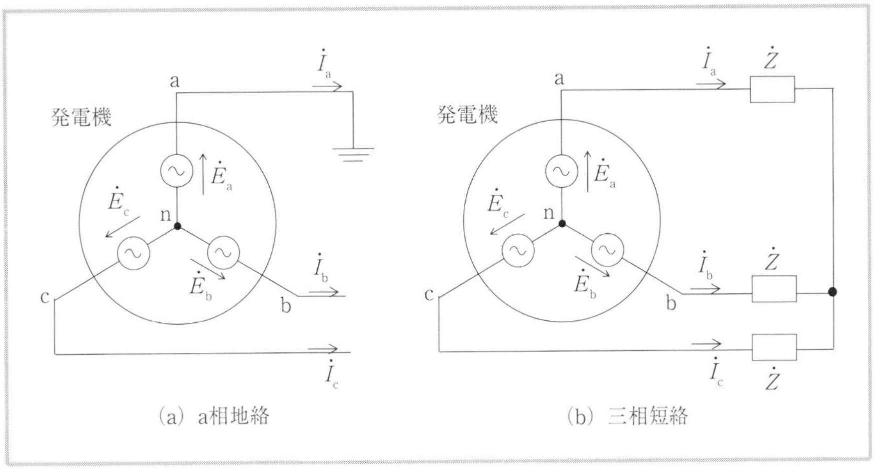

図 1-11

本例について説明する。

1.3(1) ベクトルオペレータ

大きさが1で偏角が120°である変数$a=1\angle 120°$を用意する。これを① [　　　　] と呼ぶ。このとき、a^2, a^3および$1+a+a^2$は次のようになる。

$$\left.\begin{aligned} &a=1\angle 120°=-\frac{1}{2}+\mathrm{j}\frac{\sqrt{3}}{2} \\ &a^2=1\angle 240°=-\frac{1}{2}-\mathrm{j}\frac{\sqrt{3}}{2} \\ &a^3=1\angle 360°=1 \\ &1+a+a^2=0 \end{aligned}\right\} \tag{1-14}$$

＜1.3(1) 例題＞

[1] ベクトルオペレータ$a=1\angle 120°$を用いてa^2, a^3を求め、$1+a+a^2=0$となることを示せ。

（解答）

$$a=1\angle 120°=-\frac{1}{2}+\mathrm{j}\frac{\sqrt{3}}{2}$$

$$a^2=a\cdot a=② \boxed{\qquad\qquad} =-\frac{1}{2}-\mathrm{j}\frac{\sqrt{3}}{2}$$

$$a^3=a^2\cdot a=③ \boxed{\qquad\qquad} =1$$

したがって、

$$1+a+a^2=④ \boxed{\qquad\qquad} =0$$

となる。

[2] ベクトルオペレータを用いて行列

$$\boldsymbol{A}=\begin{bmatrix} 1 & 1 & 1 \\ 1 & a^2 & a \\ 1 & a & a^2 \end{bmatrix} \tag{1-15}$$

を与えたとき、逆行列$\boldsymbol{A}^{-1}$を求めよ。

（解答）

右に示した逆行列を求める公式より、

$$\mathrm{adj}(\boldsymbol{A})_{1,1}=(-1)^{(1+1)}\cdot\begin{vmatrix}a^2 & a\\ a & a^2\end{vmatrix}=a^4-a^2=a-a^2$$

$$\mathrm{adj}(\boldsymbol{A})_{1,2}=(-1)^{(1+2)}\cdot\begin{vmatrix}1 & 1\\ a & a^2\end{vmatrix}=-(a^2-a)=a-a^2$$

同様に、

$\mathrm{adj}(\boldsymbol{A})_{1,3}=$ ⑤［　　　　＝　　　　］

$\mathrm{adj}(\boldsymbol{A})_{2,1}=$ ⑥［　　　　＝　　　　］ $=a-a^2$

$\mathrm{adj}(\boldsymbol{A})_{2,2}=$ ⑦［　　　　＝　　　　］

$\mathrm{adj}(\boldsymbol{A})_{2,3}=$ ⑧［　　　　＝　　　　］ $=1-a$

$\mathrm{adj}(\boldsymbol{A})_{3,1}=$ ⑨［　　　　＝　　　　］

$\mathrm{adj}(\boldsymbol{A})_{3,2}=$ ⑩［　　　　＝　　　　］ $=1-a$

$\mathrm{adj}(\boldsymbol{A})_{3,3}=$ ⑪［　　　　＝　　　　］

$\boldsymbol{A}$の行列式$\det(\boldsymbol{A})$は、

行列$\boldsymbol{A}$の逆行列$\boldsymbol{A}^{-1}$を求める公式

$\det(\boldsymbol{A})$を$\boldsymbol{A}$の行列式とすると，

$$\boldsymbol{A}^{-1}=\frac{\mathrm{adj}(\boldsymbol{A})}{\det(\boldsymbol{A})}$$

ここで，$\mathrm{adj}(\boldsymbol{A})$は$\boldsymbol{A}$の余因子行列であり，次式で与えられる

$$\mathrm{adj}(\boldsymbol{A})=\begin{bmatrix}\mathrm{adj}(\boldsymbol{A})_{1,1} & \mathrm{adj}(\boldsymbol{A})_{1,2} & \boxed{\mathrm{adj}(\boldsymbol{A})_{1,3}}\\ \mathrm{adj}(\boldsymbol{A})_{2,1} & \mathrm{adj}(\boldsymbol{A})_{2,2} & \mathrm{adj}(\boldsymbol{A})_{2,3}\\ \mathrm{adj}(\boldsymbol{A})_{3,1} & \mathrm{adj}(\boldsymbol{A})_{3,2} & \mathrm{adj}(\boldsymbol{A})_{3,3}\end{bmatrix}\begin{matrix}1\text{行目}\\2\text{行目}\\3\text{行目}\end{matrix}$$

（列見出し：1列目，2列目，3列目）

$\mathrm{adj}(\boldsymbol{A})_{i,j}$は$\mathrm{adj}(\boldsymbol{A})$の$i$行$j$列の要素であり，次式で与えられる

$$\mathrm{adj}(\boldsymbol{A})_{i,j}=(-1)^{(i+j)}\times\text{元の行列}\boldsymbol{A}\text{の}\underline{j\text{行}i\text{列}}\text{を取り除いた小行列式}$$

（行番号と列番号の与え方に注意）

（例）

$$\boldsymbol{A}=\begin{bmatrix}1 & 2 & 3\\ 4 & 5 & 6\\ 7 & 8 & 9\end{bmatrix}\quad\text{のとき，}$$

（1列目と3行目に破線）

$$\mathrm{adj}(\boldsymbol{A})_{1,3}=(-1)^{1+3}\times\begin{vmatrix}2 & 3\\ 5 & 6\end{vmatrix}=-3$$

$$\det(\boldsymbol{A})=\begin{vmatrix}1 & 1 & 1\\ 1 & a^2 & a\\ 1 & a & a^2\end{vmatrix}=a^4+2a-3a^2=3a-3a^2=3\left(-\frac{1}{2}+\mathrm{j}\frac{\sqrt{3}}{2}\right)-3\left(-\frac{1}{2}-\mathrm{j}\frac{\sqrt{3}}{2}\right)=\mathrm{j}3\sqrt{3}\neq0$$

であることから、逆行列$\boldsymbol{A}^{-1}$は存在する。ベクトルオペレータの性質である$1=a^3, a=a^4$を利用して、

$$\boldsymbol{A}^{-1}=\frac{\mathrm{adj}(\boldsymbol{A})}{\det(\boldsymbol{A})}=\text{⑫}\left[\frac{\begin{bmatrix}a-a^2 & \ & \ \\ a^2-1 & \ & \ \\ 1-a & \ & \ \end{bmatrix}}{\qquad}=\frac{1}{3}\begin{bmatrix}1 & \ & \ \\ \dfrac{a^2-a^3}{a-a^2} & \underline{\qquad} & \ \\ \dfrac{a^3-a^4}{a-a^2} & \underline{\qquad} & \ \end{bmatrix}\right]=\frac{1}{3}\begin{bmatrix}1 & 1 & 1\\ 1 & a & a^2\\ 1 & a^2 & a\end{bmatrix}\qquad(1\text{-}16)$$

と求められる。

1.3(2) 対称座標法の変換式

・図 1-12 に示す$\dot{I}_a, \dot{I}_b, \dot{I}_c$は三相不平衡電流である。この電流について次のようにベクトルオペレータを用いて3つの電流$\dot{I}_0$, $\dot{I}_1$, $\dot{I}_2$を定義する。

$$\dot{I}_0=\frac{1}{3}\left(\dot{I}_a+\dot{I}_b+\dot{I}_c\right)$$

$$\dot{I}_1=\frac{1}{3}\left(\dot{I}_a+a\dot{I}_b+a^2\dot{I}_c\right)$$

$$\dot{I}_2=\frac{1}{3}\left(\dot{I}_a+a^2\dot{I}_b+a\dot{I}_c\right)$$

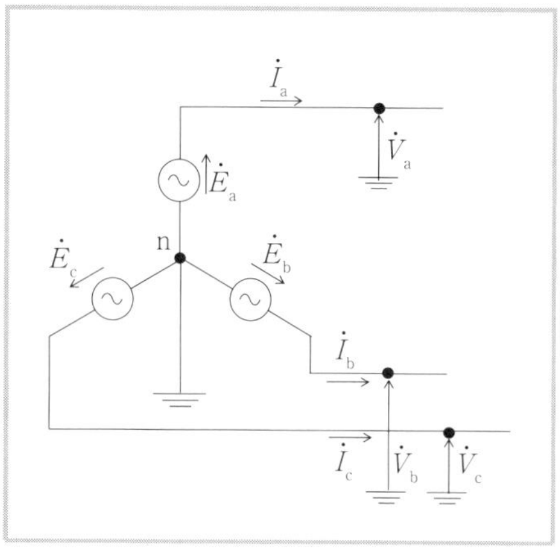

図 1-12

上式を行列表現して、(1-16)式で示した$\boldsymbol{A}^{-1}$を用いると、

$$\underset{Ⓐ}{\begin{bmatrix}\dot{I}_0\\ \dot{I}_1\\ \dot{I}_2\end{bmatrix}}=\frac{1}{3}\begin{bmatrix}\dot{I}_a+\dot{I}_b+\dot{I}_c\\ \dot{I}_a+a\dot{I}_b+a^2\dot{I}_c\\ \dot{I}_a+a^2\dot{I}_b+a\dot{I}_c\end{bmatrix}=\frac{1}{3}\begin{bmatrix}1 & 1 & 1\\ 1 & a & a^2\\ 1 & a^2 & a\end{bmatrix}\begin{bmatrix}\dot{I}_a\\ \dot{I}_b\\ \dot{I}_c\end{bmatrix}=\boldsymbol{A}^{-1}\underset{Ⓑ}{\begin{bmatrix}\dot{I}_a\\ \dot{I}_b\\ \dot{I}_c\end{bmatrix}} \quad (1\text{-}17)$$

(1-17)式は$\dot{I}_a$, $\dot{I}_b$, $\dot{I}_c$という電流を、$\dot{I}_0$, $\dot{I}_1$, $\dot{I}_2$という電流に変換する式である。$\boldsymbol{A}^{-1}$の逆行列は(1-15)式で示した$\boldsymbol{A}=\begin{bmatrix}1 & 1 & 1\\ 1 & a^2 & a\\ 1 & a & a^2\end{bmatrix}$である。この$\boldsymbol{A}$を(1-17)式のⒷとⒶに左から乗じると、$\boldsymbol{A}\cdot\boldsymbol{A}^{-1}\begin{bmatrix}\dot{I}_a\\ \dot{I}_b\\ \dot{I}_c\end{bmatrix}=\boldsymbol{A}\begin{bmatrix}\dot{I}_0\\ \dot{I}_1\\ \dot{I}_2\end{bmatrix}$ となる。この式の右辺は、$\boldsymbol{A}\begin{bmatrix}\dot{I}_0\\ \dot{I}_1\\ \dot{I}_2\end{bmatrix}=\begin{bmatrix}1 & 1 & 1\\ 1 & a^2 & a\\ 1 & a & a^2\end{bmatrix}\begin{bmatrix}\dot{I}_0\\ \dot{I}_1\\ \dot{I}_2\end{bmatrix}=\begin{bmatrix}\dot{I}_0+\dot{I}_1+\dot{I}_2\\ \dot{I}_0+a^2\dot{I}_1+a\dot{I}_2\\ \dot{I}_0+a\dot{I}_1+a^2\dot{I}_2\end{bmatrix}$と展開できるから、これらを(1-17)式の形式に合わせて整理すると、$\dot{I}_a$, $\dot{I}_b$, $\dot{I}_c$を次のように表すことができる。

$$\begin{bmatrix}\dot{I}_a\\ \dot{I}_b\\ \dot{I}_c\end{bmatrix}=\begin{bmatrix}\dot{I}_0+\dot{I}_1+\dot{I}_2\\ \dot{I}_0+a^2\dot{I}_1+a\dot{I}_2\\ \dot{I}_0+a\dot{I}_1+a^2\dot{I}_2\end{bmatrix}=\begin{bmatrix}1 & 1 & 1\\ 1 & a^2 & a\\ 1 & a & a^2\end{bmatrix}\begin{bmatrix}\dot{I}_0\\ \dot{I}_1\\ \dot{I}_2\end{bmatrix}=\boldsymbol{A}\begin{bmatrix}\dot{I}_0\\ \dot{I}_1\\ \dot{I}_2\end{bmatrix} \quad (1\text{-}18)$$

(1-18)式は、(1-17)式とは逆に$\dot{I}_0$, $\dot{I}_1$, $\dot{I}_2$という電流を、$\dot{I}_a$, $\dot{I}_b$, $\dot{I}_c$という電流に変換する式である。

・(1-18)式の左から2つ目の行列の$\dot{I}_1$, $a^2\dot{I}_1$, $a\dot{I}_1$はベクトルオペレータの働きから対称な電

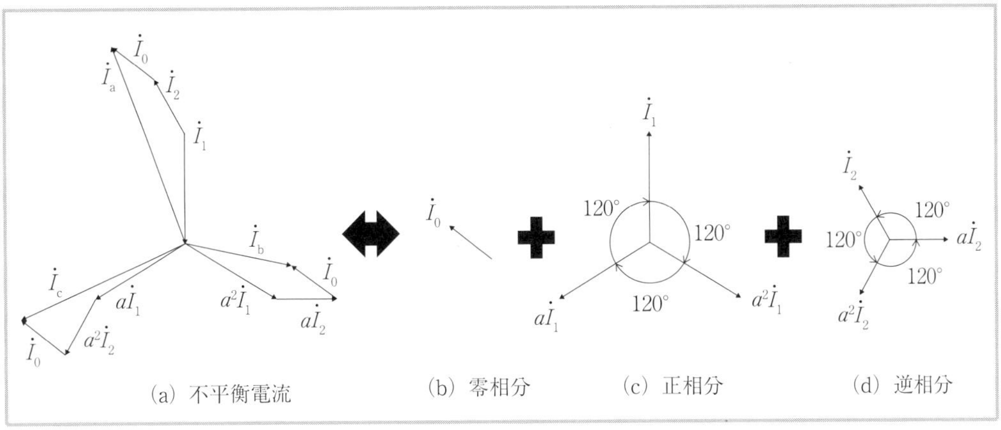

図 1-13　不平衡電流と対称分電流の相互変換

流であり、その回転方向が起電力の相順（順に時計回転となる）と等しいことから⑬______と呼ぶ。同じ行列の$\dot{I}_2$, $a\dot{I}_2$, $a^2\dot{I}_2$も対称な電流であり、回転方向が起電力の相順と逆になる（順に反時計回転となる）ことから⑭______と呼ぶ。$\dot{I}_0$は$\dot{I}_a$, $\dot{I}_b$, $\dot{I}_c$に共通の成分であり⑮______と呼ぶ。零相分、正相分、逆相分をまとめて対称分とよぶ。

・図 1-13 は(1-17)式および（1-18）式をベクトル図として表したものである。この図は不平衡な電流である$\dot{I}_a$, $\dot{I}_b$, $\dot{I}_c$（同図(a)）と、対称な電流である零相分（同図(b)）、正相分（同図(c)）、逆相分（同図(d)）が相互変換できることを示している。このことは、「解析が難しい不平衡電流」を、一旦、「解析がしやすい対称な電流」に置き換えて計算し、その結果を用いて必要な不平衡電流を求めることができることを示している。

・なお、$\dot{I}_a$, $\dot{I}_b$, $\dot{I}_c$が対称三相交流電流の場合は$\dot{I}_b=a^2\dot{I}_a$, $\dot{I}_c=a\dot{I}_a$であることから、

$$\begin{bmatrix}\dot{I}_0\\ \dot{I}_1\\ \dot{I}_2\end{bmatrix}=\frac{1}{3}\begin{bmatrix}1&1&1\\1&a&a^2\\1&a^2&a\end{bmatrix}\begin{bmatrix}\dot{I}_a\\ a^2\dot{I}_a\\ a\dot{I}_a\end{bmatrix}= ⑯\ \frac{1}{3}\begin{bmatrix}\quad\\ \quad\\ \quad\end{bmatrix}=\frac{1}{3}\dot{I}_a\begin{bmatrix}\quad\\ \quad\\ \quad\end{bmatrix}=\begin{bmatrix}0\\ \dot{I}_a\\ 0\end{bmatrix} \tag{1-19}$$

となる。すなわち、零相分$\dot{I}_0$と逆相分$\dot{I}_2$は0 A、正相分$\dot{I}_1$は線電流$\dot{I}_a$と等しくなる。

・三相交流電圧源についても(1-17)、(1-18)式と同様に、

$$\begin{bmatrix}\dot{E}_0\\ \dot{E}_1\\ \dot{E}_2\end{bmatrix}=\frac{1}{3}\begin{bmatrix}\dot{E}_a+\dot{E}_b+\dot{E}_c\\ \dot{E}_a+a\dot{E}_b+a^2\dot{E}_c\\ \dot{E}_a+a^2\dot{E}_b+a\dot{E}_c\end{bmatrix}=\frac{1}{3}\begin{bmatrix}1&1&1\\1&a&a^2\\1&a^2&a\end{bmatrix}\begin{bmatrix}\dot{E}_a\\ \dot{E}_b\\ \dot{E}_c\end{bmatrix}=\boldsymbol{A}^{-1}\begin{bmatrix}\dot{E}_a\\ \dot{E}_b\\ \dot{E}_c\end{bmatrix} \tag{1-20}$$

$$\begin{bmatrix}\dot{E}_a\\ \dot{E}_b\\ \dot{E}_c\end{bmatrix}=\begin{bmatrix}\dot{E}_0+\dot{E}_1+\dot{E}_2\\ \dot{E}_0+a^2\dot{E}_1+a\dot{E}_2\\ \dot{E}_0+a\dot{E}_1+a^2\dot{E}_2\end{bmatrix}=\begin{bmatrix}1&1&1\\1&a^2&a\\1&a&a^2\end{bmatrix}\begin{bmatrix}\dot{E}_0\\ \dot{E}_1\\ \dot{E}_2\end{bmatrix}=\boldsymbol{A}\begin{bmatrix}\dot{E}_0\\ \dot{E}_1\\ \dot{E}_2\end{bmatrix} \tag{1-21}$$

と表すことができる。

・また、$\dot{E}_a, \dot{E}_b, \dot{E}_c$が対称三相交流電圧の場合は$\dot{E}_b = a^2\dot{E}_a$, $\dot{E}_c = a\dot{E}_a$であることから、

$$\begin{bmatrix} \dot{E}_0 \\ \dot{E}_1 \\ \dot{E}_2 \end{bmatrix} = \frac{1}{3}\begin{bmatrix} 1 & 1 & 1 \\ 1 & a & a^2 \\ 1 & a^2 & a \end{bmatrix}\begin{bmatrix} \dot{E}_a \\ \dot{E}_b \\ \dot{E}_c \end{bmatrix} = \frac{1}{3}\begin{bmatrix} \dot{E}_a + a^2\dot{E}_a + a\dot{E}_a \\ \dot{E}_a + a^3\dot{E}_a + a^3\dot{E}_a \\ \dot{E}_a + a^4\dot{E}_a + a^2\dot{E}_a \end{bmatrix} = \begin{bmatrix} 0 \\ \dot{E}_a \\ 0 \end{bmatrix} \tag{1-22}$$

となる。

・正相分と逆相分の電圧や電流を用いて、不平衡の度合を示す⑰［　　　　］は次のように定義される。

$$\text{不平衡率} = \left|\frac{\dot{I}_2}{\dot{I}_1}\right|,\ \left|\frac{\dot{V}_2}{\dot{V}_1}\right| \tag{1-23}$$

平衡の場合は、$\dot{I}_1 = \dot{I}_a$, $\dot{I}_2 = 0$であるから不平衡率は⑱［　］となる。

＜1.3(2) 例題＞

$\dot{I}_a = 0, \dot{I}_b = \dot{I}_c$の場合の対称分$\dot{I}_0$, $\dot{I}_1$, $\dot{I}_2$を求めよ。

（解答）

(1-17)式とベクトルオペレータについての$1 + a + a^2 =$⑲［　］という関係から、

$$\begin{bmatrix} \dot{I}_0 \\ \dot{I}_1 \\ \dot{I}_2 \end{bmatrix} = \frac{1}{3}\begin{bmatrix} 1 & 1 & 1 \\ 1 & a & a^2 \\ 1 & a^2 & a \end{bmatrix}\begin{bmatrix} 0 \\ \dot{I}_b \\ \dot{I}_b \end{bmatrix} = \text{⑳}\begin{bmatrix} \underline{\qquad} \\ \underline{\qquad\qquad} \\ \underline{\qquad\qquad} \end{bmatrix} = \begin{bmatrix} \underline{\qquad} \\ \underline{\quad} \\ \underline{\quad} \end{bmatrix}$$

＜1.3(2) 練習問題＞

$\dot{I}_a=20$ A, $\dot{I}_b=-5-j3$ A, $\dot{I}_c=j10$ Aの対称分$\dot{I}_0$, $\dot{I}_1$, $\dot{I}_2$と不平衡率を求めよ。

1.3(3) 発電機モデル

・不平衡な故障を解析する対象は発電機やそれにつながる送電線、変圧器、負荷であるが、基本となるのは発電機である。そこで、前述した対称分の電圧、電流についての発電機の動作を表す等価回路について検討し、重要な式である発電機の基本式を導く。

・図1-14は発電機のモデルである。各相の電機子コイル（図では省略している）の電圧降下$\dot{v}_a$, $\dot{v}_b$, $\dot{v}_c$を考えて、端子電圧に対する電圧方程式を求めると次式となる。

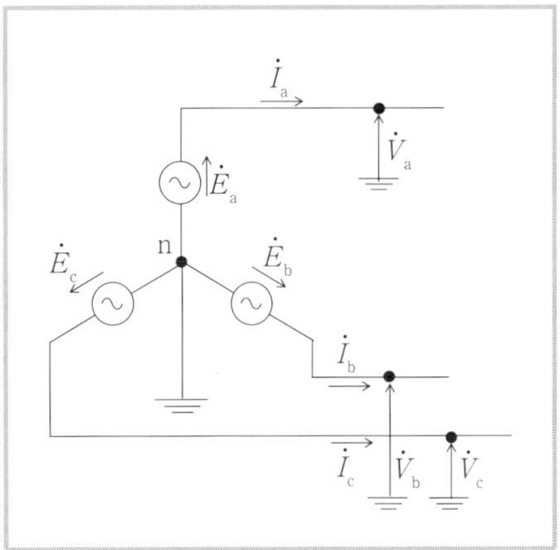

図1-14 発電機モデル

$$\left.\begin{aligned}\dot{V}_a&=\dot{E}_a-\dot{v}_a\\ \dot{V}_b&=\dot{E}_b-\dot{v}_b\\ \dot{V}_c&=\dot{E}_c-\dot{v}_c\end{aligned}\right\}\tag{1-24}$$

・このとき、各相を流れる電流が不平衡であると、(1-24)式の電機子コイルでの電圧降下$\dot{v}_a$, $\dot{v}_b$, $\dot{v}_c$もそれぞれ異なるため、端子電圧$\dot{V}_a$, $\dot{V}_b$, $\dot{V}_c$は不平衡となる。そこで、対称座標法を用いて上式を対称分に書き換える。電圧降下$\dot{v}_a, \dot{v}_b, \dot{v}_c$の対称分を発電機の対称分インピーダンス$\dot{Z}_0, \dot{Z}_1, \dot{Z}_2$と電流の対称分の積で表すと、端子電圧の対称分$\dot{V}_0$, $\dot{V}_1$, $\dot{V}_2$は次のように表すことができる。

$$\left.\begin{aligned}\dot{V}_0&=\dot{E}_0-\dot{Z}_0\dot{I}_0\\\dot{V}_1&=\dot{E}_1-\dot{Z}_1\dot{I}_1\\\dot{V}_2&=\dot{E}_2-\dot{Z}_2\dot{I}_2\end{aligned}\right\}\qquad(1\text{-}25)$$

なお、対称分インピーダンス$\dot{Z}_0, \dot{Z}_1, \dot{Z}_2$はそれぞれ

$\dot{Z}_0$：㉑□インピーダンス

$\dot{Z}_1$：㉒□インピーダンス

$\dot{Z}_2$：㉓□インピーダンス

と呼ばれる。実際の発電機の対称分インピーダンスはあらかじめ測定され、発電機の仕様書に示されている。

・さて、発電機は一般に対称三相交流電圧源であるから、以下の計算においては、電圧源$\dot{E}_a, \dot{E}_b, \dot{E}_c$は対称であるとして説明する。この場合、(1-22)式から$\dot{E}_0=0$, $\dot{E}_1=\dot{E}_a$, $\dot{E}_2=0$である。この結果を(1-25)式に代入することで、端子電圧の対称分は次式のようになる。これら３つの式は発電機の基本式と呼ばれる重要な式であるので、しっかりと覚えること。

$$\left.\begin{aligned}\dot{V}_0&=-\dot{Z}_0\dot{I}_0\\\dot{V}_1&=\dot{E}_a-\dot{Z}_1\dot{I}_1\\\dot{V}_2&=-\dot{Z}_2\dot{I}_2\end{aligned}\right\}\ \text{発電機の基本式}\qquad(1\text{-}26)$$

・以上より、発電機のモデルは対称分を用いて、図1-15に示すような等価回路で表現できることがわかる。すなわち、対称座標法を用いることで、発電機の出力端子であるa, b, c端子から発電機側を、起電力$\dot{E}_a$と、零相分、正相分、逆相分の各インピーダンス$\dot{Z}_0$, $\dot{Z}_1$, $\dot{Z}_2$で表現することができる。

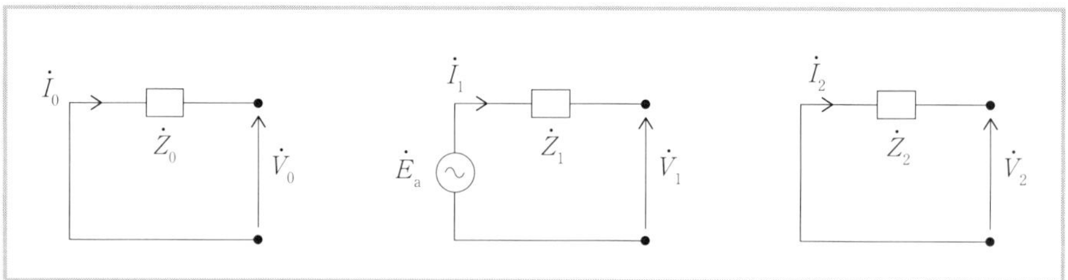

(a) 零相分の等価回路　(b) 正相分の等価回路　(c) 逆相分の等価回路

図1-15　発電機モデルの等価回路

1.3(4) 対称座標法による故障解析

・対称座標法による不平衡故障の解析手順を図 1-16 に示す。

❶ 地絡などの不平衡故障についての電流（I_a, I_b, I_c）、電圧（V_a, V_b, V_c）の条件を求める。

❷ ❶で求めた条件を、(1-17) 式、(1-20) 式を用いて、対称分の電圧（V_0, V_1, V_2）、電流（I_0, I_1, I_2）で表した条件に変換する。

❸ ❷で得た対称分で表した条件と発電機の基本式（(1-26)式）により、対称分の電圧、電流を既知数である$\dot{Z}_0, \dot{Z}_1, \dot{Z}_2$を用いて表す。

❹ ❸で得た対称分の電圧、電流を基にして、必要な三相回路の電圧、電流を求める。

図 1-16 対称座標法による不平衡故障の解析手順

＜1.3(4) 例題＞

[1] 図 1-17 に示すように発電機の a 相地絡故障が発生した。発電機の対称分インピーダンスをそれぞれ$\dot{Z}_0$, $\dot{Z}_1$, $\dot{Z}_2$とするとき、短絡電流$\dot{I}_a$を求めよ。

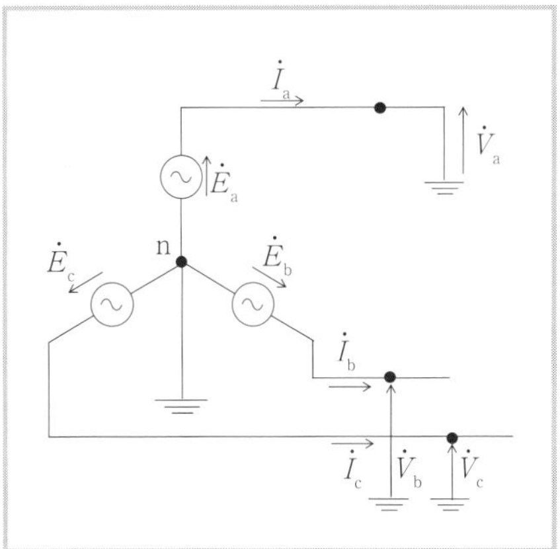

図 1-17 a 相地絡故障

（解答）

（手順❶）図から、この故障における線電流と端子電圧の条件は次のとおりである。

$\dot{I}_b = \dot{I}_c = 0, \quad \dot{V}_a = 0$

（手順❷）(1-17) 式、(1-20) 式を用いて、この条件を対称分で表した条件に変換する。

$$\begin{bmatrix} \dot{I}_0 \\ \dot{I}_1 \\ \dot{I}_2 \end{bmatrix} = \frac{1}{3}\begin{bmatrix} 1 & 1 & 1 \\ 1 & a & a^2 \\ 1 & a^2 & a \end{bmatrix}\begin{bmatrix} \dot{I}_a \\ \dot{I}_b \\ \dot{I}_c \end{bmatrix} = \frac{1}{3}\begin{bmatrix} 1 & 1 & 1 \\ 1 & a & a^2 \\ 1 & a^2 & a \end{bmatrix}\begin{bmatrix} \dot{I}_a \\ 0 \\ 0 \end{bmatrix} = \frac{1}{3}\begin{bmatrix} \quad \end{bmatrix}^{㉔}$$

したがって、

$$\dot{I}_0 = \dot{I}_1 = \dot{I}_2 = \frac{\dot{I}_a}{3} \qquad \text{(i)}$$

第1章

$$\begin{bmatrix}\dot{V}_0\\\dot{V}_1\\\dot{V}_2\end{bmatrix}=\frac{1}{3}\begin{bmatrix}1&1&1\\1&a&a^2\\1&a^2&a\end{bmatrix}\begin{bmatrix}0\\\dot{V}_b\\\dot{V}_c\end{bmatrix}=\frac{1}{3}\overset{㉕}{\begin{bmatrix}\quad\\\quad\\\quad\end{bmatrix}}$$

この式と、$1+a+a^2=0$という関係から、

$$\dot{V}_0+\dot{V}_1+\dot{V}_2=㉖\square \qquad \text{(ii)}$$

（手順❸）❷で得た対称分についての条件と発電機の基本式((1-26)式)により、対称分の電圧、電流を既知数である$\dot{Z}_0$, $\dot{Z}_1$, $\dot{Z}_2$を用いて表す。

(ii)式の$\dot{V}_0$, $\dot{V}_1$, $\dot{V}_2$に、発電機の基本式である（1-26）式を代入すると、

$$-\dot{Z}_0\dot{I}_0+\dot{E}_a-\dot{Z}_1\dot{I}_1-\dot{Z}_2\dot{I}_2=0$$

この式を(i)式の$\dot{I}_0=\dot{I}_1=\dot{I}_2$を用いて$\dot{I}_0$だけの式にして整理すると、

$$\dot{I}_0=\overset{㉗}{\frac{\square}{\square}}$$

（手順❹）❸で得た対称分の電圧、電流を基にして、必要な三相回路の電圧、電流を求める。

(i)式より$\dot{I}_0=\dfrac{\dot{I}_a}{3}$であるから、短絡電流$\dot{I}_a$は、

$$\dot{I}_a=3\dot{I}_0=\overset{㉘}{\frac{\square}{\square}}$$

[2] 図1-18に示すように発電機のb-c相短絡故障が発生した。発電機の対称分インピーダンスをそれぞれ$\dot{Z}_0$, $\dot{Z}_1$, $\dot{Z}_2$とするとき、短絡電流$\dot{I}_b$を求めよ。

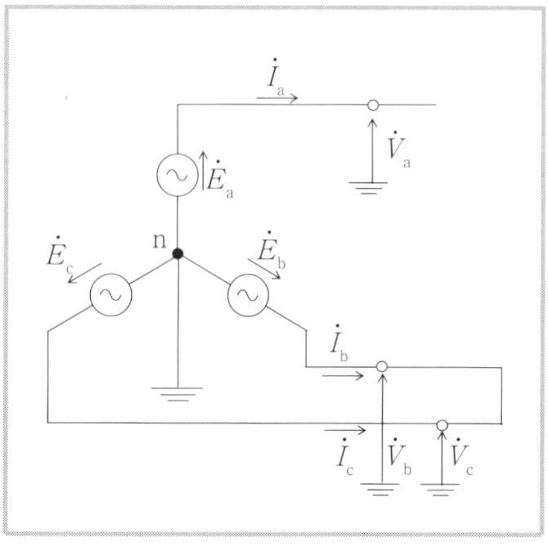

図1-18　b-c相短絡故障

（解答）

（手順❶）図から、この故障における線電流と端子電圧の条件は次のとおりである。

$\dot{I}_a=㉙\square$, $\dot{I}_c=-㉚\square$

$\dot{V}_b=㉛\square$

（手順❷）(1-17)式、(1-20)式を用いて、この条件を対称分で表した条件に変換する。

$$\begin{bmatrix}\dot{I}_0\\\dot{I}_1\\\dot{I}_2\end{bmatrix}=\frac{1}{3}\begin{bmatrix}1&1&1\\1&a&a^2\\1&a^2&a\end{bmatrix}\begin{bmatrix}\dot{I}_a\\\dot{I}_b\\\dot{I}_c\end{bmatrix}=\frac{1}{3}\begin{bmatrix}1&1&1\\1&a&a^2\\1&a^2&a\end{bmatrix}\begin{bmatrix}0\\\dot{I}_b\\㉜\square\end{bmatrix}=\frac{1}{3}\begin{bmatrix}0\\a\dot{I}_b-a^2\dot{I}_b\\㉝-\square\end{bmatrix}$$

したがって、

$$\dot{I}_0=㉞\square,\quad \dot{I}_1=-㉟\square \qquad \text{(i)}$$

$$\begin{bmatrix}\dot{V}_0\\\dot{V}_1\\\dot{V}_2\end{bmatrix}=\frac{1}{3}\begin{bmatrix}1&1&1\\1&a&a^2\\1&a^2&a\end{bmatrix}\begin{bmatrix}\dot{E}_a\\\dot{E}_b\\\dot{E}_c\end{bmatrix}=\frac{1}{3}\begin{bmatrix}1&1&1\\1&a&a^2\\1&a^2&a\end{bmatrix}\begin{bmatrix}\dot{V}_a\\\dot{V}_b\\\dot{V}_b\end{bmatrix}=\frac{1}{3}\text{㊱}\begin{bmatrix}\quad\end{bmatrix}$$

したがって、

$$\dot{V}_1=\text{㊲}\boxed{} \qquad \text{(ii)}$$

（手順❸）❷で得た対称分で表した条件と発電機の基本式（(1-25)式）により、対称分の電圧・電流を既知数である$\dot{Z}_0$, $\dot{Z}_1$, $\dot{Z}_2$を用いて表す。

(ii)式に、発電機の基本式である（1-26）式の$\dot{V}_1$および$\dot{V}_2$を代入すると、

$$\dot{E}_a-\dot{Z}_1\dot{I}_1=-\dot{Z}_2\dot{I}_2$$

さらに(i)式の$\dot{I}_1=-\dot{I}_2$を代入して整理すると、

$$\dot{E}_a=(\text{㊳}\boxed{})\dot{I}_1$$

となる。したがって、

$$\dot{I}_1=\text{㊴}\boxed{\frac{}{}},\quad \dot{I}_2=\text{㊵}\boxed{\frac{}{}} \qquad \text{(iii)}$$

（手順❹）❸で得た対称分の電圧、電流を基にして、必要な三相回路の電圧、電流を求める。

(1-18)式より、$\dot{I}_b$を$\dot{I}_0, \dot{I}_1, \dot{I}_2$で表し、（i）式の$\dot{I}_0=0$, $\dot{I}_2=-\dot{I}_1$を代入すると、

$$\dot{I}_b=\dot{I}_0+a^2\dot{I}_1+a\dot{I}_2=(\text{㊶}\boxed{})\dot{I}_1$$

これに(iii)式の$\dot{I}_1$を代入して、

$$\dot{I}_b=\text{㊷}\boxed{\frac{}{}}$$

と導出できる。

第1章

＜ 1.3(4) 練習問題＞

[1] 問図 1-8 に示すように発電機の b-c 相地絡故障が発生した。発電機の対称分インピーダンスをそれぞれ$\dot{Z}_0$, $\dot{Z}_1$, $\dot{Z}_2$とするとき、短絡電流$\dot{I}_g$を求めよ。

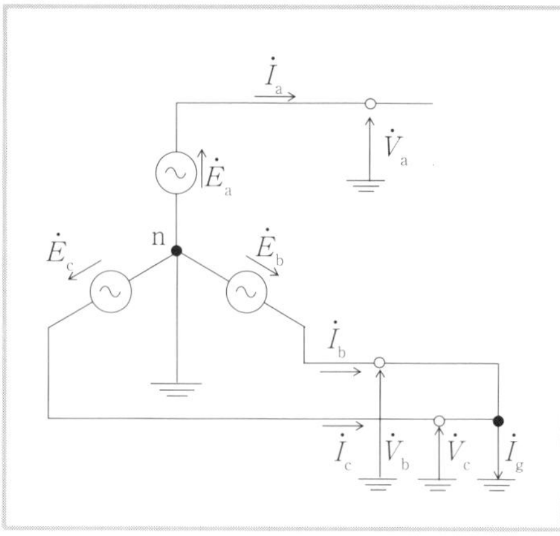

問図 1-8　b-c 相地絡故障

[2] 問図 1-9 に示すように発電機の a 相地絡故障が発生した。発電機の対称分インピーダンスをそれぞれ $\dot{Z}_0$=j0.2 Ω, $\dot{Z}_1$=j3.0 Ω, $\dot{Z}_2$=j0.1 Ωとするとき、短絡電流$|\dot{I}_a|$を求めよ。ただし、発電機の起電力$\dot{E}_a=\dfrac{11000}{\sqrt{3}}$ Vとする（〈1.3(4)例題〉［1］の結論を用いよ）。

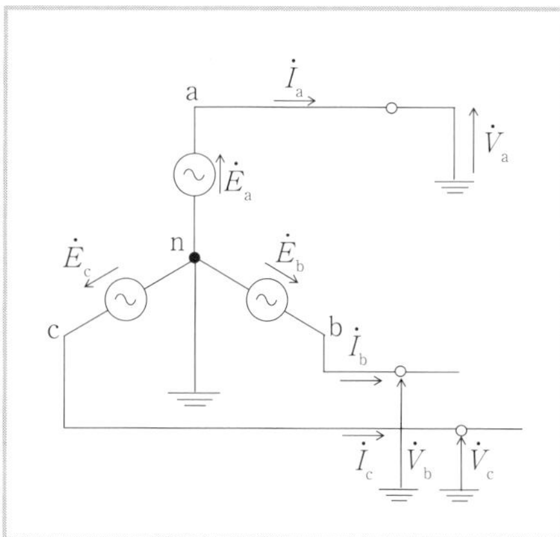

問図 1-9　a 相地絡故障

[3] 問図 1-10 に示すように発電機の三相短絡故障が発生した。発電機の対称分インピーダンスをそれぞれ$\dot{Z}_0$, $\dot{Z}_1$, $\dot{Z}_2$とするとき、a 相電流$\dot{I}_a$を求めよ。

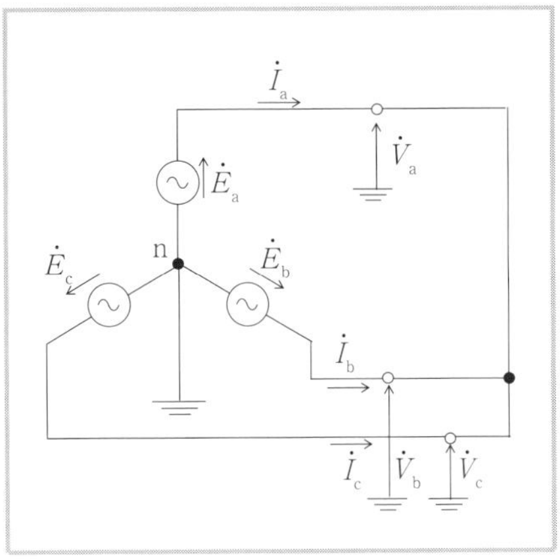

問図 1-10　三相短絡故障

1.3(5) 発電機に送電線が接続された場合の対称座標法

・発電機に送電線が接続された場合は、送電線の自己インピーダンス$\dot{Z}_s$や相互インピーダンス$\dot{Z}_m$を考慮した計算をすることになり、より解析が難しくなる。ここでは、中性点nと大地を接地インピーダンス$\dot{Z}_n$で接続する前提で、発電機と送電線を加えた基本モデルを考える。

・対称座標法を用いて図 1-19 に示す発電機＋送電線モデルについて考える。図中の各電圧、電流については次の式で表すことができる。なお、$\dot{v}_a$, $\dot{v}_b$, $\dot{v}_c$は各相の電機子コイル（図では省略している）の電圧降下である。

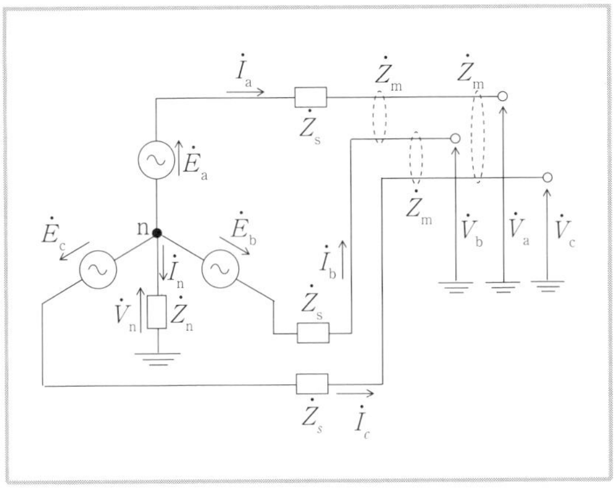

図 1-19

$$\dot{E}_a-\dot{v}_a+\dot{V}_n-\dot{V}_a=\dot{Z}_s\dot{I}_a+\dot{Z}_m\dot{I}_b+\dot{Z}_m\dot{I}_c$$
$$\dot{E}_b-\dot{v}_b+\dot{V}_n-\dot{V}_b=\dot{Z}_m\dot{I}_a+\dot{Z}_s\dot{I}_b+\dot{Z}_m\dot{I}_c \qquad (1\text{-}27)$$
$$\dot{E}_c-\dot{v}_c+\dot{V}_n-\dot{V}_c=\dot{Z}_m\dot{I}_a+\dot{Z}_m\dot{I}_b+\dot{Z}_s\dot{I}_c$$

上式を行列表現すれば、

$$\begin{bmatrix}\dot{E}_a-\dot{v}_a\\ \dot{E}_b-\dot{v}_b\\ \dot{E}_c-\dot{v}_c\end{bmatrix}-\begin{bmatrix}\dot{V}_a\\ \dot{V}_b\\ \dot{V}_c\end{bmatrix}=\begin{bmatrix}\dot{Z}_s & \dot{Z}_m & \dot{Z}_m\\ \dot{Z}_m & \dot{Z}_s & \dot{Z}_m\\ \dot{Z}_m & \dot{Z}_m & \dot{Z}_s\end{bmatrix}\begin{bmatrix}\dot{I}_a\\ \dot{I}_b\\ \dot{I}_c\end{bmatrix}-\begin{bmatrix}\dot{V}_n\\ \dot{V}_n\\ \dot{V}_n\end{bmatrix} \qquad (1\text{-}28)$$

となる。

・この式を対称座標法を用いて、対称分についての式に変形してみよう。そのために、(1-28)式の両辺に左から(1-16)式に示した$\boldsymbol{A}^{-1}=\frac{1}{3}\begin{bmatrix}1 & 1 & 1\\ 1 & a & a^2\\ 1 & a^2 & a\end{bmatrix}$を乗じて整理することを考える。

・まず、左辺第1項に$\boldsymbol{A}^{-1}$を乗じたものは、(1-20)式から対称分電圧に変換されるので(1-29)式のⒶとなる。このⒶの電機子コイルによる電圧降下の対称分$\dot{v}_0, \dot{v}_1, \dot{v}_2$を、発電機の対称分インピーダンス$\dot{Z}_0, \dot{Z}_1, \dot{Z}_2$と電流の対称分$\dot{I}_0, \dot{I}_1, \dot{I}_2$の積で表すと(1-29)式のⒷとなる。さらに、電圧源$\dot{E}_a, \dot{E}_b, \dot{E}_c$は対称三相交流電圧であるとすると、(1-22)式に示した$\dot{E}_0=0, \dot{E}_1=\dot{E}_a, \dot{E}_2=0$から、(1-29)式のⒸとなる。

$$\boldsymbol{A}^{-1}\begin{bmatrix}\dot{E}_a-\dot{v}_a\\ \dot{E}_b-\dot{v}_b\\ \dot{E}_c-\dot{v}_c\end{bmatrix}=\underset{Ⓐ}{\begin{bmatrix}\dot{E}_0-\dot{v}_0\\ \dot{E}_1-\dot{v}_1\\ \dot{E}_2-\dot{v}_2\end{bmatrix}}=\underset{Ⓑ}{\begin{bmatrix}\dot{E}_0-\dot{Z}_0\dot{I}_0\\ \dot{E}_1-\dot{Z}_1\dot{I}_1\\ \dot{E}_2-\dot{Z}_2\dot{I}_2\end{bmatrix}}=\underset{Ⓒ}{\begin{bmatrix}-\dot{Z}_0\dot{I}_0\\ \dot{E}_a-\dot{Z}_1\dot{I}_1\\ -\dot{Z}_2\dot{I}_2\end{bmatrix}} \qquad (1\text{-}29)$$

左辺第2項の$\dot{V}_a$, $\dot{V}_b$, $\dot{V}_c$および右辺第2項の$\dot{V}_n$については、(1-20)式より次のように整理できる。

$$\boldsymbol{A}^{-1}\begin{bmatrix}\dot{V}_a\\ \dot{V}_b\\ \dot{V}_c\end{bmatrix}=\begin{bmatrix}\dot{V}_0\\ \dot{V}_1\\ \dot{V}_2\end{bmatrix}, \qquad \boldsymbol{A}^{-1}\begin{bmatrix}\dot{V}_n\\ \dot{V}_n\\ \dot{V}_n\end{bmatrix}=\frac{1}{3}\begin{bmatrix}1 & 1 & 1\\ 1 & a & a^2\\ 1 & a^2 & a\end{bmatrix}\begin{bmatrix}\dot{V}_n\\ \dot{V}_n\\ \dot{V}_n\end{bmatrix}=\begin{bmatrix}\dot{V}_n\\ 0\\ 0\end{bmatrix}$$

(1-28)式の右辺第1項のインピーダンス$\dot{Z}_s, \dot{Z}_m$からなる行列に係る$\begin{bmatrix}\dot{I}_a\\ \dot{I}_b\\ \dot{I}_c\end{bmatrix}$を、(1-18)式より

$\boldsymbol{A}\begin{bmatrix}\dot{I}_0\\ \dot{I}_1\\ \dot{I}_2\end{bmatrix}$に置き換えると、(1-28)式の右辺第1項に$\boldsymbol{A}^{-1}$を乗じたものは、

$$\boldsymbol{A}^{-1}\begin{bmatrix}\dot{Z}_s & \dot{Z}_m & \dot{Z}_m\\ \dot{Z}_m & \dot{Z}_s & \dot{Z}_m\\ \dot{Z}_m & \dot{Z}_m & \dot{Z}_s\end{bmatrix}\boldsymbol{A}\begin{bmatrix}\dot{I}_0\\ \dot{I}_1\\ \dot{I}_2\end{bmatrix}=\frac{1}{3}\begin{bmatrix}1 & 1 & 1\\ 1 & a & a^2\\ 1 & a^2 & a\end{bmatrix}\begin{bmatrix}\dot{Z}_s & \dot{Z}_m & \dot{Z}_m\\ \dot{Z}_m & \dot{Z}_s & \dot{Z}_m\\ \dot{Z}_m & \dot{Z}_m & \dot{Z}_s\end{bmatrix}\begin{bmatrix}1 & 1 & 1\\ 1 & a^2 & a\\ 1 & a & a^2\end{bmatrix}\begin{bmatrix}\dot{I}_0\\ \dot{I}_1\\ \dot{I}_2\end{bmatrix}$$

$$=\frac{1}{3}\begin{bmatrix}\dot{Z}_s+2\dot{Z}_m & \dot{Z}_s+2\dot{Z}_m & \dot{Z}_s+2\dot{Z}_m\\ \dot{Z}_s+(a+a^2)\dot{Z}_m & a\dot{Z}_s+(1+a^2)\dot{Z}_m & a^2\dot{Z}_s+(1+a)\dot{Z}_m\\ \dot{Z}_s+(a+a^2)\dot{Z}_m & a^2\dot{Z}_s+(1+a)\dot{Z}_m & a\dot{Z}_s+(1+a^2)\dot{Z}_m\end{bmatrix}\begin{bmatrix}1 & 1 & 1\\ 1 & a^2 & a\\ 1 & a & a^2\end{bmatrix}\begin{bmatrix}\dot{I}_0\\ \dot{I}_1\\ \dot{I}_2\end{bmatrix}$$

$$=\frac{1}{3}\begin{bmatrix}3\dot{Z}_s+6\dot{Z}_m & (\dot{Z}_s+2\dot{Z}_m)(1+a+a^2) & (\dot{Z}_s+2\dot{Z}_m)(1+a+a^2)\\ (\dot{Z}_s+2\dot{Z}_m)(1+a+a^2) & 3\dot{Z}_s+3(a+a^2)\dot{Z}_m & (\dot{Z}_s+2\dot{Z}_m)(1+a+a^2)\\ (\dot{Z}_s+2\dot{Z}_m)(1+a+a^2) & (\dot{Z}_s+2\dot{Z}_m)(1+a+a^2) & 3\dot{Z}_s+3(a+a^2)\dot{Z}_m\end{bmatrix}\begin{bmatrix}\dot{I}_0\\ \dot{I}_1\\ \dot{I}_2\end{bmatrix}$$

$$=\begin{bmatrix}\dot{Z}_s+2\dot{Z}_m & 0 & 0\\ 0 & \dot{Z}_s-\dot{Z}_m & 0\\ 0 & 0 & \dot{Z}_s-\dot{Z}_m\end{bmatrix}\begin{bmatrix}\dot{I}_0\\ \dot{I}_1\\ \dot{I}_2\end{bmatrix}$$

と整理できる。

・以上より、発電機に送電線を加えたモデルは対称座標法を用いて次のように表すことができる。

$$\begin{bmatrix}-\dot{Z}_0\dot{I}_0\\ \dot{E}_a-\dot{Z}_1\dot{I}_1\\ -\dot{Z}_2\dot{I}_2\end{bmatrix}-\begin{bmatrix}\dot{V}_0\\ \dot{V}_1\\ \dot{V}_2\end{bmatrix}=\begin{bmatrix}\dot{Z}_s+2\dot{Z}_m & 0 & 0\\ 0 & \dot{Z}_s-\dot{Z}_m & 0\\ 0 & 0 & \dot{Z}_s-\dot{Z}_m\end{bmatrix}\begin{bmatrix}\dot{I}_0\\ \dot{I}_1\\ \dot{I}_2\end{bmatrix}-\begin{bmatrix}\dot{V}_n\\ 0\\ 0\end{bmatrix}$$

図 1-18 において、各相に流れる零相分電流$\dot{I}_0$と接地線を流れる電流$\dot{I}_n$の関係は、キルヒホッフの第 1 法則から、$3\dot{I}_0+\dot{I}_n=0$, すなわち、$\dot{I}_n=-3\dot{I}_0$であるから、接地インピーダンスの電圧降下は$\dot{V}_n=\dot{Z}_n\dot{I}_n=-3\dot{Z}_n\dot{I}_0$となる。この関係を用いて各対称分について整理すると、次の発電機＋送電線の基本式が得られる。

$$\left.\begin{aligned}\dot{V}_0&=-\dot{Z}_0\dot{I}_0-(\dot{Z}_s+2\dot{Z}_m)\dot{I}_0-3\dot{Z}_n\dot{I}_0\\ \dot{V}_1&=\dot{E}_a-\dot{Z}_1\dot{I}_1-(\dot{Z}_s-\dot{Z}_m)\dot{I}_1\\ \dot{V}_2&=-\dot{Z}_2\dot{I}_2-(\dot{Z}_s-\dot{Z}_m)\dot{I}_2\end{aligned}\right\}\ \text{発電機＋送電線の基本式}\qquad(1\text{-}30)$$

以上より、発電機と送電線の対称分等価回路は図 1-20 で表現できることがわかる。

第1章

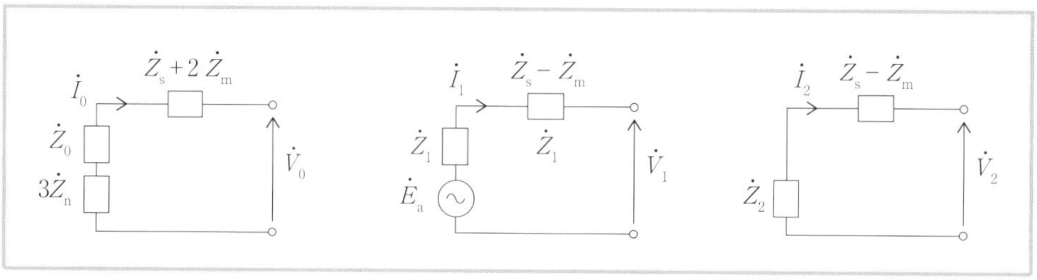

(a) 零相分の等価回路　(b) 正相分の等価回路　(c) 逆相分の等価回路

図 1-20　発電機と送電線の対称分等価回路

＜ 1.3(5) 例題＞

図 1-21 に示すように送電線の a 相にてインピーダンス地絡故障が発生した。短絡電流$\dot{I}_a$を求めよ。ただし、発電機の対称分インピーダンスをそれぞれ$\dot{Z}_0$, $\dot{Z}_1$, $\dot{Z}_2$, 接地インピーダンスを$\dot{Z}_n$, 送電線の自己インピーダンスを$\dot{Z}_s$, 相互インピーダンスを$\dot{Z}_m$, 地絡インピーダンスを$\dot{Z}_g$とする。

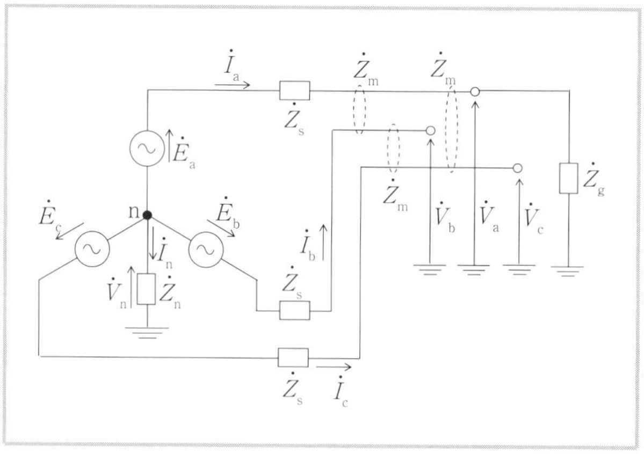

図 1-21　a 相インピーダンス地絡故障

(解答)

(手順❶) 図から、この故障における線電流と端子電圧の条件は次のとおりである。

$\dot{I}_b=\dot{I}_c=$㊸□　また、$\dot{V}_a$を$\dot{Z}_g$と$\dot{I}_a$で表して、

$\dot{V}_a=$㊹[ ]

(手順❷) (1-17)式、(1-20)式を用いて、この条件を対称分で表した条件に変換する。

$$\begin{bmatrix}\dot{I}_0\\\dot{I}_1\\\dot{I}_2\end{bmatrix}=\frac{1}{3}\begin{bmatrix}1&1&1\\1&a&a^2\\1&a^2&a\end{bmatrix}\begin{bmatrix}\dot{I}_a\\\dot{I}_b\\\dot{I}_c\end{bmatrix}=\frac{1}{3}\begin{bmatrix}1&1&1\\1&a&a^2\\1&a^2&a\end{bmatrix}\begin{bmatrix}\dot{I}_a\\0\\0\end{bmatrix}=\frac{1}{3}\text{㊺}\begin{bmatrix}\quad\\\quad\\\quad\end{bmatrix}$$ したがって、

$$\dot{I}_0=\dot{I}_1=\dot{I}_2=\frac{\dot{I}_a}{3} \qquad \text{(i)}$$

$$\begin{bmatrix}\dot{V}_0\\ \dot{V}_1\\ \dot{V}_2\end{bmatrix}=\frac{1}{3}\begin{bmatrix}1 & 1 & 1\\ 1 & a & a^2\\ 1 & a^2 & a\end{bmatrix}\begin{bmatrix}\dot{V}_a\\ \dot{V}_b\\ \dot{V}_c\end{bmatrix}\overset{㊻}{=}\frac{1}{3}\begin{bmatrix}\quad\boxed{}\quad\end{bmatrix}$$

この式と、$1+a+a^2=$㊼□という関係から、

$$\dot{V}_0+\dot{V}_1+\dot{V}_2\overset{㊽}{=}\boxed{}=\dot{Z}_g\dot{I}_a \qquad \text{(ii)}$$

(手順❸) ❷で得た対称分についての条件と発電機と送電線の基本式((1-30)式)により、対称分の電圧、電流を既知数である$\dot{Z}_0$, $\dot{Z}_1$, $\dot{Z}_2$を用いて表す。

(ii)式の左辺に、発電機と送電線のモデルである(1-30)式を代入すると、

$$-\dot{Z}_0\dot{I}_0-\left(\dot{Z}_s+2\dot{Z}_m\right)\dot{I}_0-3\dot{Z}_n\dot{I}_0+\dot{E}_a-\dot{Z}_1\dot{I}_1-\left(\dot{Z}_s-\dot{Z}_m\right)\dot{I}_1-\dot{Z}_2\dot{I}_2-\left(\dot{Z}_s-\dot{Z}_m\right)\dot{I}_2=\dot{Z}_g\dot{I}_a$$

この式を、(i)式の$\dot{I}_0=\dot{I}_1=\dot{I}_2$を用いて$\dot{I}_0$だけの式にして整理すると、

$$\dot{E}_a=\left\{\dot{Z}_0+\left(\dot{Z}_s+2\dot{Z}_m\right)+3\dot{Z}_n+\dot{Z}_1+\left(\dot{Z}_s-\dot{Z}_m\right)+\dot{Z}_2+\left(\dot{Z}_s-\dot{Z}_m\right)+\dot{Z}_g\right\}\dot{I}_0$$

したがって、

$$\dot{I}_0\overset{㊾}{=}\boxed{\frac{}{}}$$

(手順❹) ❸で得た対称分の電圧、電流を基にして、必要な三相回路の電圧、電流を求める。

(i)式より$\dot{I}_0=\dfrac{\dot{I}_a}{3}$であるから、短絡電流$\dot{I}_a$は、

$$\dot{I}_a=3\dot{I}_0\overset{㊿}{=}\boxed{\frac{}{}}$$

第1章

＜1.3(5) 練習問題＞

[1] 問図 1-11 に示すように、b-c 相にて短絡故障が発生した。b 相電流$\dot{I}_b$を求めよ。ただし、発電機の対称分インピーダンスをそれぞれ$\dot{Z}_0$, $\dot{Z}_1$, $\dot{Z}_2$とし、中性点nは直接接地されているものとする。

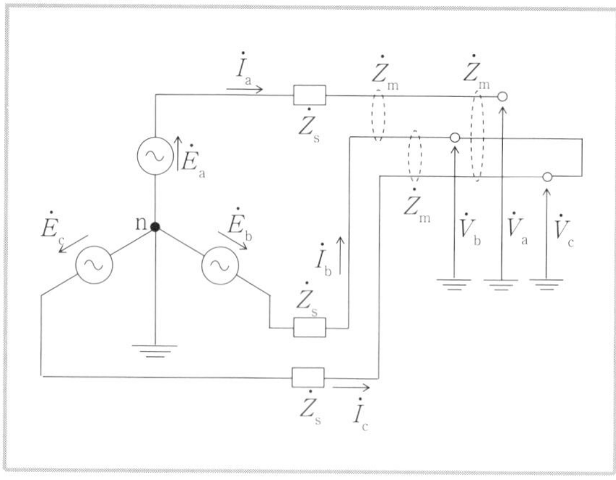

問図 1-11　b-c 相短絡故障

[2] 問図 1-12 に示すように、b-c 相にて地絡故障が発生した。地絡電流$\dot{I}_g$を求めよ。ただし、発電機の対称分インピーダンスをそれぞれ$\dot{Z}_0$, $\dot{Z}_1$, $\dot{Z}_2$とする。

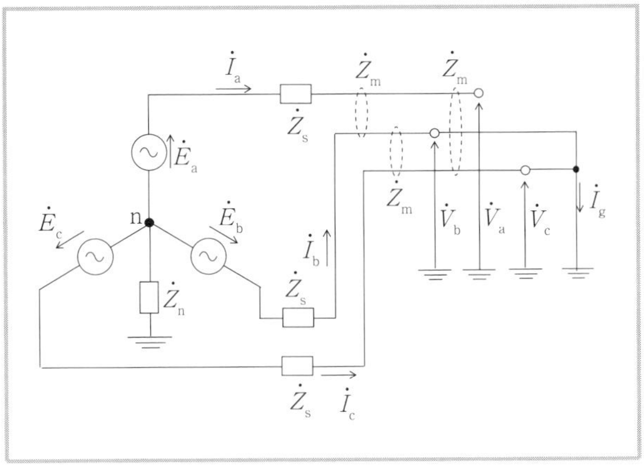

問図 1-12　b-c 相地絡故障

[3] 問図 1-13 に示すように発電機の三相が短絡し、それが$\dot{Z}_g$を経由して地絡した故障が発生した。発電機の対称分インピーダンスをそれぞれ$\dot{Z}_0$, $\dot{Z}_1$, $\dot{Z}_2$とし、中性点nは直接接地されているものとする。このときの各相の電流$\dot{I}_a$, $\dot{I}_b$, $\dot{I}_c$,地絡電流$\dot{I}_g$および送電端電圧$\dot{V}_a$, $\dot{V}_b$, $\dot{V}_c$を求めよ。

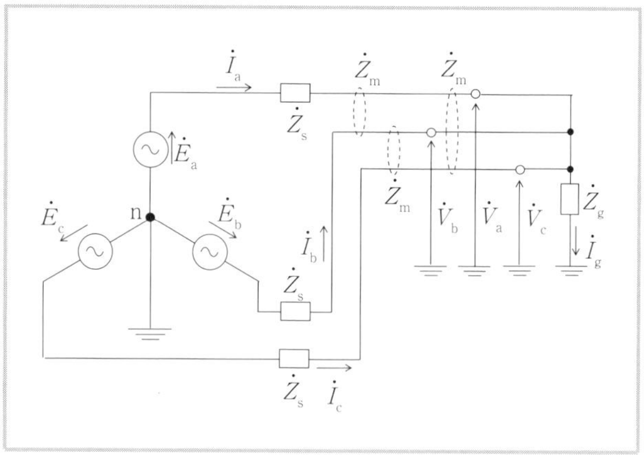

問図 1-13　三相短絡インピーダンス地絡故障

1.4 不平衡三相回路の電力

学習内容 不平衡三相回路の電力について学ぶ。

目　標 不平衡三相回路の電力が計算できる。二電力計法による電力測定ができる。

・対称の三相交流電圧源に接続された不平衡負荷回路の電力を扱う。Δ結線負荷とY結線負荷について取り上げるが、電力の計算式はいずれも線間電圧と線電流を用いて求められ、同一の式になる。

1.4(1) Δ結線不平衡負荷の電力

・図1-22の対称のΔ結線電圧源に接続されたΔ結線不平衡負荷の電力を求める。各インピーダンスでの複素電力は、線間電圧$\dot{V}_{ab}$, $\dot{V}_{bc}$, $\dot{V}_{ca}$と負荷電流$\dot{I}_{ab}$, $\dot{I}_{bc}$, $\dot{I}_{ca}$から次のように求められる。なお、$\dot{V}_{ab}^{*}$は$\dot{V}_{ab}$の共役複素数を表す。

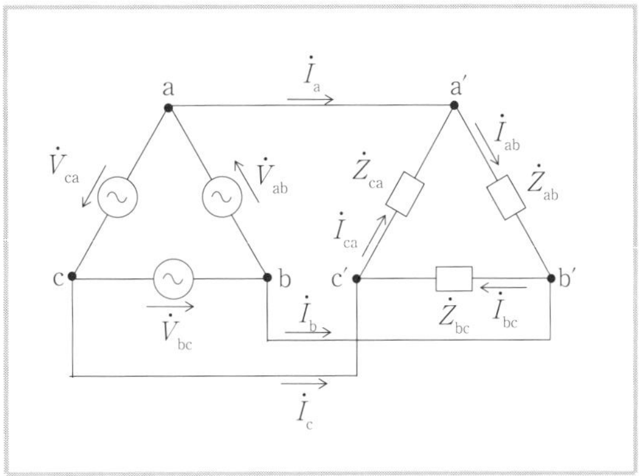

図1-22

$$\dot{P}_{ab}=\dot{I}_{ab}\dot{V}_{ab}^{*},\ \dot{P}_{bc}=\text{①}\boxed{},\ \dot{P}_{ca}=\text{②}\boxed{} \tag{1-31}$$

回路全体の複素電力は、各インピーダンスでの複素電力の総和となることから、次式で表される。

$$\dot{P}=\dot{P}_{ab}+\dot{P}_{bc}+\dot{P}_{ca}=\text{③}\boxed{} \tag{1-32}$$

ここで、電圧源は対称であるから、線間電圧の和は$\dot{V}_{ab}^{*}+\dot{V}_{bc}^{*}+\dot{V}_{ca}^{*}=$④□、したがって、$\dot{V}_{ab}^{*}=$⑤$\boxed{}$となる。これを(1-31)式に代入すると、回路全体の複素電力は、

$$\dot{P}=-\dot{I}_{ab}\left(\dot{V}_{bc}^{*}+\dot{V}_{ca}^{*}\right)+\dot{I}_{bc}\dot{V}_{bc}^{*}+\dot{I}_{ca}\dot{V}_{ca}^{*}=\left(\text{⑥}\boxed{}\right)\dot{V}_{bc}^{*}+\left(\text{⑦}\boxed{}\right)\dot{V}_{ca}^{*} \tag{1-33}$$

と表すことができる。

・線電流$\dot{I}_a$, $\dot{I}_b$, $\dot{I}_c$は負荷電流$\dot{I}_{ab}$, $\dot{I}_{bc}$, $\dot{I}_{ca}$を使って、$\dot{I}_a=$⑧$\boxed{}$, $\dot{I}_b=$⑨$\boxed{}$と表されることから、(1-33)式の複素電力は

$$\dot{P}=\text{⑩}\boxed{}$$

となる。ここで、$\dot{V}_{ca}=-\dot{V}_{ac}$ゆえ、$\dot{V}_{ca}^{*}=$⑪$\boxed{}$と表せるから、回路全体の複素電力$\dot{P}$は、

$$\dot{P}=\dot{I}_a\dot{V}_{ac}^*+\dot{I}_b\dot{V}_{bc}^* \qquad (1\text{-}34)$$

となる。

＜1.4(1) 例題＞

図 1-23 に示す回路は P.8 ＜ 1.2(1)-1 例題[1]＞と同じ回路であり、電圧源は対称で$\dot{V}_{ab}=200\angle 0°$ V、負荷インピーダンスは$\dot{Z}_{ab}=2\ \Omega$, $\dot{Z}_{bc}=5\ \Omega$, $\dot{Z}_{ca}=4\ \Omega$である。この回路の線電流は同例題の結果から、$\dot{I}_a=125-j25\sqrt{3}$ A, $\dot{I}_b=-120-j20\sqrt{3}$ A である。回路全体の複素電力$\dot{P}$を求めよ。

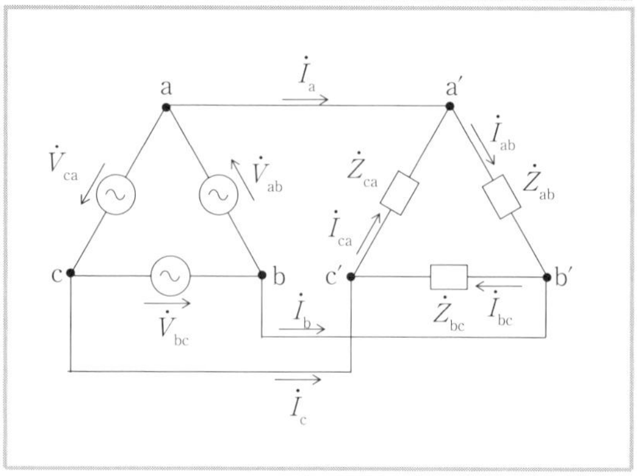

図 1-23

（解答）

$\dot{V}_{ab}=200\angle 0°$ V より、$\dot{V}_{bc}$, $\dot{V}_{ac}$を複素数で表す。

$\dot{V}_{bc}=$ ⑫ [$\angle$] $=-100-j100\sqrt{3}$ V

$\dot{V}_{ca}=$ ⑬ [$\angle$]

したがって、

$\dot{V}_{ac}=-\dot{V}_{ca}=$ ⑭ [$\angle$ $=$] V

複素電力$\dot{P}$は(1-34)式より次のように求まる。

$\dot{P}=$ ⑮ [ ] $=(125-j25\sqrt{3})($ ⑯ [ ] $)+(-120-j20\sqrt{3})($ ⑰ [ ] $)$

$=(2+j\sqrt{3})\times 10^4+($ ⑱ [ ] $)\times 10^4=3.8\times 10^4$ W

この問題の場合、三相負荷が抵抗負荷のみのため、無効電力は存在しない。

＜1.4(1) 練習問題＞

問図 1-14 に示す回路は P.9 ＜ 1.2 (1)-1 練習問題[1]＞と同一の回路であり、電圧源は対称で$\dot{V}_{ab}=200\angle 0°$ V，負荷インピーダンスは$\dot{Z}_{ab}=5+j5\ \Omega$，$\dot{Z}_{bc}=5\ \Omega$，$\dot{Z}_{ca}=5-j5\sqrt{3}\ \Omega$である。この回路の線電流は同例題の結果から、$\dot{I}_a=40-j20$ A，$\dot{I}_b=-40-j14.6$ A である。回路全体の複素電力$\dot{P}$を求めよ。

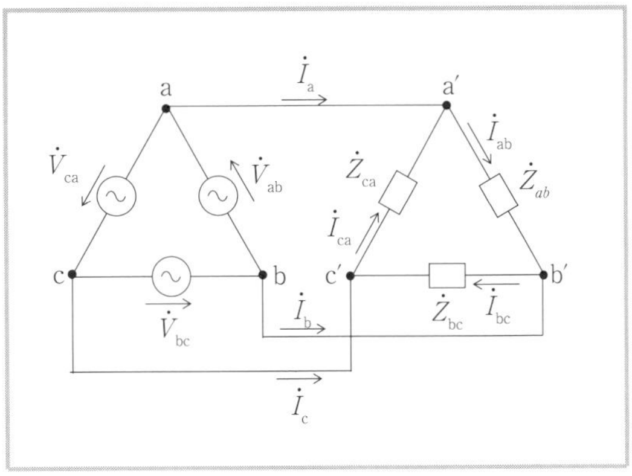

問図 1-14

1.4(2) Y 結線不平衡負荷の電力

・図 1-24 に示す対称の Y 結線電圧源に接続された Y 結線不平衡負荷の電力を求める。各電源が供給する複素電力は相電圧$\dot{E}_a$，$\dot{E}_b$，$\dot{E}_c$と線電流$\dot{I}_a$，$\dot{I}_b$，$\dot{I}_c$から次のように求められる。なお、$\dot{E}_a^*$は$\dot{E}_a$の共役複素数を表す。

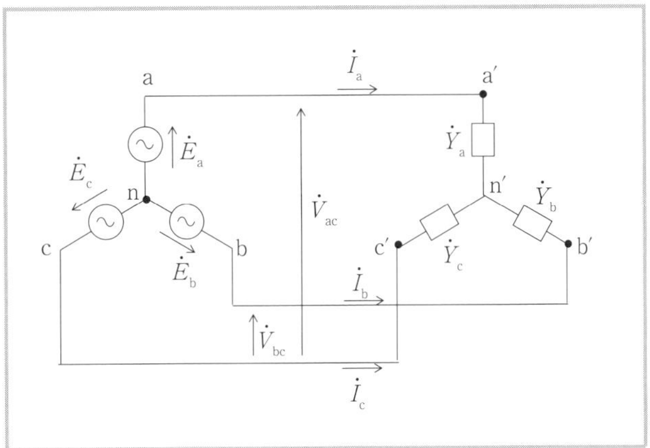

図 1-24

$$\dot{P}_a=\dot{I}_a\dot{E}_a^*,\ \dot{P}_b=⑲\boxed{},\ \dot{P}_c=⑳\boxed{} \tag{1-35}$$

・回路全体の複素電力は、各電源から供給する複素電力の総和となることから、次式で表される。

$$\dot{P}=\dot{P}_a+\dot{P}_b+\dot{P}_c=㉑\boxed{} \tag{1-36}$$

ここで、線電流の和は$\dot{I}_a+\dot{I}_b+\dot{I}_c=$㉒□Aであることから、$\dot{I}_c=$㉓□となる。これを(1-36)式に代入すると回路全体の複素電力は、

$$\dot{P}=\dot{I}_a\dot{E}_a^*+\dot{I}_b\dot{E}_b^*-(\dot{I}_a+\dot{I}_b)\dot{E}_c^*=\dot{I}_a(㉔\boxed{})+\dot{I}_b(㉕\boxed{}) \tag{1-37}$$

と表すことができる。このとき、図に示す線間電圧は相電圧を使って、$\dot{V}_{ac}=$㉖□,

$\dot{V}_{bc}=$㉗□と表されることから、(1-37)式の複素電力は、

$$\dot{P}=\dot{I}_a\dot{V}_{ac}^*+\dot{I}_b\dot{V}_{bc}^* \tag{1-38}$$

と表すことができる。この結果からわかるように、このY結線負荷の複素電力を与える(1-38)式と、前述のΔ結線負荷の複素電力を与える(1-34)式は同一の式になる。

＜1.4(2) 例題＞

図1-25に示す回路はP.13＜1.2(2)-1 例題[1]＞と同一の回路であり、電圧源は対称で$\dot{E}_a=100\sqrt{3}\angle 0°$ V，負荷アドミタンスは$\dot{Y}_a=2$ S，$\dot{Y}_b=3$ S，$\dot{Y}_c=5$ Sである。この回路の線電流は同例題の結果から、

$\dot{I}_a=240\sqrt{3}-j60$ A，

$\dot{I}_b=-90\sqrt{3}-j540$ Aである．

回路全体の複素電力$\dot{P}$を求めよ。

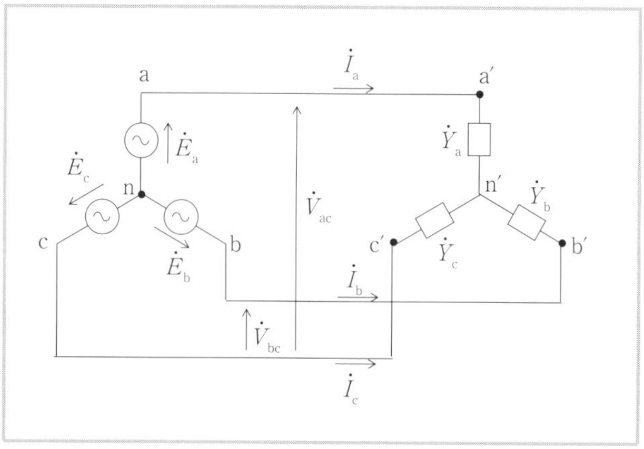

図1-25

(解答)

$\dot{E}_a=100\sqrt{3}\angle 0°$　であるから、

$\dot{E}_b=$㉘$\boxed{\angle}$ V

$\dot{E}_c=$㉙$\boxed{\angle}$ V

図1-4に示した線間電圧と相電圧の関係から、

$$\dot{V}_{bc}=\dot{E}_b\times\sqrt{3}\angle 30°=100\sqrt{3}\angle-120°\times\sqrt{3}\angle 30°=300\angle-90°=-j300$$

$\dot{V}_{ca}=$ ㉚ [　　　　=　　　　　　　=　　　=　　　]

$=-150\sqrt{3}+j150$

したがって、

$\dot{V}_{ac}=-\dot{V}_{ca}=$ ㉛ [　　　　]

複素電力$\dot{P}$は(1-38)式より次のように求まる。

$\dot{P}=$ ㉜ [　　　　　　] $=(240\sqrt{3}-j60)\times($ ㉝ [　　　　] $)+(-90\sqrt{3}-j540)\times$ ㉞ [　　]

$=(1.17+j0.27\sqrt{3})\times10^5+($ ㉟ [　　　　] $)\times10^5=2.79\times10^5$ W

この問題の場合、三相負荷が抵抗負荷のみのため、無効電力は存在しない。

＜1.4(2) 練習問題＞

問図 1-15 に示す回路において、電圧源は対称で $\dot{E}_a=\frac{100}{\sqrt{3}}\angle0°$ V で、負荷インピーダンスは $\dot{Z}_a=3+j4\,\Omega$, $\dot{Z}_b=3-j3\,\Omega$, $\dot{Z}_c=3-j1\,\Omega$である. この回路の線電流は $\dot{I}_a=10.5-j8.66$ A, $\dot{I}_b=2.25-j9.09$ A である。

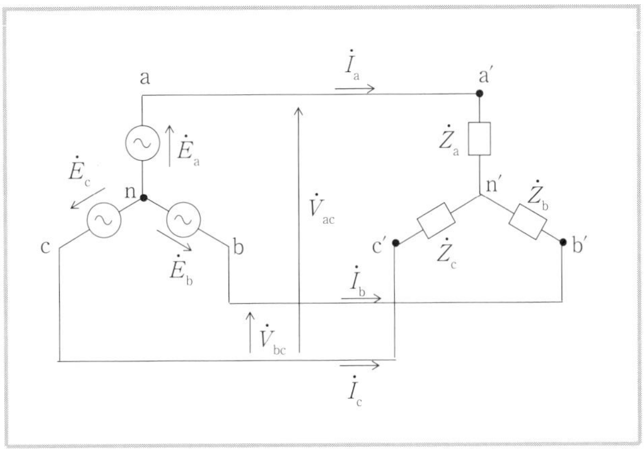

問図 1-15

回路全体の複素電力$\dot{P}$を求めよ。なお、この回路は P.12＜1.2(1)-2 練習問題[1]＞のΔ結線電圧源を等価な Y 結線電圧源で置き換えたものである（次ページにも解答用スペースあり）。

1.4(3) 二電力計法による三相電力の計測

・以上のように、三相交流回路の複素電力は三相負荷の結線方法や各インピーダンスによらず、図 1-26 で示すように c 相を基準として、線間電圧 $\dot{V}_{ac}, \dot{V}_{bc}$ と、線電流 $\dot{I}_a, \dot{I}_b$ から求めることができる．同様に、a 相を基準とすれば、線間電圧㊱\[　　　\]と、線電流㊲\[　　　\]から、b 相を基準とすれば、線間電圧㊳\[　　　\]と、線電流㊴\[　　　\]から、それぞれ複素電力 $\dot{P}$ を求めることができる。

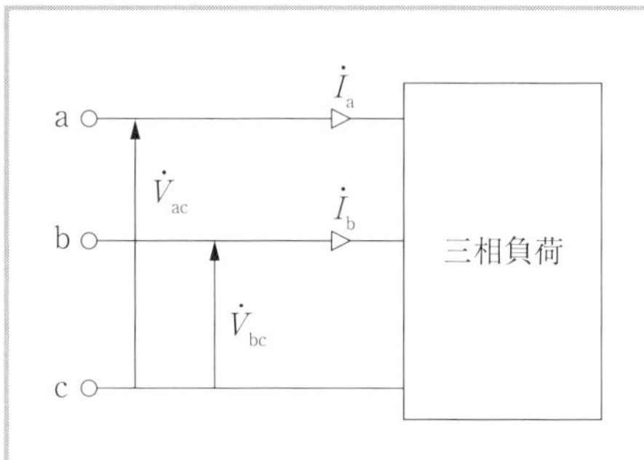

図 1-26

・ここで、図 1-27 の c 相を基準にする場合について複素電力 $\dot{P}$ をフェーザで表すことを考える。

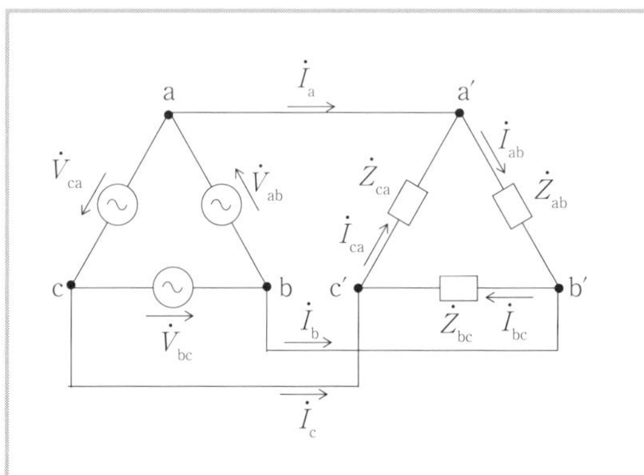

図 1-27

$\dot{I}_a = |\dot{I}_a| \angle \theta_{Ia}$,　$\dot{I}_b = |\dot{I}_b| \angle \theta_{Ib}$,

$\dot{V}_{ac} = |\dot{V}_{ac}| \angle \theta_{Vac}$,　$\dot{V}_{bc} = |\dot{V}_{bc}| \angle \theta_{Vbc}$,

さらに、$\theta_{za} = \theta_{Ia} - \theta_{Vac}$,　$\theta_{zb} = \theta_{Ib} - \theta_{Vbc}$ とおけば、(1-34)式あるいは(1-38)式で表される複素電力 $\dot{P}$ の式の第 1 項、第 2 項はそれぞれ

$$\dot{I}_a \dot{V}_{ac}^* = |\dot{I}_a| \angle \theta_{Ia} |\dot{V}_{ac}| \angle -\theta_{Vac} = |\dot{I}_a||\dot{V}_{ac}| \angle (\text{㊵}\ \boxed{}\ ) \equiv |\dot{I}_a||\dot{V}_{ac}| \angle \theta_{za}$$

$$\dot{I}_b \dot{V}_{bc}^* = |\dot{I}_b| \angle \theta_{Ib} |\dot{V}_{bc}| \angle -\theta_{Vbc} = |\dot{I}_b||\dot{V}_{bc}| \angle (\text{㊶}\ \boxed{}\ ) \equiv |\dot{I}_b||\dot{V}_{bc}| \angle \theta_{zb}$$

と表される．この 2 つの複素電力の和を求めると、

$$\dot{P} = |\dot{I}_a||\dot{V}_{ac}| \angle \theta_{za} + |\dot{I}_b||\dot{V}_{bc}| \angle \theta_{zb}$$

となる．この式のフェーザ表示を複素数表示にして整理すると、

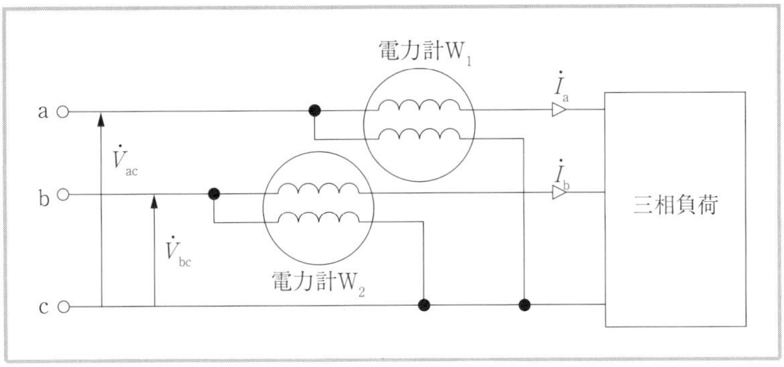

図 1-28

$$\left.\begin{aligned}\dot{P}&=\left(^{㊷}\boxed{\qquad\qquad\qquad\qquad}\right)+\mathrm{j}\left(\left|\dot{I}_{\mathrm{a}}\right|\left|\dot{V}_{\mathrm{ac}}\right|\sin\theta_{\mathrm{za}}+\left|\dot{I}_{\mathrm{b}}\right|\left|\dot{V}_{\mathrm{bc}}\right|\sin\theta_{\mathrm{zb}}\right)\\&=P+\mathrm{j}P_{\mathrm{r}}\end{aligned}\right\}\quad(1\text{-}39)$$

・すなわち、三相負荷電力（有効電力）Pの測定には、電圧$\dot{V}_{\mathrm{ac}}$と電流$\dot{I}_{\mathrm{a}}$から求まる有効電力と、電圧$\dot{V}_{\mathrm{bc}}$と電流$\dot{I}_{\mathrm{b}}$から求まる有効電力の和を求めればよいことがわかる。そこで、単相電力計２台用いて三相負荷電力を測定することを考える。これを二電力計法と呼ぶ。

・図 1-28 は、c 相基準の場合の二電力計法による三相電力の測定方法を示したものである。電力計W_1は電圧$\dot{V}_{\mathrm{ac}}$と電流$\dot{I}_{\mathrm{a}}$から電力P_1を次式の通り測定する。

$$P_1=\left|\dot{I}_{\mathrm{a}}\right|\left|\dot{V}_{\mathrm{ac}}\right|\cos\theta_{\mathrm{za}}\ [\mathrm{W}]$$

同様に、電力計W_2は電圧$\dot{V}_{\mathrm{bc}}$と電流$\dot{I}_{\mathrm{b}}$から電力P_2を次式の通り測定する。

$$P_2=\left|\dot{I}_{\mathrm{b}}\right|\left|\dot{V}_{\mathrm{bc}}\right|\cos\theta_{\mathrm{zb}}\ [\mathrm{W}]$$

三相電力（有効電力）PはP_1とP_2の和となり、(1-39)式右辺の実数部である次式となる。

$$\left.\begin{aligned}&P=P_1+P_2=\left|\dot{I}_{\mathrm{a}}\right|\left|\dot{V}_{\mathrm{ac}}\right|\cos\theta_{\mathrm{za}}+\left|\dot{I}_{\mathrm{b}}\right|\left|\dot{V}_{\mathrm{bc}}\right|\cos\theta_{\mathrm{zb}}\ [\mathrm{W}]\\&\text{ただし、}\theta_{\mathrm{za}}=\theta_{\mathrm{Ia}}-\theta_{\mathrm{Vac}},\ \theta_{\mathrm{zb}}=\theta_{\mathrm{Ib}}-\theta_{\mathrm{Vbc}}\end{aligned}\right\}\quad(1\text{-}40)$$

なお、三相負荷の力率によっては、P_1もしくはP_2が負の値となることがある。したがって、二電力計法においては、単相電力計が負の方向に振れた場合は、電圧端子の極性を逆にして正の電力を測定し、その符号を反転させて㊸正、負にしてから加算する必要がある。

＜1.4(3) 例題＞

[1] 図 1-25 に示す回路で二電力計法による三相電力の測定を行った。電力計W_1が3.0 kW，電力計W_2が1.5 kWを指したとき、三相電力Pを求めよ。

（解答）

三相電力Pは２つの電力計の和であることから、

$P=$ ㊹ ＿＿＿＿ kW

となる。

[2] 図 1-25 に示す回路で二電力計法による三相電力の測定を行った。電力計W_1は766 Wを指し、電力計W_2は負の方向に振れたため、電圧端子の極性を逆にして測定したところ174 Wを指した。このとき三相電力Pを求めよ。

（解答）

三相電力Pは２つの電力計の和であることから、電力計W_2の測定値の符号を反転させて、

$P=$ ㊺ ＿＿＿＿ W

となる。

[3] 図 1-29 に示す回路は、P.12 <1.2(1)-2 練習問題[1]>と同じ回路であり、電圧源は対称で$\dot{V}_{ab}=100\angle 30^\circ$ V，負荷インピーダンスは$\dot{Z}_a=3+j4\ \Omega$，$\dot{Z}_b=3-j3\ \Omega$，$\dot{Z}_c=3-j1\ \Omega$である。回路の線電流は$\dot{I}_a=10.5-j8.66$ A，$\dot{I}_b=2.25-j9.09$ Aである。この回路において、c 相基準の二電力計法により測定した場合の三相電力Pを求めよ。

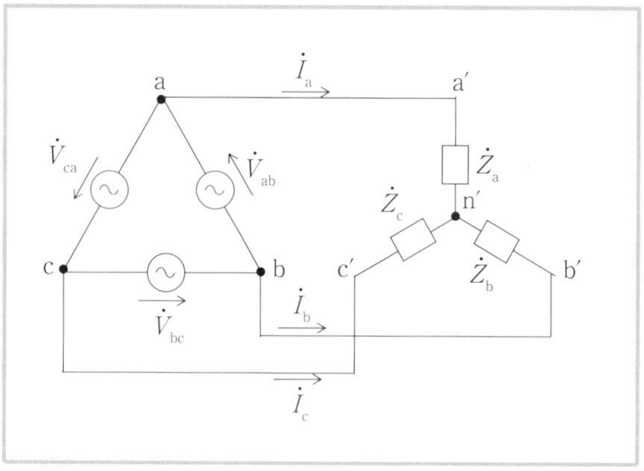

図 1-29

（解答）

$\dot{V}_{ab}=100\angle 30^\circ$ Vより、$\dot{V}_{bc}=100\angle -90^\circ \equiv |\dot{V}_{bc}|\angle \theta_{Vbc}$ [V]，

$\dot{V}_{ca}=100\angle -210^\circ$ V

したがって、

$\dot{V}_{ac}=$ ㊻ ＿＿＿＿ $\equiv |\dot{V}_{ac}|\angle \theta_{Vac}$[V]

題意の線電流をフェーザ表示で表すと、

$\dot{I}_a=10.5-j8.66=13.6\angle -39.5^\circ\ \mathrm{A} \equiv |\dot{I}_a|\angle \theta_{Ia}$

$\dot{I}_b=2.25-j9.09=$ ㊼ ＿＿＿＿ $\mathrm{A} \equiv |\dot{I}_b|\angle \theta_{Ib}$

(1-40)式より、

$\theta_{za}=\theta_{Ia}-\theta_{Vac}$

$=⑱\ \boxed{} = -9.5°$

$\theta_{zb} = \theta_{Ib} - \theta_{Vac}$

$=㊾\ \boxed{} = 13.9°$

$P_1 = |\dot{I}_a||\dot{V}_{ac}|\cos\theta_{za}$

$=㊿\ \boxed{} = 1341$

$P_2 = |\dot{I}_b||\dot{V}_{bc}|\cos\theta_{zb}$

$=51\ \boxed{} = 909$

$P = P_1 + P_2 = 1341 + 909$

$= 2250$ W

図 1-30 に、各部の電圧、電流のベクトル図を示す。

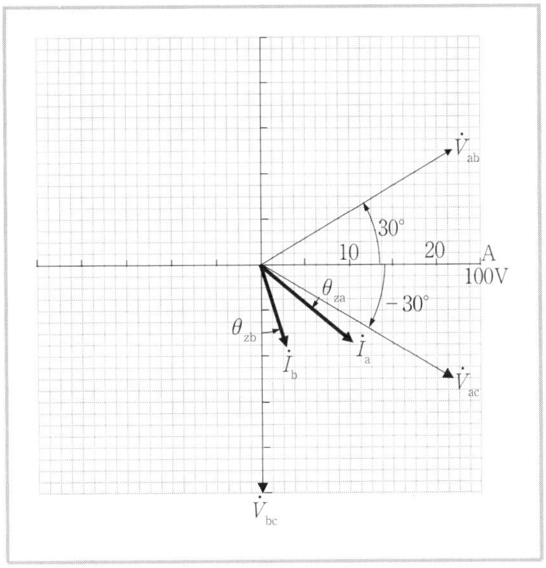

図 1-30

＜1.4(3) 練習問題＞

[1] 問図 1-16 に示す回路は P.9 ＜1.2(1)-1 練習問題[1]＞と同じ回路であり、電圧源は対称で $\dot{V}_{ab} = 200\angle 0°$ V, 負荷インピーダンスは $\dot{Z}_{ab} = 5 + j5\ \Omega$, $\dot{Z}_{bc} = 5\ \Omega$, $\dot{Z}_{ca} = 5 - j5\sqrt{3}\ \Omega$ である。回路の線電流は $\dot{I}_a = 40 - j20$ A, $\dot{I}_b = -40 - j14.6$ A である。この回路において、c 相基準の二電力計法により測定した場合の三相電力Pを求めよ（次ページに解答用スペースあり）。

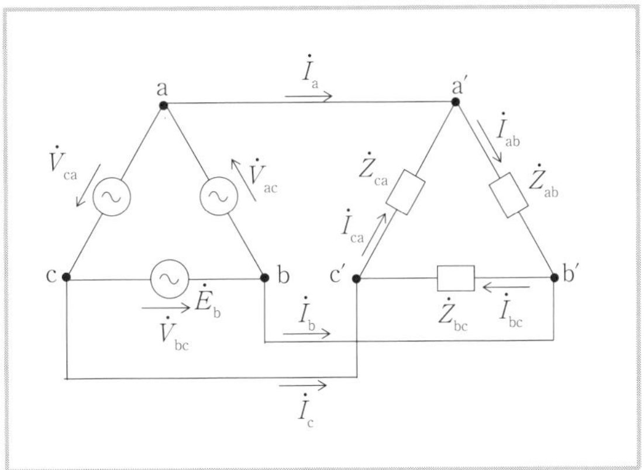

問図 1-16

[2] 問図 1-17 に示す回路において、電圧源は対称で $\dot{V}_{ab}=100\angle 30°$ V であり、線電流は $\dot{I}_a=48.57-j2.911$ A, $\dot{I}_b=-12.74+j2.005$ A であった。この回路において、

(1) c 相基準および a 相基準の場合について、二電力計法により測定した三相電力 P をそれぞれ求めよ。

(2) c 相基準の場合について、問図 1-18 に電圧、電流のベクトル図を描け.（参考：問図 1-17 において、$\dot{Z}_a=1+j2\,\Omega$，$\dot{Z}_b=3-j3\,\Omega$，$\dot{Z}_c=1-j4\,\Omega$ のとき、$\dot{I}_a$, $\dot{I}_b$ は上記の値となる）（次ページに解答用スペースあり）。

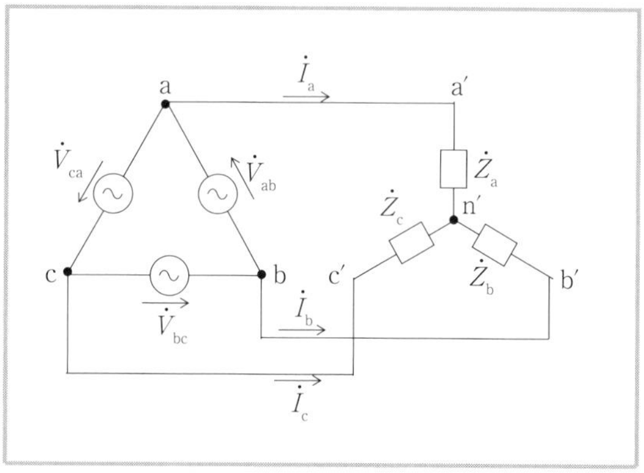

問図 1-17

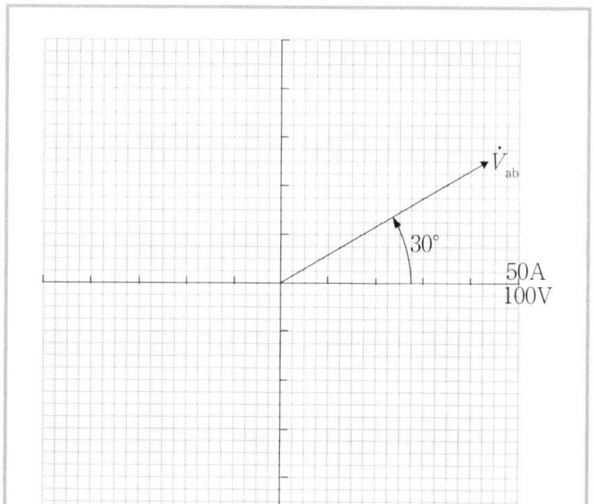

問図 1-18

1.4(4) 平衡三相負荷の場合の二電力計法

・この章は不平衡負荷を対象としているが、関連図書である基礎電気回路ノートⅢ（電気書院）の平衡三相負荷の節において、二電力計法に触れていないのでここで説明する。

・図 1-31 において電圧源は対称で、誘導性負荷が平衡していると仮定し、$\dot{Z}_a=\dot{Z}_b=\dot{Z}_c=Z\angle\theta_z$（$\theta_z>0$）とする。図 1-32 は、この場合の相電圧$\dot{E}_a$を基準としたベクトル図であり、$\dot{I}_a$と$\dot{V}_{ac}$の位相差は$\theta_z-30°$，$\dot{I}_b$と$\dot{V}_{bc}$の位相差は$\theta_z+30°$となる。したがって、三相電力（有効電力）$P$は、

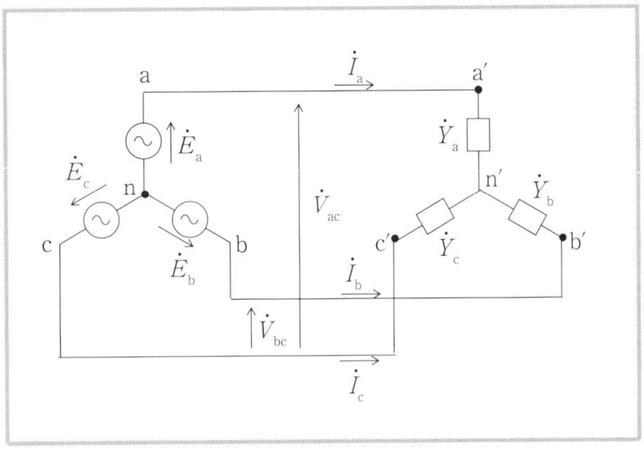

図 1-31

$$\left.\begin{aligned} P_1&=\left|\dot{I}_a\right|\left|\dot{V}_{ac}\right|\cos(\text{52}\ \boxed{\quad})[\mathrm{W}]\\ P_2&=\left|\dot{I}_b\right|\left|\dot{V}_{bc}\right|\cos(\text{53}\ \boxed{\quad})[\mathrm{W}]\\ P&=P_1+P_2[\mathrm{W}]\end{aligned}\right\}\quad(1\text{-}41)$$

となる。

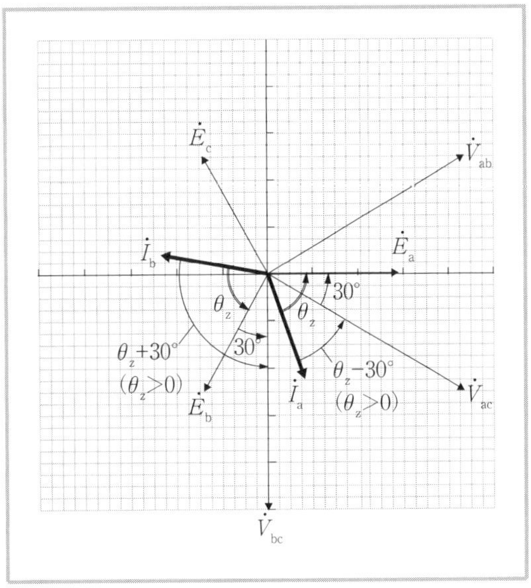

図 1-32

・P_1とP_2の符号は誘導性負荷であるから、$0°\leqq\theta_z\leqq60°$において、P_1：㊹正、負，P_2：㊺正、負，$60°\leqq\theta_z\leqq90°$において、P_1：㊻正、負，P_2：㊼正、負，となる。

・また、容量性負荷が平衡している場合は、$\dot{Z}_a = \dot{Z}_b = \dot{Z}_c = Z\angle\theta_z$ ($\theta_z < 0$) とすると、ベクトル図は図 1-33 になる。同図より、三相電力Pを与える式は、誘導性負荷の場合と同じ（1-41）式となる。

・ただし、P_1とP_2の符号は容量性負荷であるから、$-60° \leqq \theta_z \leqq 0°$において、$P_1$ ：⑱ 正、負，P_2 ：⑲ 正、負，$-90° \leqq \theta_z \leqq -60°$ において、P_1 ：⑳ 正、負，P_2：㉑ 正、負，となる。

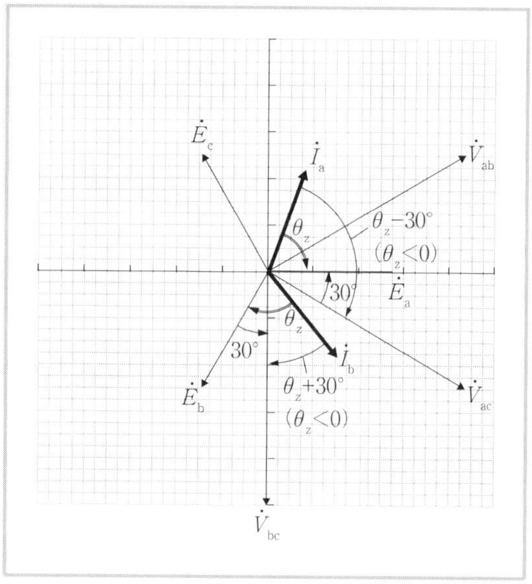

図 1-33

＜1.4(4) 例題＞

図 1-34 に示す回路において、電圧源は対称で、線間電圧200 V、誘導性の平衡三相負荷 $\dot{Z}_a = \dot{Z}_b = \dot{Z}_c = 4 + j3\ \Omega$のとき、二電力計法を用いて三相電力$P$を求めよ。

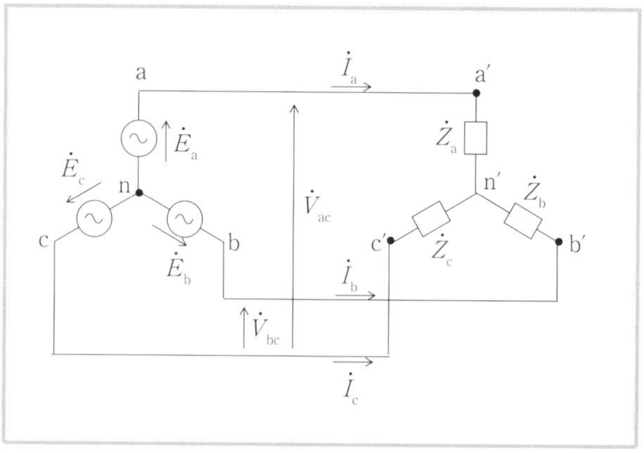

図 1-34

（解答）

電源は対称であるから、線間電圧 200 Vの場合の相電圧は$\dfrac{200}{\sqrt{3}}$ V、また、インピーダンスを極座標表示すると、

$\dot{Z}_a = \dot{Z}_b = \dot{Z}_c = 4 + j3$

$=$ ㉒ [　　]，したがって、

$|\dot{I}_a| = |\dot{I}_b| = \dfrac{200}{\sqrt{3}} \times \dfrac{1}{5} =$ ㉓ [　　] A，$\theta_z =$ ㉔ [　　]，$|\dot{V}_{ac}| = |\dot{V}_{bc}| =$ ㉕ [　　] Vとなるので、(1-41) 式より、

$$P = P_1 + P_2 = |\dot{I}_a||\dot{V}_{ac}|\cos(\theta_z - 30°) + |\dot{I}_b||\dot{V}_{bc}|\cos(\theta_z + 30°)$$

$$= \frac{40}{\sqrt{3}} \times 200\cos(36.9 - 30°) + \frac{40}{\sqrt{3}} \times 200\cos(36.9 + 30°)$$

$= \dfrac{40}{\sqrt{3}} \times 200\cos($㉖ [　　]$) + \dfrac{40}{\sqrt{3}} \times 200\cos($㉗ [　　]$) =$ ㉘ [　　] $= 6397$ W

< 1.4(4) 練習問題>

図 1-34 に示す回路において、線間電圧 200 V、容量性の平衡三相負荷 $\dot{Z}_a = \dot{Z}_b = \dot{Z}_c = 1 - j3\ \Omega$のとき、二電力計法を用いて三相電力$P$を求めよ。

第1章

解　　答

第１章　不平衡三相回路

1.1 不平衡負荷のΔ－Ｙ変換

① $\dfrac{\dot{Z}_{bc}\dot{Z}_{ca}+\dot{Z}_{ab}\dot{Z}_{bc}}{\dot{Z}_{ab}+\dot{Z}_{bc}+\dot{Z}_{ca}}$　② $\dfrac{\dot{Z}_{ca}\dot{Z}_{ab}+\dot{Z}_{bc}\dot{Z}_{ca}}{\dot{Z}_{ab}+\dot{Z}_{bc}+\dot{Z}_{ca}}$

③ $\dot{Z}_{bc}\dot{Z}_{ca}+\dot{Z}_{ca}\dot{Z}_{ab}$　④ $\dfrac{\dot{Z}_{ab}\dot{Z}_{bc}}{\dot{Z}_{ab}+\dot{Z}_{bc}+\dot{Z}_{ca}}$

⑤ $\dfrac{\dot{Z}_{bc}\dot{Z}_{ca}}{\dot{Z}_{ab}+\dot{Z}_{bc}+\dot{Z}_{ca}}$　⑥ $\dfrac{\dot{Z}_a\dot{Z}_b+\dot{Z}_b\dot{Z}_c+\dot{Z}_c\dot{Z}_a}{\dot{Z}_a}$

⑦ $\dfrac{\dot{Z}_a\dot{Z}_b+\dot{Z}_b\dot{Z}_c+\dot{Z}_c\dot{Z}_a}{\dot{Z}_b}$

⑧ $\dfrac{\dot{Z}_a\dot{Z}_b+\dot{Z}_b\dot{Z}_c+\dot{Z}_c\dot{Z}_a}{\dot{Z}_a}$

⑨ $\dfrac{5\times3+3\times4+5\times4}{5}=\dfrac{47}{5}$

⑩ $\dfrac{\dot{Z}_a\dot{Z}_b+\dot{Z}_b\dot{Z}_c+\dot{Z}_c\dot{Z}_a}{\dot{Z}_b}$

⑪ $\dfrac{5\times3+3\times4+5\times4}{3}=\dfrac{47}{3}$

⑫ $\dfrac{\dot{Z}_{ab}\dot{Z}_{bc}}{\dot{Z}_{ab}+\dot{Z}_{bc}+\dot{Z}_{ca}}$　⑬ $\dfrac{5\times3}{5+3+4}=\dfrac{5}{4}$

⑭ $\dfrac{\dot{Z}_{bc}\dot{Z}_{ca}}{\dot{Z}_{ab}+\dot{Z}_{bc}+\dot{Z}_{ca}}$　⑮ $\dfrac{3\times4}{5+3+4}=\dfrac{12}{12}$

＜1.1 練習問題＞

[1] $\dot{Z}_{ab}=\dfrac{\dot{Z}_a\dot{Z}_b+\dot{Z}_b\dot{Z}_c+\dot{Z}_c\dot{Z}_a}{\dot{Z}_c}$

$$=\frac{5(3+j4)+(3+j4)(4-j3)+5(4-j3)}{4-j3}$$

$$=\frac{59+j12}{4-j3}=\frac{200+j225}{25}=8+j9\ \Omega$$

$$\dot{Z}_{bc}=\frac{\dot{Z}_a\dot{Z}_b+\dot{Z}_b\dot{Z}_c+\dot{Z}_c\dot{Z}_a}{\dot{Z}_a}$$

$$=\frac{5(3+j4)+(3+j4)(4-j3)+5(4-j3)}{5}$$

$$=\frac{59+j12}{5}=11.8+j2.40\ \Omega$$

$$\dot{Z}_{ca}=\frac{\dot{Z}_a\dot{Z}_b+\dot{Z}_b\dot{Z}_c+\dot{Z}_c\dot{Z}_a}{\dot{Z}_b}$$

$$=\frac{5(3+j4)+(3+j4)(4-j3)+5(4-j3)}{3+j4}$$

$$=\frac{59+j12}{3+j4}=9-j8\ \Omega$$

[2] $\dot{Z}_a=\dfrac{\dot{Z}_{ca}\dot{Z}_{ab}}{\dot{Z}_{ab}+\dot{Z}_{bc}+\dot{Z}_{ca}}=\dfrac{(4-j3)\times5}{5+(3+j4)+(4-j3)}$

$$=1.55-j1.38\ \Omega$$

$$\dot{Z}_b=\frac{\dot{Z}_{ab}\dot{Z}_{bc}}{\dot{Z}_{ab}+\dot{Z}_{bc}+\dot{Z}_{ca}}=\frac{5(3+j4)}{5+(3+j4)+(4-j3)}$$

$$=1.38+j1.55\ \Omega$$

$$\dot{Z}_c=\frac{\dot{Z}_{bc}\dot{Z}_{ca}}{\dot{Z}_{ab}+\dot{Z}_{bc}+\dot{Z}_{ca}}=\frac{(3+j4)(4-j3)}{5+(3+j4)+(4-j3)}$$

$$=2.03+j0.414\ \Omega$$

1.2 不平衡三相回路の計算

① $-120°$　② $-240°$　③ $-120°$

④ $-240°$　⑤ $\sqrt{3}\angle30°$　⑥ $\sqrt{3}\angle30°$

1.2(1) Δ結線電圧源における不平衡負荷回路の計算

1.2(1)-1 Δ結線電圧源-Δ結線不平衡負荷の場合

⑦ $\dot{Z}_{bc}\dot{I}_{bc}$　⑧ $\dot{Z}_{ca}\dot{I}_{ca}$

⑨ $\dfrac{\dot{V}_{ab}}{\dot{Z}_{ab}}=\dfrac{V\angle0°}{|\dot{Z}_{ab}|\angle\theta_{ab}}=\dfrac{V}{|\dot{Z}_{ab}|}\angle-\theta_{ab}$

⑩ $\dfrac{\dot{V}_{ca}}{\dot{Z}_{ca}}=\dfrac{V\angle-240°}{|\dot{Z}_{ca}|\angle\theta_{ca}}=\dfrac{V}{|\dot{Z}_{ca}|}\angle-(240°+\theta_{ca})$

⑪ ~~なる~~、ならない　⑫ なる、~~ならない~~

⑬ 0°　⑭ 0°　⑮ $\dfrac{\dot{V}_{ab}}{\dot{Z}_{ab}}$　⑯ $\dfrac{200\angle0°}{2\angle0°}=\dfrac{200}{2}$

⑰ $\dfrac{\dot{V}_{ca}}{\dot{Z}_{ca}}$

⑱ $\dfrac{200\angle-240°}{4\angle0°}=50\angle-240°=50\left(-\dfrac{1}{2}+j\dfrac{\sqrt{3}}{2}\right)$

⑲ $\dot{I}_{ab}-\dot{I}_{ca}$

⑳ $100-(-25+j25\sqrt{3})=125-j25\sqrt{3}$

㉑ $\dot{I}_{ca}-\dot{I}_{bc}$

㉒ $(-25+j25\sqrt{3})-(-20-j20\sqrt{3})=-5+j45\sqrt{3}$

㉓ 0

＜1.2(1)-1 練習問題＞

[1]

(1) $\dot{Z}_{ab}=5+j5=5\sqrt{2}\angle 45^\circ\,\Omega$, $\dot{Z}_{bc}=5\,\Omega$,

$\dot{Z}_{ca}=5-j5\sqrt{3}=10\angle -60^\circ\,\Omega$であるから、

$$\dot{I}_{ab}=\frac{\dot{V}_{ab}}{\dot{Z}_{ab}}=\frac{200\angle 0^\circ}{5\sqrt{2}\angle 45^\circ}=20\sqrt{2}\angle -45^\circ$$

$$=20\sqrt{2}\left(\frac{1}{\sqrt{2}}-j\frac{1}{\sqrt{2}}\right)=20-j20\text{ A}$$

$$\dot{I}_{bc}=\frac{\dot{V}_{bc}}{\dot{Z}_{bc}}=\frac{200\angle -120^\circ}{5}=40\angle -120^\circ$$

$$=40\left(-\frac{1}{2}-j\frac{\sqrt{3}}{2}\right)=-20-j20\sqrt{3}\text{ A}$$

$$\dot{I}_{ca}=\frac{\dot{V}_{ca}}{\dot{Z}_{ca}}=\frac{200\angle -240^\circ}{10\angle -60^\circ}=20\angle -180^\circ$$

$$=-20\text{ A}$$

(2) $\dot{I}_{a}=\dot{I}_{ab}-\dot{I}_{ca}=(20-j20)-(-20)=40-j20\text{ A}$

$\dot{I}_{b}=\dot{I}_{bc}-\dot{I}_{ab}=(-20-j20\sqrt{3})-(20-j20)$

$=-40-j20(\sqrt{3}-1)=-40-j14.6\text{ A}$

$\dot{I}_{c}=\dot{I}_{ca}-\dot{I}_{bc}=-20-(-20-j20\sqrt{3})$

$=j20\sqrt{3}\text{ A}$

したがって、線電流$\dot{I}_a$, $\dot{I}_b$, $\dot{I}_c$の総和は、

$$\dot{I}_a+\dot{I}_b+\dot{I}_c=(40-j20)-40-j20(\sqrt{3}-1)+j20\sqrt{3}=0\text{ A}$$

[2]

(1) $\dot{Z}_{ab}=j2=2\angle 90^\circ\,\Omega$, $\dot{Z}_{bc}=j5=5\angle 90^\circ\,\Omega$,

$\dot{Z}_{ca}=-j3=3\angle -90^\circ\,\Omega$であるから、

$$\dot{I}_{ab}=\frac{\dot{V}_{ab}}{\dot{Z}_{ab}}=\frac{200\angle 0^\circ}{2\angle 90^\circ}=100\angle -90^\circ=-j100\text{ A}$$

$$\dot{I}_{bc}=\frac{\dot{V}_{bc}}{\dot{Z}_{bc}}=\frac{300\angle -120^\circ}{5\angle 90^\circ}=60\angle -210^\circ$$

$$=60\left(-\frac{\sqrt{3}}{2}+j\frac{1}{2}\right)=-30\sqrt{3}+j30\text{ A}$$

$$\dot{I}_{ca}=\frac{\dot{V}_{ca}}{\dot{Z}_{ca}}=\frac{120\angle -240^\circ}{3\angle -90^\circ}=40\angle -150^\circ$$

$$=40\left(-\frac{\sqrt{3}}{2}-j\frac{1}{2}\right)=-20\sqrt{3}-j20\text{ A}$$

(2) $\dot{I}_{a}=\dot{I}_{ab}-\dot{I}_{ca}=-j100-(-20\sqrt{3}-j20)$

$=20\sqrt{3}-j80\text{ A}$

$\dot{I}_{b}=\dot{I}_{bc}-\dot{I}_{ab}=-30\sqrt{3}+j30-(-j100)$

$=-30\sqrt{3}+j130\text{ A}$

$\dot{I}_{c}=\dot{I}_{ca}-\dot{I}_{bc}=-20\sqrt{3}-j20-(-30\sqrt{3}+j30)$

$=10\sqrt{3}-j50\text{ A}$

したがって、線電流$\dot{I}_a$, $\dot{I}_b$, $\dot{I}_c$の総和は、

$$\dot{I}_a+\dot{I}_b+\dot{I}_c=(20\sqrt{3}-j80)+(-30\sqrt{3}+j130)+(10\sqrt{3}-j50)=0\text{ A}$$

1.2(1)-2 Δ結線電圧源-Y結線不平衡負荷の場合

㉔ $100\angle -90^\circ$　㉕ $100\angle -210^\circ$

㉖ $\dfrac{3\times 4+4\times 6+3\times 6}{3}=18$

㉗ $\dfrac{3\times 4+4\times 6+3\times 6}{4}=\dfrac{27}{2}$

㉘ $\dfrac{\dot{V}_{bc}}{\dot{Z}_{bc}}$　㉙ $\dfrac{100\angle -90^\circ}{18}$　㉚ $\dfrac{\dot{V}_{ca}}{\dot{Z}_{ca}}$

㉛ $\dfrac{100\angle -210^\circ}{13.5}=\dfrac{100}{13.5}\left(-\dfrac{\sqrt{3}}{2}+j\dfrac{1}{2}\right)$

㉜ $\dot{I}_{bc}-\dot{I}_{ab}=-j\dfrac{50}{9}-\left(\dfrac{50}{9}\sqrt{3}+j\dfrac{50}{9}\right)$

㉝ $\dot{I}_{ca}-\dot{I}_{bc}=\left(-\dfrac{100}{27}\sqrt{3}+j\dfrac{100}{27}\right)+j\dfrac{50}{9}$

㉞ 0

< 1.2(1)-2 練習問題 >

$\dot{V}_{ab}=100\angle 30°$ Vより，$\dot{V}_{bc}=100\angle -90°$ V，

$\dot{V}_{ca}=100\angle -210°$ V

また，負荷を Y-Δ 変換すると、

$$\dot{Z}_{ab}=\frac{(3+j4)(3-j3)+(3-j3)(3-j1)+(3-j1)(3+j4)}{3-j1}$$

$$=\frac{40}{3-j1}=\frac{40}{\sqrt{10}}\angle 18.43°\ \Omega$$

$$\dot{Z}_{bc}=\frac{(3+j4)(3-j3)+(3-j3)(3-j1)+(3-j1)(3+j4)}{3+j4}$$

$$=\frac{40}{3+j4}=8\angle -53.13°\ \Omega$$

$$\dot{Z}_{ca}=\frac{(3+j4)(3-j3)+(3-j3)(3-j1)+(3-j1)(3+j4)}{3-j3}$$

$$=\frac{40}{3-j3}=\frac{40}{3\sqrt{2}}\angle 45°\ \Omega$$

であるから、各負荷電流$\dot{I}_{ab}$，$\dot{I}_{bc}$，$\dot{I}_{ca}$は次のように求まる。

$$\dot{I}_{ab}=\frac{\dot{V}_{ab}}{\dot{Z}_{ab}}=\frac{100\angle 30°}{\frac{40}{\sqrt{10}}\angle 18.43°}=\frac{5\sqrt{10}}{2}\angle 11.57°$$

$$=7.75+j1.59\ \text{A}$$

$$\dot{I}_{bc}=\frac{\dot{V}_{bc}}{\dot{Z}_{bc}}=\frac{100\angle -90°}{8\angle -53.13°}=\frac{25}{2}\angle -36.87°$$

$$=10.0-j7.5\ \text{A}$$

$$\dot{I}_{ca}=\frac{\dot{V}_{ca}}{\dot{Z}_{ca}}=\frac{100\angle -210°}{\frac{40}{3\sqrt{2}}\angle 45°}=\frac{15\sqrt{2}}{2}\angle -255°$$

$$=-2.75+j10.25\ \text{A}$$

したがって、線電流$\dot{I}_a$，$\dot{I}_b$，$\dot{I}_c$とその総和は次のとおり。

$$\dot{I}_a=\dot{I}_{ab}-\dot{I}_{ca}=(7.75+j1.59)-(-2.75+j10.25)$$

$$=10.5-j8.66\ \text{A}$$

$$\dot{I}_b=\dot{I}_{bc}-\dot{I}_{ab}=(10.0-j7.5)-(7.75+j1.59)$$

$$=2.25-j9.09\ \text{A}$$

$$\dot{I}_c=\dot{I}_{ca}-\dot{I}_{bc}=(-2.75+j10.25)-(10.0-j7.5)$$

$$=-12.75+j17.75\ \text{A}$$

$$\dot{I}_a+\dot{I}_b+\dot{I}_c=10.5-j8.66+2.25-j9.09-12.75$$

$$+j17.75=0\ \text{A}$$

1.2(2) Y 結線電圧源における不平衡負荷回路の計算

1.2(2)-1 Y 結線電圧源-Y 結線不平衡負荷の場合

㉟ $\dot{V}_{n'n}+\dfrac{\dot{I}_a}{\dot{Y}_a}$　㊱ $(\dot{E}_b-\dot{V}_{n'n})\dot{Y}_b$

㊲ $(\dot{E}_c-\dot{V}_{n'n})\dot{Y}_c$　㊳ 0　㊴ 0

㊵ $\dot{E}_b\dot{Y}_b+\dot{E}_c\dot{Y}_c$

㊶ $100\sqrt{3}\angle -240°=100\sqrt{3}\left(-\dfrac{1}{2}+j\dfrac{\sqrt{3}}{2}\right)$

$$=-50\sqrt{3}+j150$$

㊷ $(-50\sqrt{3}-j150)\times 3=-150\sqrt{3}-j450$

㊸ $(-50\sqrt{3}+j150)\times 5=-250\sqrt{3}+j750$

㊹ $\dfrac{\dot{E}_a\dot{Y}_a+\dot{E}_b\dot{Y}_b+\dot{E}_c\dot{Y}_c}{\dot{Y}_a+\dot{Y}_b+\dot{Y}_c}$

㊺ $\dfrac{200\sqrt{3}-150\sqrt{3}-j450-250\sqrt{3}+j750}{2+3+5}$

$$=\frac{-200\sqrt{3}+j300}{10}$$

㊻ $\left(\dot{E}_a-\dot{V}_{n'n}\right)\dot{Y}_a$

㊼ $[100\sqrt{3}-(-20\sqrt{3}+j30)]\times 2$

㊽ $\left(\dot{E}_c-\dot{V}_{n'n}\right)\dot{Y}_c$

㊾ $[-50\sqrt{3}+j150-(-20\sqrt{3}+j30)]\times 5$

< 1.2(2)-1 練習問題 >

[1]

題意より、

$$\dot{E}_a=100\sqrt{3}\ \text{V}$$

$$\dot{E}_b=100\sqrt{3}\angle -120°=100\sqrt{3}\times\left(-\frac{1}{2}-j\frac{\sqrt{3}}{2}\right)$$

$$=-50\sqrt{3}-j150\ \mathrm{V}$$

$$\dot{E}_c=100\sqrt{3}\angle-240°=100\sqrt{3}\times\left(-\frac{1}{2}+j\frac{\sqrt{3}}{2}\right)$$

$$=-50\sqrt{3}+j150\ \mathrm{V}$$

$$\dot{E}_a\dot{Y}_a=100\sqrt{3}\times j3=j300\sqrt{3}\ \mathrm{A}$$

$$\dot{E}_b\dot{Y}_b=(-50\sqrt{3}-j150)\times(-j2)$$

$$=-300+j100\sqrt{3}\ \mathrm{A}$$

$$\dot{E}_c\dot{Y}_c=(-50\sqrt{3}+j150)\times j2$$

$$=-300-j100\sqrt{3}\ \mathrm{A}$$

(1-13)式より、

$$\dot{V}_{n'n}=\frac{\dot{E}_a\dot{Y}_a+\dot{E}_b\dot{Y}_b+\dot{E}_c\dot{Y}_c}{\dot{Y}_a+\dot{Y}_b+\dot{Y}_c}$$

$$=\frac{j300\sqrt{3}-300+j100\sqrt{3}-300-j100\sqrt{3}}{j(3-2+2)}$$

$$=\frac{-600+j300\sqrt{3}}{j3}$$

$$=100\sqrt{3}+j200\ \mathrm{V}$$

(1-11)式より、

$$\dot{I}_a=\left(\dot{E}_a-\dot{V}_{n'n}\right)\dot{Y}_a$$

$$=[100\sqrt{3}-(100\sqrt{3}+j200)]\times j3=600\ \mathrm{A}$$

$$\dot{I}_b=\left(\dot{E}_b-\dot{V}_{n'n}\right)\dot{Y}_b$$

$$=[-50\sqrt{3}-j150-(100\sqrt{3}+j200)]\times(-j2)$$

$$=-700+j300\sqrt{3}\ \mathrm{A}$$

$$\dot{I}_c=\left(\dot{E}_c-\dot{V}_{n'n}\right)\dot{Y}_c$$

$$=[-50\sqrt{3}+j150-(100\sqrt{3}+j200)]\times j2$$

$$=100-j300\sqrt{3}\ \mathrm{A}$$

（この結果から、$\dot{I}_a+\dot{I}_b+\dot{I}_c=0$が満たされていることがわかる）

[2]

$$\dot{E}_a=100\sqrt{3}\ \mathrm{V}$$

$$\dot{E}_b=120\sqrt{3}\angle-120°=120\sqrt{3}\times\left(-\frac{1}{2}-j\frac{\sqrt{3}}{2}\right)$$

$$=-60\sqrt{3}-j180\ \mathrm{V}$$

$$\dot{E}_c=60\sqrt{3}\angle-240°=60\sqrt{3}\times\left(-\frac{1}{2}+j\frac{\sqrt{3}}{2}\right)$$

$$=-30\sqrt{3}+j90\mathrm{V}$$

$$\dot{E}_a\dot{Y}_a=100\sqrt{3}\times3=300\sqrt{3}\ \mathrm{A}$$

$$\dot{E}_b\dot{Y}_b=(-60\sqrt{3}-j180)\times3=-180\sqrt{3}-j540\ \mathrm{A}$$

$$\dot{E}_c\dot{Y}_c=(-30\sqrt{3}+j90)\times4=-120\sqrt{3}+j360\ \mathrm{A}$$

(1-13)式より、

$$\dot{V}_{n'n}=\frac{\dot{E}_a\dot{Y}_a+\dot{E}_b\dot{Y}_b+\dot{E}_c\dot{Y}_c}{\dot{Y}_a+\dot{Y}_b+\dot{Y}_c}$$

$$=\frac{300\sqrt{3}-180\sqrt{3}-j540-120\sqrt{3}+j360}{3+3+4}$$

$$=\frac{-j180}{10}=-j18\ \mathrm{V}$$

(1-11)式より、

$$\dot{I}_a=\left(\dot{E}_a-\dot{V}_{n'n}\right)\dot{Y}_a=[100\sqrt{3}-(-j18)]\times3$$

$$=300\sqrt{3}+j54\ \mathrm{A}$$

$$\dot{I}_b=\left(\dot{E}_b-\dot{V}_{n'n}\right)\dot{Y}_b=[-60\sqrt{3}-j180-(-j18)]\times3$$

$$=(-60\sqrt{3}-j162)\times3=-180\sqrt{3}-j486\ \mathrm{A}$$

$$\dot{I}_c=\left(\dot{E}_c-\dot{V}_{n'n}\right)\dot{Y}_c=[-30\sqrt{3}+j90-(-j18)]\times4$$

$$=(-30\sqrt{3}+j108)\times4=-120\sqrt{3}+j432\ \mathrm{A}$$

（この結果から、$\dot{I}_a+\dot{I}_b+\dot{I}_c=0$が満たされていることがわかる）

1.2(2)-2 Y結線電圧源-Δ結線不平衡負荷の場合

㊿ $\dot{E}_b-\dot{E}_c$　51 $-50\sqrt{3}-j150-(-50\sqrt{3}+j150)$

52 $\dot{E}_c-\dot{E}_a$　53 $-50\sqrt{3}+j150-100\sqrt{3}$

54 $\dot{E}_a\times\sqrt{3}\angle30°=100\sqrt{3}\times\sqrt{3}\angle30°$

$$=300\angle30°=300\left(\frac{\sqrt{3}}{2}+j\frac{1}{2}\right)$$

55 $\dot{E}_b\times\sqrt{3}\angle30°=100\sqrt{3}\angle-120°\times\sqrt{3}\angle30°$

$$=300\angle-90°$$

56 $\dfrac{\dot{V}_{bc}}{\dot{Z}_{bc}}$　57 $\dfrac{-j300}{-j20\sqrt{3}}=\dfrac{15}{\sqrt{3}}$　58 $\dfrac{\dot{V}_{ca}}{\dot{Z}_{ca}}$

⑲ $\dfrac{-150\sqrt{3}+\mathrm{j}150}{15}$　⑳ $\dot{I}_{bc}-\dot{I}_{ab}$

㉑ $5\sqrt{3}-(6\sqrt{3}+\mathrm{j}6)$　㉒ $\dot{I}_{ca}-\dot{I}_{bc}$

㉓ $-10\sqrt{3}+\mathrm{j}10-5\sqrt{3}$

＜1.2(2)-2 練習問題＞

(1) 線間電圧$\dot{V}_{ab}$，$\dot{V}_{bc}$，$\dot{V}_{ca}$を利用する方法

1.2(2)-2 例題[1]と同様の計算より、

$\dot{E}_a=100\sqrt{3}$，$\dot{E}_b=-50\sqrt{3}-\mathrm{j}150$,

$\dot{E}_c=-50\sqrt{3}+\mathrm{j}150$

$\dot{V}_{ab}=\dot{E}_a-\dot{E}_b=150\sqrt{3}+\mathrm{j}150$,

$\dot{V}_{bc}=\dot{E}_b-\dot{E}_c=-\mathrm{j}300$,

$\dot{V}_{ca}=\dot{E}_c-\dot{E}_a=-150\sqrt{3}+\mathrm{j}150$

したがって，

$$\dot{I}_{ab}=\frac{\dot{V}_{ab}}{\dot{Z}_{ab}}=\frac{150\sqrt{3}+\mathrm{j}150}{1}=150\sqrt{3}+\mathrm{j}150$$

$$\dot{I}_{bc}=\frac{\dot{V}_{bc}}{\dot{Z}_{bc}}=\frac{-\mathrm{j}300}{5}=-\mathrm{j}60$$

$$\dot{I}_{ca}=\frac{\dot{V}_{ca}}{\dot{Z}_{ca}}=\frac{-150\sqrt{3}+\mathrm{j}150}{4}=-37.5\sqrt{3}+\mathrm{j}37.5$$

したがって、

$$\dot{I}_a=\dot{I}_{ab}-\dot{I}_{ca}=150\sqrt{3}+\mathrm{j}150-(-37.5\sqrt{3}+\mathrm{j}37.5)$$
$$=187.5\sqrt{3}+\mathrm{j}112.5\ \mathrm{A}$$

$$\dot{I}_b=\dot{I}_{bc}-\dot{I}_{ab}=-\mathrm{j}60-(150\sqrt{3}+\mathrm{j}150)$$
$$=-150\sqrt{3}-\mathrm{j}210\ \mathrm{A}$$

$$\dot{I}_c=\dot{I}_{ca}-\dot{I}_{bc}=-37.5\sqrt{3}+\mathrm{j}37.5-(-\mathrm{j}60)$$
$$=-37.5\sqrt{3}+\mathrm{j}97.5\ \mathrm{A}$$

（この結果から、$\dot{I}_a+\dot{I}_b+\dot{I}_c=0$が満たされていることがわかる）

(2) 負荷をY結線に変換して、中性点間電圧を$\dot{V}_{n'n}$を利用する方法

負荷のΔ結線回路をY結線回路に変換した解答図 1-1 において、インピーダンス$\dot{Z}_a$, $\dot{Z}_b$, $\dot{Z}_c$の

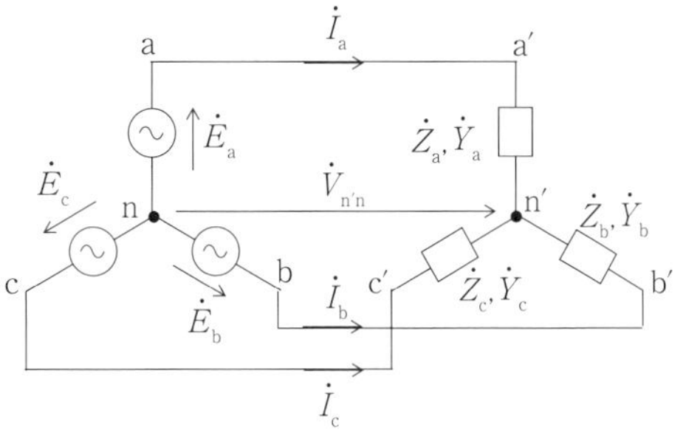

解答図 1-1

アドミタンスをそれぞれ$\dot{Y}_a$, $\dot{Y}_b$, $\dot{Y}_c$とする。

$$\dot{Z}_a=\frac{\dot{Z}_{ca}\dot{Z}_{ab}}{\dot{Z}_{ab}+\dot{Z}_{bc}+\dot{Z}_{ca}}=\frac{4\times1}{1+5+4}=0.4$$

$$\therefore \dot{Y}_a=\frac{1}{\dot{Z}_a}=\frac{1}{0.4}=2.5$$

$$\dot{Z}_b=\frac{\dot{Z}_{ab}\dot{Z}_{bc}}{\dot{Z}_{ab}+\dot{Z}_{bc}+\dot{Z}_{ca}}=\frac{1\times5}{1+5+4}=0.5$$

$$\therefore \dot{Y}_a=\frac{1}{\dot{Z}_a}=\frac{1}{0.4}=2$$

$$\dot{Z}_c=\frac{\dot{Z}_{bc}\dot{Z}_{ca}}{\dot{Z}_{ab}+\dot{Z}_{bc}+\dot{Z}_{ca}}=\frac{5\times4}{1+5+4}=2$$

$$\therefore \dot{Y}_a=\frac{1}{\dot{Z}_a}=\frac{1}{0.4}=0.5$$

$$\dot{E}_a\dot{Y}_a=100\sqrt{3}\times2.5=250\sqrt{3}$$

$$\dot{E}_b\dot{Y}_b=(-50\sqrt{3}-\mathrm{j}150)\times2=-100\sqrt{3}-\mathrm{j}300$$

$$\dot{E}_c\dot{Y}_c=(-50\sqrt{3}+\mathrm{j}150)\times0.5=-25\sqrt{3}+\mathrm{j}75$$

(1-13)式より，

$$\dot{V}_{n'n}=\frac{\dot{E}_a\dot{Y}_a+\dot{E}_b\dot{Y}_b+\dot{E}_c\dot{Y}_c}{\dot{Y}_a+\dot{Y}_b+\dot{Y}_c}$$

$$=\frac{250\sqrt{3}-100\sqrt{3}-\mathrm{j}300-25\sqrt{3}+\mathrm{j}75}{2.5+2+0.5}$$

$$=\frac{125\sqrt{3}-\mathrm{j}225}{5}=25\sqrt{3}-\mathrm{j}45$$

(1-11)式より，

$$\dot{I}_a=(\dot{E}_a-\dot{V}_{n'n})\dot{Y}$$

$$=[100\sqrt{3}-(25\sqrt{3}-\mathrm{j}45)]\times2.5$$

$=(75\sqrt{3}+\mathrm{j}45)\times 2.5=187.5\sqrt{3}+\mathrm{j}112.5$ A

$\dot{I}_{\mathrm{b}}=\left(\dot{E}_{\mathrm{b}}-\dot{V}_{\mathrm{n'n}}\right)\dot{Y}$

$=[-50\sqrt{3}-\mathrm{j}150-(25\sqrt{3}-\mathrm{j}45)]\times 2$

$=(-75\sqrt{3}-\mathrm{j}105)\times 2=-150\sqrt{3}-\mathrm{j}210$ A

$\dot{I}_{\mathrm{c}}=\left(\dot{E}_{\mathrm{c}}-\dot{V}_{\mathrm{n'n}}\right)\dot{Y}$

$=[-50\sqrt{3}+\mathrm{j}150-(25\sqrt{3}-\mathrm{j}45))]\times 0.5$

$=(-75\sqrt{3}+\mathrm{j}195)\times 0.5=-37.5\sqrt{3}+\mathrm{j}97.5$ A

1.3 対称座標法

1.3(1) ベクトルオペレータ

① ベクトルオペレータ

② $1\angle 120°\times 1\angle 120°=1\angle 240°$

③ $1\angle 240°\times 1\angle 120°=1\angle 360°$

④ $1-\frac{1}{2}+\mathrm{j}\frac{\sqrt{3}}{2}-\frac{1}{2}-\mathrm{j}\frac{\sqrt{3}}{2}$

⑤ $(-1)^{(1+3)}\cdot\begin{vmatrix}1 & 1\\ a^2 & a\end{vmatrix}=a-a^2$

⑥ $(-1)^{(2+1)}\cdot\begin{vmatrix}1 & a\\ 1 & a^2\end{vmatrix}=-(a^2-a)$

⑦ $(-1)^{(2+2)}\cdot\begin{vmatrix}1 & 1\\ 1 & a^2\end{vmatrix}=a^2-1$

⑧ $(-1)^{(2+3)}\cdot\begin{vmatrix}1 & 1\\ 1 & a\end{vmatrix}=-(a-1)$

⑨ $(-1)^{(3+1)}\cdot\begin{vmatrix}1 & a^2\\ 1 & a\end{vmatrix}=a-a^2$

⑩ $(-1)^{(3+2)}\cdot\begin{vmatrix}1 & 1\\ 1 & a\end{vmatrix}=-(a-1)$

⑪ $(-1)^{(3+3)}\cdot\begin{vmatrix}1 & 1\\ 1 & a^2\end{vmatrix}=a^2-1$

⑫

$$\frac{\begin{bmatrix}a-a^2 & a-a^2 & a-a^2\\ a-a^2 & a^2-1 & 1-a\\ a-a^2 & 1-a & a^2-1\end{bmatrix}}{3a-3a^2}=\frac{1}{3}\begin{bmatrix}1 & 1 & 1\\ 1 & \frac{a^2-a^3}{a-a^2} & \frac{a^3-a^4}{a-a^2}\\ 1 & \frac{a^3-a^4}{a-a^2} & \frac{a^2-a^3}{a-a^2}\end{bmatrix}$$

1.3(2) 対称座標法の変換式

⑬ 正相分 ⑭ 逆相分 ⑮ 零相分

⑯ $\frac{1}{3}\begin{bmatrix}\dot{I}_{\mathrm{a}}+a^2\dot{I}_{\mathrm{a}}+a\dot{I}_{\mathrm{a}}\\ \dot{I}_{\mathrm{a}}+a^3\dot{I}_{\mathrm{a}}+a^3\dot{I}_{\mathrm{a}}\\ \dot{I}_{\mathrm{a}}+a^4\dot{I}_{\mathrm{a}}+a^2\dot{I}_{\mathrm{a}}\end{bmatrix}=\frac{1}{3}\dot{I}_{\mathrm{a}}\begin{bmatrix}1+a^2+a\\ 1+a^3+a^3\\ 1+a^4+a^2\end{bmatrix}$

⑰ 不平衡率 ⑱ 0 ⑲ 0

⑳ $\begin{bmatrix}\frac{2\dot{I}_{\mathrm{b}}}{3}\\ \frac{a\dot{I}_{\mathrm{b}}+a^2\dot{I}_{\mathrm{b}}}{3}\\ \frac{a^2\dot{I}_{\mathrm{b}}+a\dot{I}_{\mathrm{b}}}{3}\end{bmatrix}=\begin{bmatrix}\frac{2\dot{I}_{\mathrm{b}}}{3}\\ -\frac{\dot{I}_{\mathrm{b}}}{3}\\ -\frac{\dot{I}_{\mathrm{b}}}{3}\end{bmatrix}$

＜1.3(2) 練習問題＞

(1-17)式より，

$\dot{I}_0=\frac{1}{3}\left(\dot{I}_{\mathrm{a}}+\dot{I}_{\mathrm{b}}+\dot{I}_{\mathrm{c}}\right)$

$=\frac{1}{3}(20-5-\mathrm{j}3+\mathrm{j}10)=5+\mathrm{j}2.33$ A

$\dot{I}_1=\frac{1}{3}\left(\dot{I}_{\mathrm{a}}+a\dot{I}_{\mathrm{b}}+a^2\dot{I}_{\mathrm{c}}\right)$

$=\frac{1}{3}\{20-(5+\mathrm{j}3)a+\mathrm{j}10a^2\}$

$=\frac{1}{3}\left\{20-(5+\mathrm{j}3)\left(-\frac{1}{2}+\mathrm{j}\frac{\sqrt{3}}{2}\right)+\mathrm{j}10\left(-\frac{1}{2}-\mathrm{j}\frac{\sqrt{3}}{2}\right)\right\}$

$=11.25-\mathrm{j}2.61$ A

$\dot{I}_2=\frac{1}{3}\left(\dot{I}_{\mathrm{a}}+a^2\dot{I}_{\mathrm{b}}+a\dot{I}_{\mathrm{c}}\right)$

$=\frac{1}{3}\{20-(5+\mathrm{j}3)a^2+\mathrm{j}10a\}$

$=\frac{1}{3}\left\{20-(5+\mathrm{j}3)\left(-\frac{1}{2}-\mathrm{j}\frac{\sqrt{3}}{2}\right)+\mathrm{j}10\left(-\frac{1}{2}+\mathrm{j}\frac{\sqrt{3}}{2}\right)\right\}$

$=3.75+\mathrm{j}0.28$ A

不平衡率は、(1-23)式より、

$\left|\frac{\dot{I}_2}{\dot{I}_1}\right|=\left|\frac{3.75+\mathrm{j}0.28}{11.25-\mathrm{j}2.61}\right|=\frac{3.76}{11.55}=32.6\ \%$

1.3(3) 発電機モデル

㉑ 零相 ㉒ 正相 ㉓ 逆相

1.3(4) 対称座標法による故障解析

㉔ $\dot{I}_a$, $\dot{I}_a$, $\dot{I}_a$ ㉕ $\dot{V}_b+\dot{V}_c$, $a\dot{V}_b+a^2\dot{V}_c$, $a^2\dot{V}_b+a\dot{V}_c$ ㉖ 0

㉗ $\dfrac{\dot{E}_a}{\dot{Z}_0+\dot{Z}_1+\dot{Z}_2}$ ㉘ $\dfrac{3\dot{E}_a}{\dot{Z}_0+\dot{Z}_1+\dot{Z}_2}$ ㉙ 0

㉚ $\dot{I}_b$ ㉛ $\dot{V}_c$ ㉜ $-\dot{I}_b$ ㉝ $a\dot{I}_b-a^2\dot{I}_b$

㉞ 0 ㉟ $\dot{I}_2$ ㊱ $\dot{V}_a+2\dot{V}_b$, $\dot{V}_a+a\dot{V}_b+a^2\dot{V}_b$, $\dot{V}_a+a^2\dot{V}_b+a\dot{V}_b$

㊲ $\dot{V}_2$ ㊳ $\dot{Z}_1+\dot{Z}_2$ ㊴ $\dfrac{\dot{E}_a}{\dot{Z}_1+\dot{Z}_2}$

㊵ $-\dfrac{\dot{E}_a}{\dot{Z}_1+\dot{Z}_2}$ ㊶ a^2-a ㊷ $\dfrac{(a^2-a)\dot{E}_a}{\dot{Z}_1+\dot{Z}_2}$

＜1.3(4) 練習問題＞

[1]

（手順❶）故障の条件は、

$\dot{I}_a=0,\ \dot{V}_b=\dot{V}_c=0$

（手順❷）(1-17)式、(1-20)式を用いて対称分の条件に変換する。

$$\begin{bmatrix}\dot{I}_0\\ \dot{I}_1\\ \dot{I}_2\end{bmatrix}=\frac{1}{3}\begin{bmatrix}1&1&1\\1&a&a^2\\1&a^2&a\end{bmatrix}\begin{bmatrix}0\\ \dot{I}_b\\ \dot{I}_c\end{bmatrix}$$

$$\dot{I}_0=\frac{1}{3}(\dot{I}_b+\dot{I}_c),\quad \dot{I}_1=\frac{1}{3}(a\dot{I}_b+a^2\dot{I}_c),$$

$$\dot{I}_2=\frac{1}{3}(a^2\dot{I}_b+a\dot{I}_c)$$

$$\therefore \dot{I}_0+\dot{I}_1+\dot{I}_2=0 \qquad \text{(i)}$$

$$\begin{bmatrix}\dot{V}_0\\ \dot{V}_1\\ \dot{V}_2\end{bmatrix}=\frac{1}{3}\begin{bmatrix}1&1&1\\1&a&a^2\\1&a^2&a\end{bmatrix}\begin{bmatrix}\dot{V}_a\\ 0\\ 0\end{bmatrix}=\frac{1}{3}\begin{bmatrix}\dot{V}_a\\ \dot{V}_a\\ \dot{V}_a\end{bmatrix}$$

$$\therefore \dot{V}_0=\dot{V}_1=\dot{V}_2 \qquad \text{(ii)}$$

（手順❸）❷で得た対称分で表した条件と発電機の基本式（(1-26)式）により、対称分の電圧・電流を既知数である$\dot{Z}_0$, $\dot{Z}_1$, $\dot{Z}_2$を用いて表す。

(ii)式に、基本式である(1-26)式を代入して、

$$-\dot{Z}_0\dot{I}_0=\dot{E}_a-\dot{Z}_1\dot{I}_1=-\dot{Z}_2\dot{I}_2 \qquad \text{(iii)}$$

(iii)式より、

$$\dot{I}_1=\frac{\dot{E}_a+\dot{Z}_0\dot{I}_0}{\dot{Z}_1},\quad \dot{I}_2=\frac{\dot{Z}_0\dot{I}_0}{\dot{Z}_2}$$

これを(i)式に代入して、

$$\dot{I}_0+\frac{\dot{E}_a+\dot{Z}_0\dot{I}_0}{\dot{Z}_1}+\frac{\dot{Z}_0\dot{I}_0}{\dot{Z}_2}=0$$

$$\frac{\dot{E}_a}{\dot{Z}_1}+\dot{I}_0\left(1+\frac{\dot{Z}_0}{\dot{Z}_1}+\frac{\dot{Z}_0}{\dot{Z}_2}\right)=0$$

$$\dot{I}_0\left(\frac{\dot{Z}_0\dot{Z}_1+\dot{Z}_1\dot{Z}_2+\dot{Z}_2\dot{Z}_0}{\dot{Z}_1\dot{Z}_2}\right)=-\frac{\dot{E}_a}{\dot{Z}_1}$$

$$\dot{I}_0=\frac{-\dot{Z}_2\dot{E}_a}{\dot{Z}_0\dot{Z}_1+\dot{Z}_1\dot{Z}_2+\dot{Z}_2\dot{Z}_0} \qquad \text{(iv)}$$

（手順❹）❸で得た対称分の電圧、電流を基にして、必要な三相回路の電圧、電流を求める。

$\dot{I}_a=0$, $\dot{I}_b+\dot{I}_c=\dot{I}_g$であるので、これを(1-17)式の$\dot{I}_0$の式に代入すると、

$$\dot{I}_0=\frac{1}{3}(\dot{I}_a+\dot{I}_b+\dot{I}_c)=\frac{1}{3}(0+\dot{I}_g)$$

これに（iv）式を代入して、

$$\therefore \dot{I}_g=3\dot{I}_0=\frac{-3\dot{Z}_2\dot{E}_a}{\dot{Z}_0\dot{Z}_1+\dot{Z}_1\dot{Z}_2+\dot{Z}_2\dot{Z}_0}$$

[2]

＜1.3(4) 例題＞[1]の結論から、地絡電流$\dot{I}_a$を与える式は、

$$\dot{I}_a=\frac{3\dot{E}_a}{\dot{Z}_0+\dot{Z}_1+\dot{Z}_2}$$

これに各値を代入すると、

$$\dot{I}_a=\frac{3\times\dfrac{11000}{\sqrt{3}}}{\mathrm{j}0.2+\mathrm{j}3.0+\mathrm{j}0.1}$$

したがって,

$$\left|\dot{I}_a\right|=\frac{3\times\frac{11000}{\sqrt{3}}}{3.3}=5770\ \text{A}$$

[3]

（手順❶）故障の条件は、

$$\dot{I}_a+\dot{I}_b+\dot{I}_c=0$$

$$\dot{V}_a=\dot{V}_b=\dot{V}_c$$

（手順❷）(1-17)式、(1-20)式を用いて対称分の条件に変換する。

$$\begin{bmatrix}\dot{I}_0\\ \dot{I}_1\\ \dot{I}_2\end{bmatrix}=\frac{1}{3}\begin{bmatrix}1&1&1\\1&a&a^2\\1&a^2&a\end{bmatrix}\begin{bmatrix}-(\dot{I}_b+\dot{I}_c)\\ \dot{I}_b\\ \dot{I}_c\end{bmatrix}=\frac{1}{3}\begin{bmatrix}0\\-(\dot{I}_b+\dot{I}_c)+a\dot{I}_b+a^2\dot{I}_c\\-(\dot{I}_b+\dot{I}_c)+a^2\dot{I}_b+a\dot{I}_c\end{bmatrix}$$

$$\therefore\dot{I}_0=0 \qquad \text{(i)}$$

$$\begin{bmatrix}\dot{V}_0\\ \dot{V}_1\\ \dot{V}_2\end{bmatrix}=\frac{1}{3}\begin{bmatrix}1&1&1\\1&a&a^2\\1&a^2&a\end{bmatrix}\begin{bmatrix}\dot{V}_a\\ \dot{V}_a\\ \dot{V}_a\end{bmatrix}=\begin{bmatrix}\dot{V}_a\\0\\0\end{bmatrix}$$

$$\dot{V}_1=\dot{V}_2=0 \qquad \text{(ii)}$$

（手順❸）❷で得た対称分で表した条件と発電機の基本式((1-26)式)により、対称分の電圧・電流を既知数である$\dot{Z}_0$, $\dot{Z}_1$, $\dot{Z}_2$を用いて表す。

基本式である(1-26)式の$\dot{V}_1$の式に(ii)を代入して、

$$\dot{V}_1=\dot{E}_a-\dot{Z}_1\dot{I}_1 \quad \therefore 0=\dot{E}_a-\dot{Z}_1\dot{I}_1 \quad \therefore\dot{I}_1=\frac{\dot{E}_a}{\dot{Z}_1} \qquad \text{(iii)}$$

(1-26)式の$\dot{V}_2$の式に(ii)を代入して、

$$\dot{V}_2=-\dot{Z}_2\dot{I}_2 \quad \therefore 0=-\dot{Z}_2\dot{I}_2 \quad \therefore\dot{I}_2=0 \qquad \text{(iv)}$$

（手順❹）❸で得た対称分の電圧、電流を基にして、必要な三相回路の電圧、電流を求める。

(i), (iii), (iv)式を(1-18)式に代入すると、

$$\begin{bmatrix}\dot{I}_a\\ \dot{I}_b\\ \dot{I}_c\end{bmatrix}=\begin{bmatrix}1&1&1\\1&a^2&a\\1&a&a^2\end{bmatrix}\begin{bmatrix}\dot{I}_0\\ \dot{I}_1\\ \dot{I}_2\end{bmatrix}=\begin{bmatrix}1&1&1\\1&a^2&a\\1&a&a^2\end{bmatrix}\begin{bmatrix}0\\ \frac{\dot{E}_a}{\dot{Z}_1}\\0\end{bmatrix}=\frac{1}{\dot{Z}_1}\begin{bmatrix}\dot{E}_a\\a^2\dot{E}_a\\a\dot{E}_a\end{bmatrix}$$

したがって、

$$\dot{I}_a=\frac{\dot{E}_a}{\dot{Z}_1} \qquad \text{(v)}$$

参考：この問題の三相短絡は、三相が平衡した状態の故障である。正相インピーダンス$\dot{Z}_1$は発電機の三相に平衡した電流が流れる場合の電機子コイルのインピーダンスを表している。したがって、(v)式は図1-11(b)で説明した、「三相短絡のような、三相が平衡した故障であれば、内部インピーダンスは変化しないため、$\dot{I}_a=\frac{\dot{E}_a}{\dot{Z}}$と計算できる」の裏付けになっている。

1.3(5) 発電機に送電線が接続された場合の対称座標法

㊸ 0　㊹ $\dot{Z}_g\dot{I}_a$　㊺ $\begin{matrix}\dot{I}_a\\ \dot{I}_a\\ \dot{I}_a\end{matrix}$

㊻ $\begin{matrix}\dot{V}_a+\dot{V}_b+\dot{V}_c\\ \dot{V}_a+a\dot{V}_b+a^2\dot{V}_c\\ \dot{V}_a+a^2\dot{V}_b+a\dot{V}_c\end{matrix}$　㊼ 0　㊽ $\dot{V}_a$

㊾ $\dfrac{\dot{E}_a}{\dot{Z}_0+\dot{Z}_1+\dot{Z}_2+3\dot{Z}_s+3\dot{Z}_n+\dot{Z}_g}$

㊿ $\dfrac{3\dot{E}_a}{\dot{Z}_0+\dot{Z}_1+\dot{Z}_2+3\dot{Z}_s+3\dot{Z}_n+\dot{Z}_g}$

＜1.3(5) 練習問題＞

[1]

（手順❶）この故障における線電流と端子電圧の条件は次のとおりである。

$$\dot{I}_b=-\dot{I}_c,\ \dot{I}_a=0$$

$$\dot{V}_b=\dot{V}_c$$

（手順❷）(1-17)式、(1-20)式を用いて、この

条件を対称分で表した条件に変換する。

$$\begin{bmatrix}\dot{I}_0\\\dot{I}_1\\\dot{I}_2\end{bmatrix}=\frac{1}{3}\begin{bmatrix}1&1&1\\1&a&a^2\\1&a^2&a\end{bmatrix}\begin{bmatrix}0\\\dot{I}_b\\-\dot{I}_b\end{bmatrix}=\frac{1}{3}\begin{bmatrix}0\\(a-a^2)\dot{I}_b\\(a^2-a)\dot{I}_b\end{bmatrix}$$

したがって、

$$\dot{I}_0=0,\ \dot{I}_2=-\dot{I}_1 \qquad \text{(i)}$$

$$\begin{bmatrix}\dot{V}_0\\\dot{V}_1\\\dot{V}_2\end{bmatrix}=\frac{1}{3}\begin{bmatrix}1&1&1\\1&a&a^2\\1&a^2&a\end{bmatrix}\begin{bmatrix}\dot{V}_a\\\dot{V}_b\\\dot{V}_b\end{bmatrix}=\frac{1}{3}\begin{bmatrix}\dot{V}_a+2\dot{V}_b\\\dot{V}_a+(a+a^2)\dot{V}_b\\\dot{V}_a+(a+a^2)\dot{V}_b\end{bmatrix}$$

したがって、

$$\dot{V}_1=\dot{V}_2 \qquad \text{(ii)}$$

（手順❸）❷で得た対称分についての条件と発電機と送電線の基本式（(1-30)式）により、対称分の電圧、電流を求める。

(ii)式に、発電機と送電線の基本式である(1-30)式を代入すると、

$$\dot{E}_a-\dot{Z}_1\dot{I}_1-\left(\dot{Z}_s-\dot{Z}_m\right)\dot{I}_1=-\dot{Z}_2\dot{I}_2-\left(\dot{Z}_s-\dot{Z}_m\right)\dot{I}_2$$

さらに(i)式の$\dot{I}_2=-\dot{I}_1$を代入して整理すると、

$$\dot{E}_a=\dot{Z}_1\dot{I}_1+\left(\dot{Z}_s-\dot{Z}_m\right)\dot{I}_1+\dot{Z}_2\dot{I}_1+\left(\dot{Z}_s-\dot{Z}_m\right)\dot{I}_1$$

$$=\left\{\dot{Z}_1+\dot{Z}_2+2(\dot{Z}_s-\dot{Z}_m)\right\}\dot{I}_1$$

となる。したがって、

$$\dot{I}_1=\frac{\dot{E}_a}{\dot{Z}_1+\dot{Z}_2+2(\dot{Z}_s-\dot{Z}_m)} \qquad \text{(iii)}$$

（手順❹）❸で得た対称分の電圧、電流を基にして、必要な三相回路の電圧、電流を求める。

(1-18)式より、

$$\dot{I}_b=\dot{I}_0+a^2\dot{I}_1+a\dot{I}_2$$

であるから、これに(i)式と(iii)式を代入して、

$$\dot{I}_b=\dot{I}_0+a^2\dot{I}_1+a\dot{I}_2=(a^2-a)\dot{I}_1$$

$$=\frac{(a^2-a)\dot{E}_a}{\dot{Z}_1+\dot{Z}_2+2(\dot{Z}_s-\dot{Z}_m)}$$

と導出できる。

[2]

（手順❶）故障の条件は、

$$\dot{I}_a=0,\quad \dot{V}_b=\dot{V}_c=0$$

（手順❷）(1-17)式、(1-20)式を用いて、この条件を対称分の条件に変換する。

$$\begin{bmatrix}\dot{I}_0\\\dot{I}_1\\\dot{I}_2\end{bmatrix}=\frac{1}{3}\begin{bmatrix}1&1&1\\1&a&a^2\\1&a^2&a\end{bmatrix}\begin{bmatrix}0\\\dot{I}_b\\\dot{I}_c\end{bmatrix}$$

$$\dot{I}_0=\frac{1}{3}(\dot{I}_b+\dot{I}_c),\quad \dot{I}_1=\frac{1}{3}(a\dot{I}_b+a^2\dot{I}_c),$$

$$\dot{I}_2=\frac{1}{3}(a^2\dot{I}_b+a\dot{I}_c)$$

$$\therefore \dot{I}_0+\dot{I}_1+\dot{I}_2=0 \qquad \text{(i)}$$

（次頁につづく）

$$\begin{bmatrix}\dot{V}_0\\\dot{V}_1\\\dot{V}_2\end{bmatrix}=\frac{1}{3}\begin{bmatrix}1&1&1\\1&a&a^2\\1&a^2&a\end{bmatrix}\begin{bmatrix}\dot{V}_a\\0\\0\end{bmatrix}=\frac{1}{3}\begin{bmatrix}\dot{V}_a\\\dot{V}_a\\\dot{V}_a\end{bmatrix}$$

$$\therefore \dot{V}_0=\dot{V}_1=\dot{V}_2 \qquad \text{(ii)}$$

（手順❸）❷で得た対称分についての条件と発電機と送電線の基本式((1-30)式)により、対称分の電圧、電流を求める。

(ii)式に(1-30)式を代入して、

$$-\dot{Z}_0\dot{I}_0-\left(\dot{Z}_s+2\dot{Z}_m\right)\dot{I}_0-3\dot{Z}_n\dot{I}_0$$

$$=\dot{E}_a-\dot{Z}_1\dot{I}_1-\left(\dot{Z}_s-\dot{Z}_m\right)\dot{I}_1$$

$$=-\dot{Z}_2\dot{I}_2-\left(\dot{Z}_s-\dot{Z}_m\right)\dot{I}_2 \qquad \text{(iii)}$$

(iii)式より、

$$\dot{I}_1=\frac{\dot{E}_a+\left(\dot{Z}_0+\dot{Z}_s+2\dot{Z}_m+3\dot{Z}_n\right)\dot{I}_0}{\dot{Z}_1+\dot{Z}_s-\dot{Z}_m},$$

$$\dot{I}_2=\frac{\left(\dot{Z}_0+\dot{Z}_s+2\dot{Z}_m+3\dot{Z}_n\right)\dot{I}_0}{\dot{Z}_2+\dot{Z}_s-\dot{Z}_m}$$

これを(i)式に代入して、

$$\dot{I}_0+\frac{\dot{E}_a+\left(\dot{Z}_0+\dot{Z}_s+2\dot{Z}_m+3\dot{Z}_n\right)\dot{I}_0}{\dot{Z}_1+\dot{Z}_s-\dot{Z}_m}+\frac{\left(\dot{Z}_0+\dot{Z}_s+2\dot{Z}_m+3\dot{Z}_n\right)\dot{I}_0}{\dot{Z}_2+\dot{Z}_s-\dot{Z}_m}=0$$

$$\frac{\dot{E}_a}{\dot{Z}_1+\dot{Z}_s-\dot{Z}_m}+\dot{I}_0\left(1+\frac{\dot{Z}_0+\dot{Z}_s+2\dot{Z}_m+3\dot{Z}_n}{\dot{Z}_1+\dot{Z}_s-\dot{Z}_m}+\frac{\dot{Z}_0+\dot{Z}_s+2\dot{Z}_m+3\dot{Z}_n}{\dot{Z}_2+\dot{Z}_s-\dot{Z}_m}\right)=0$$

$$\dot{I}_0\left\{\frac{\left(\dot{Z}_0+\dot{Z}_s+2\dot{Z}_m+3\dot{Z}_n\right)\left(\dot{Z}_1+\dot{Z}_s-\dot{Z}_m\right)+\left(\dot{Z}_1+\dot{Z}_s-\dot{Z}_m\right)\left(\dot{Z}_2+\dot{Z}_s-\dot{Z}_m\right)+\left(\dot{Z}_2+\dot{Z}_s-\dot{Z}_m\right)\left(\dot{Z}_0+\dot{Z}_s+2\dot{Z}_m+3\dot{Z}_n\right)}{\left(\dot{Z}_1+\dot{Z}_s-\dot{Z}_m\right)\left(\dot{Z}_2+\dot{Z}_s-\dot{Z}_m\right)}\right\}$$

$$=-\frac{\dot{E}_a}{\dot{Z}_1+\dot{Z}_s-\dot{Z}_m}$$

$$\dot{I}_0=\frac{-\left(\dot{Z}_2+\dot{Z}_s-\dot{Z}_m\right)\dot{E}_a}{\left(\dot{Z}_0+\dot{Z}_s+2\dot{Z}_m+3\dot{Z}_n\right)\left(\dot{Z}_1+\dot{Z}_s-\dot{Z}_m\right)+\left(\dot{Z}_1+\dot{Z}_s-\dot{Z}_m\right)\left(\dot{Z}_2+\dot{Z}_s-\dot{Z}_m\right)+\left(\dot{Z}_2+\dot{Z}_s-\dot{Z}_m\right)\left(\dot{Z}_0+\dot{Z}_s+2\dot{Z}_m+3\dot{Z}_n\right)} \qquad \text{(iv)}$$

（手順❹）❸で得た対称分の電圧、電流を基にして、必要な三相回路の電圧、電流を求める。

$\dot{I}_a=0$, $\dot{I}_b+\dot{I}_c=\dot{I}_g$であるので、これを(1-17)式の$\dot{I}_0$の式に代入すると、

$$\dot{I}_0=\frac{1}{3}\left(\dot{I}_a+\dot{I}_b+\dot{I}_c\right)=\frac{1}{3}\left(0+\dot{I}_g\right)$$

これに(iv)式を代入して、

$$\therefore \dot{I}_g = 3\dot{I}_0$$

$$= \frac{-3(\dot{Z}_2+\dot{Z}_s-\dot{Z}_m)\dot{E}_a}{(\dot{Z}_0+\dot{Z}_s+2\dot{Z}_m+3\dot{Z}_n)(\dot{Z}_1+\dot{Z}_s-\dot{Z}_m)+(\dot{Z}_1+\dot{Z}_s-\dot{Z}_m)(\dot{Z}_2+\dot{Z}_s-\dot{Z}_m)+(\dot{Z}_2+\dot{Z}_s-\dot{Z}_m)(\dot{Z}_0+\dot{Z}_s+2\dot{Z}_m+3\dot{Z}_n)}$$

[3]

（手順❶）故障の条件は、

$$\dot{V}_a = \dot{V}_b = \dot{V}_c = \dot{Z}_g\dot{I}_g = \dot{Z}_g(\dot{I}_a+\dot{I}_b+\dot{I}_c) \quad \text{(i)}$$

（手順❷）(1-17)式、(1-20)式を用いて、この条件を対称分の条件に変換する。

(i)式より、

$$\begin{bmatrix}\dot{V}_a\\ \dot{V}_b\\ \dot{V}_c\end{bmatrix} = \dot{Z}_g\begin{bmatrix}1&1&1\\1&1&1\\1&1&1\end{bmatrix}\begin{bmatrix}\dot{I}_a\\ \dot{I}_b\\ \dot{I}_c\end{bmatrix} \quad \text{(ii)}$$

(1-20)式に(ii)式を代入して、

$$\begin{bmatrix}\dot{V}_0\\ \dot{V}_1\\ \dot{V}_2\end{bmatrix} = \frac{1}{3}\begin{bmatrix}1&1&1\\1&a&a^2\\1&a^2&a\end{bmatrix}\begin{bmatrix}\dot{V}_a\\ \dot{V}_b\\ \dot{V}_c\end{bmatrix}$$

$$= \frac{1}{3}\begin{bmatrix}1&1&1\\1&a&a^2\\1&a^2&a\end{bmatrix}\dot{Z}_g\begin{bmatrix}1&1&1\\1&1&1\\1&1&1\end{bmatrix}\begin{bmatrix}\dot{I}_a\\ \dot{I}_b\\ \dot{I}_c\end{bmatrix}$$

この式の$\begin{bmatrix}\dot{I}_a\\ \dot{I}_b\\ \dot{I}_c\end{bmatrix}$に(1-18) 式を代入して、

$$\begin{bmatrix}\dot{V}_0\\ \dot{V}_1\\ \dot{V}_2\end{bmatrix} = \frac{\dot{Z}_g}{3}\begin{bmatrix}1&1&1\\1&a&a^2\\1&a^2&a\end{bmatrix}\begin{bmatrix}1&1&1\\1&1&1\\1&1&1\end{bmatrix}\begin{bmatrix}1&1&1\\1&a^2&a\\1&a&a^2\end{bmatrix}\begin{bmatrix}\dot{I}_0\\ \dot{I}_1\\ \dot{I}_2\end{bmatrix}$$

$$= \frac{\dot{Z}_g}{3}\begin{bmatrix}3&3&3\\1+a+a^2&1+a+a^2&1+a+a^2\\1+a^2+a&1+a^2+a&1+a^2+a\end{bmatrix}$$

$$\begin{bmatrix}1&1&1\\1&a^2&a\\1&a&a^2\end{bmatrix}\begin{bmatrix}\dot{I}_0\\ \dot{I}_1\\ \dot{I}_2\end{bmatrix} = \frac{\dot{Z}_g}{3}\begin{bmatrix}3&3&3\\0&0&0\\0&0&0\end{bmatrix}\begin{bmatrix}1&1&1\\1&a^2&a\\1&a&a^2\end{bmatrix}\begin{bmatrix}\dot{I}_0\\ \dot{I}_1\\ \dot{I}_2\end{bmatrix}$$

$$= \frac{\dot{Z}_g}{3}\begin{bmatrix}3+3+3&3(1+a^2+a)&3(1+a+a^2)\\0&0&0\\0&0&0\end{bmatrix}\begin{bmatrix}\dot{I}_0\\ \dot{I}_1\\ \dot{I}_2\end{bmatrix}$$

$$= \frac{\dot{Z}_g}{3}\begin{bmatrix}9&0&0\\0&0&0\\0&0&0\end{bmatrix}\begin{bmatrix}\dot{I}_0\\ \dot{I}_1\\ \dot{I}_2\end{bmatrix} = 3\dot{Z}_g\begin{bmatrix}1&0&0\\0&0&0\\0&0&0\end{bmatrix}\begin{bmatrix}\dot{I}_0\\ \dot{I}_1\\ \dot{I}_2\end{bmatrix} \quad \text{(iii)}$$

（手順❸）❷で得た対称分についての条件と発電機と送電線の基本式（(1-30)式）より、対称分の電圧・電流を求める。

発電機の基本式である(1-30)式

$$\dot{V}_0 = -\dot{Z}_0\dot{I}_0 - (\dot{Z}_s+2\dot{Z}_m)\dot{I}_0 - 3\dot{Z}_n\dot{I}_0$$

$$\dot{V}_1 = \dot{E}_a - \dot{Z}_1\dot{I}_1 - (\dot{Z}_s-\dot{Z}_m)\dot{I}_1$$

$$\dot{V}_2 = -\dot{Z}_2\dot{I}_2 - (\dot{Z}_s-\dot{Z}_m)\dot{I}_2$$

を以下のように変形する。

$$\begin{bmatrix}\dot{V}_0\\ \dot{V}_1\\ \dot{V}_2\end{bmatrix} = \begin{bmatrix}0\\ \dot{E}_a\\ 0\end{bmatrix} - \begin{bmatrix}\dot{Z}_0+\dot{Z}_s+2\dot{Z}_m&0&0\\0&\dot{Z}_1+\dot{Z}_s-\dot{Z}_m&0\\0&0&\dot{Z}_2+\dot{Z}_s-\dot{Z}_m\end{bmatrix}\begin{bmatrix}\dot{I}_0\\ \dot{I}_1\\ \dot{I}_2\end{bmatrix} \quad \text{(iv)}$$

(iii)＝(iv)であるから、

$$\begin{bmatrix}0\\ \dot{E}_a\\ 0\end{bmatrix} - \begin{bmatrix}\dot{Z}_0+\dot{Z}_s+2\dot{Z}_m&0&0\\0&\dot{Z}_1+\dot{Z}_s-\dot{Z}_m&0\\0&0&\dot{Z}_2+\dot{Z}_s-\dot{Z}_m\end{bmatrix}\begin{bmatrix}\dot{I}_0\\ \dot{I}_1\\ \dot{I}_2\end{bmatrix}$$

$$= 3\dot{Z}_g\begin{bmatrix}1&0&0\\0&0&0\\0&0&0\end{bmatrix}\begin{bmatrix}\dot{I}_0\\ \dot{I}_1\\ \dot{I}_2\end{bmatrix}$$

$$\begin{bmatrix}0\\ \dot{E}_a\\ 0\end{bmatrix} = \begin{bmatrix}\dot{Z}_0+\dot{Z}_s+2\dot{Z}_m+3\dot{Z}_g&0&0\\0&\dot{Z}_1+\dot{Z}_s-\dot{Z}_m&0\\0&0&\dot{Z}_2+\dot{Z}_s-\dot{Z}_m\end{bmatrix}\begin{bmatrix}\dot{I}_0\\ \dot{I}_1\\ \dot{I}_2\end{bmatrix}$$

$$\therefore 0=(\dot{Z}_0+\dot{Z}_s+2\dot{Z}_m+3\dot{Z}_g)\dot{I}_0,$$

$$\dot{E}_a=(\dot{Z}_1+\dot{Z}_s-\dot{Z}_m)\dot{I}_1,$$

$$0=(\dot{Z}_2+\dot{Z}_s-\dot{Z}_m)\dot{I}_2$$

$$\therefore \dot{I}_0=\dot{I}_2=0$$

$$\dot{I}_1=\frac{\dot{E}_a}{\dot{Z}_1+\dot{Z}_s-\dot{Z}_m} \qquad (\mathrm{v})$$

（手順❹）❸で得た対称分の電圧、電流を基にして、必要な三相回路の電圧、電流を求める。(1-18)式と(ｖ)式より、

$$\begin{bmatrix}\dot{I}_a\\ \dot{I}_b\\ \dot{I}_c\end{bmatrix}=\begin{bmatrix}1&1&1\\1&a^2&a\\1&a&a^2\end{bmatrix}\begin{bmatrix}\dot{I}_0\\ \dot{I}_1\\ \dot{I}_2\end{bmatrix}=\begin{bmatrix}1&1&1\\1&a^2&a\\1&a&a^2\end{bmatrix}\begin{bmatrix}0\\ \dot{I}_1\\ 0\end{bmatrix}$$

$$=\begin{bmatrix}1&1&1\\1&a^2&a\\1&a&a^2\end{bmatrix}\begin{bmatrix}0\\ \dfrac{\dot{E}_a}{\dot{Z}_1+\dot{Z}_s-\dot{Z}_m}\\ 0\end{bmatrix}$$

$$\therefore \dot{I}_a=\frac{\dot{E}_a}{\dot{Z}_1+\dot{Z}_s-\dot{Z}_m},\quad \dot{I}_b=a^2\frac{\dot{E}_a}{\dot{Z}_1+\dot{Z}_s-\dot{Z}_m},$$

$$\dot{I}_c=a\frac{\dot{E}_a}{\dot{Z}_1+\dot{Z}_s-\dot{Z}_m}$$

(ⅰ)式より、

$$\dot{I}_g=\dot{I}_a+\dot{I}_b+\dot{I}_c=(1+a^2+a)\frac{\dot{E}_a}{\dot{Z}_1+\dot{Z}_s-\dot{Z}_m}=0$$

(ⅰ)式より、

$$\dot{V}_a=\dot{V}_b=\dot{V}_c=\dot{Z}_g\dot{I}_g=0$$

1.4 不平衡三相回路の電力

1.4(1) Δ結線不平衡負荷の電力

① $\dot{I}_{bc}\dot{V}_{bc}^*$　② $\dot{I}_{ca}\dot{V}_{ca}^*$

③ $\dot{I}_{ab}\dot{V}_{ab}^*+\dot{I}_{bc}\dot{V}_{bc}^*+\dot{I}_{ca}\dot{V}_{ca}^*$　④ 0

⑤ $-(\dot{V}_{bc}^*+\dot{V}_{ca}^*)$　⑥ $\dot{I}_{bc}-\dot{I}_{ab}$　⑦ $\dot{I}_{ca}-\dot{I}_{ab}$

⑧ $\dot{I}_{ab}-\dot{I}_{ca}$　⑨ $\dot{I}_{bc}-\dot{I}_{ab}$　⑩ $\dot{I}_b\dot{V}_{bc}^*-\dot{I}_a\dot{V}_{ca}^*$

⑪ $-\dot{V}_{ac}^*$　⑫ $200\angle-120°$　⑬ $200\angle-240°$

⑭ $200\angle-60°=100-j100\sqrt{3}$

⑮ $\dot{I}_a\dot{V}_{ac}^*+\dot{I}_b\dot{V}_{bc}^*$　⑯ $100+j100\sqrt{3}$

⑰ $-100+j100\sqrt{3}$　⑱ $1.8-j\sqrt{3}$

＜1.4(1) 練習問題＞

$\dot{V}_{ab}=200\angle 0°$ V より、

$$\dot{V}_{bc}=200\angle-120°=-100-j100\sqrt{3}\ \mathrm{V}$$

$$\dot{V}_{ca}=200\angle-240°$$

したがって、

$$\dot{V}_{ac}=-\dot{V}_{ca}=200\angle-60°=100-j100\sqrt{3}\ \mathrm{V}$$

複素電力$\dot{P}$は(1-34)式より次のように求まる。

$$\dot{P}=\dot{I}_a\dot{V}_{ac}^*+\dot{I}_b\dot{V}_{bc}^*$$
$$=(40-j20)(100+j100\sqrt{3})$$
$$+(-40-j14.6)(-100+j100\sqrt{3})$$
$$=7464+j4928+6529-j5468$$
$$\cong 14000-j540\ \mathrm{VA}$$

1.4(2) Y結線不平衡負荷の電力

⑲ $\dot{I}_b\dot{E}_b^*$　⑳ $\dot{I}_c\dot{E}_c^*$　㉑ $\dot{I}_a\dot{E}_a^*+\dot{I}_b\dot{E}_b^*+\dot{I}_c\dot{E}_c^*$

㉒ 0　㉓ $-(\dot{I}_a+\dot{I}_b)$　㉔ $\dot{E}_a^*-\dot{E}_c^*$

㉕ $\dot{E}_b^*-\dot{E}_c^*$　㉖ $\dot{E}_a-\dot{E}_c$　㉗ $\dot{E}_b-\dot{E}_c$

㉘ $100\sqrt{3}\angle-120°$　㉙ $100\sqrt{3}\angle-240°$

㉚ $\dot{E}_c\times\sqrt{3}\angle 30°=100\sqrt{3}\angle-240°\times\sqrt{3}\angle 30°$

$$=300\angle-210°=300\left(-\frac{\sqrt{3}}{2}+j\frac{1}{2}\right)$$

㉛ $150\sqrt{3}-j150$　㉜ $\dot{I}_a\dot{V}_{ac}^*+\dot{I}_b\dot{V}_{bc}^*$

㉝ $150\sqrt{3}+j150$　㉞ j300

㉟ $1.62-j0.27\sqrt{3}$

＜1.4(2) 練習問題＞

$\dot{E}_a=\dfrac{100}{\sqrt{3}}\angle 0°$　であるから、

$$\dot{E}_b=\frac{100}{\sqrt{3}}\angle-120°$$

$$\dot{E}_c=\frac{100}{\sqrt{3}}\angle-240°$$

線間電圧は図1-4に示した関係から、

$$\dot{V}_{bc}=\dot{E}_b\times\sqrt{3}\angle 30°$$

$$=\frac{100}{\sqrt{3}}\angle-120°\times\sqrt{3}\angle30°$$

$$=100\angle-90°=-j100$$

$$\dot{V}_{ca}=\dot{E}_c\times\sqrt{3}\angle30°$$

$$=\frac{100}{\sqrt{3}}\angle-240°\times\sqrt{3}\angle30°$$

$$=100\angle-210°=100\times\left(-\frac{\sqrt{3}}{2}+j\frac{1}{2}\right)$$

$$=-50\sqrt{3}+j50$$

したがって、

$$\dot{V}_{ac}=-\dot{V}_{ca}=50\sqrt{3}-j50$$

複素電力$\dot{P}$は(1-38)式より次のように求まる。

$$\dot{P}=\dot{I}_a\dot{V}_{ac}^*+\dot{I}_b\dot{V}_{bc}^*$$

$$=(10.5-j8.66)(50\sqrt{3}+j50)+(2.25-j9.09)\times j100$$

$$=1342-j225+909+j225\cong2251+j0\ \mathrm{VA}$$

$$=2251\ \mathrm{W}$$

1.4(3) 二電力計法による三相電力の計測

㊱ $\dot{V}_{ba}, \dot{V}_{ca}$ ㊲ $\dot{I}_b, \dot{I}_c$ ㊳ $\dot{V}_{ab}, \dot{V}_{cb}$

㊴ $\dot{I}_a, \dot{I}_c$ ㊵ $\theta_{Ia}-\theta_{Vac}$ ㊶ $\theta_{Ib}-\theta_{Vbc}$

㊷ $\left|\dot{I}_a\right|\left|\dot{V}_{ac}\right|\cos\theta_{za}+\left|\dot{I}_b\right|\left|\dot{V}_{bc}\right|\cos\theta_{zb}$

㊸ 正、負 ㊹ $3.0+1.5=4.5$

㊺ $766-174=592$ ㊻ $100\angle-30°$

㊼ $9.36\angle-76.1°$ ㊽ $-39.5°-(-30°)$

㊾ $-76.1°-(-90°)$

㊿ $13.6\times100\times\cos(-9.5°)$

(51) $9.36\times100\times\cos(13.9°)$

<1.4(3) 練習問題>

[1]

$\dot{V}_{ab}=200\angle0°\ \mathrm{V}$より,

$$\dot{V}_{bc}=200\angle-120°\equiv\left|\dot{V}_{bc}\right|\angle\theta_{Vbc}\ [\mathrm{V}],$$

$$\dot{V}_{ca}=200\angle-240°\ \mathrm{V}$$

したがって、

$$\dot{V}_{ac}=200\angle-60°\equiv\left|\dot{V}_{ac}\right|\angle\theta_{Vac}\ [\mathrm{V}]$$

題意の線電流をフェーザ表示で表すと、

$$\dot{I}_a=40-j20=44.7\angle-26.6°\equiv\left|\dot{I}_a\right|\angle\theta_{Ia}[\mathrm{A}]$$

$$\dot{I}_b=-40-j14.6=42.6\angle-160°\equiv\left|\dot{I}_b\right|\angle\theta_{Ib}[\mathrm{A}]$$

(1-40)式より、

$$\theta_{za}=\theta_{Ia}-\theta_{Vac}=-26.6°-(-60°)=33.4°$$

$$\theta_{zb}=\theta_{Ib}-\theta_{Vbc}=-160°-(-120°)=-40°$$

$$P_1=\left|\dot{I}_a\right|\left|\dot{V}_{ac}\right|\cos\theta_{za}=44.7\times200\times\cos(33.4°)$$

$$=7464$$

$$P_2=\left|\dot{I}_b\right|\left|\dot{V}_{bc}\right|\cos\theta_{zb}=42.6\times200\times\cos(-40°)$$

$$=6527$$

$$P=P_1+P_2=7464+6527=13991\ \mathrm{W}$$

[2]

(1)

$\dot{V}_{ab}=100\angle30°\ \mathrm{V}$,

$$\therefore\dot{V}_{ba}=100\angle-150°\equiv\left|\dot{V}_{ba}\right|\angle\theta_{Vba}[\mathrm{V}]$$

$$\dot{V}_{bc}=100\angle-90°\equiv\left|\dot{V}_{bc}\right|\angle\theta_{Vbc}[\mathrm{V}],$$

$$\dot{V}_{ca}=100\angle-210°\equiv\left|\dot{V}_{ca}\right|\angle\theta_{Vca}[\mathrm{V}],$$

$$\therefore\dot{V}_{ac}=100\angle-30°\equiv\left|\dot{V}_{ac}\right|\angle\theta_{Vac}[\mathrm{V}]$$

題意の線電流をフェーザ表示で表すと、

$$\dot{I}_a=48.57-j2.911=48.66\angle-3.434°$$

$$\equiv\left|\dot{I}_a\right|\angle\theta_{Ia}[\mathrm{A}]$$

$$\dot{I}_b=-12.74+j2.005=12.90\angle-188.9°$$

$$\equiv\left|\dot{I}_b\right|\angle\theta_{Ib}[\mathrm{A}]$$

$$\dot{I}_c=-\left(\dot{I}_a+\dot{I}_b\right)$$

$$=-(48.57-j2.911-12.74+j2.005)$$

$$=-35.83+j0.906=35.84\angle-181.4°$$

$$\equiv\left|\dot{I}_c\right|\angle\theta_{Ic}[\mathrm{A}]$$

c 相基準の場合

(1-40)式より、

$\theta_{za}=\theta_{Ia}-\theta_{Vac}=-3.434°-(-30°)=-26.57°$

$\theta_{zb}=\theta_{Ib}-\theta_{Vbc}=-188.9°-(-90°)=-98.9°$

$P_1=\left|\dot{I}_a\right|\left|\dot{V}_{ac}\right|\cos\theta_{za}$

$=48.66\times100\times\cos(-26.57)=4352$

$P_2=\left|\dot{I}_b\right|\left|\dot{V}_{bc}\right|\cos\theta_{zb}$

$=12.90\times100\times\cos(-98.9°)=-199.6$

（P_2は負であることに注意）

$\therefore P=P_1+P_2=4352-199.6=4152$ W

a 相基準の場合

(1-40)式より、

$P_1=\left|\dot{I}_b\right|\left|\dot{V}_{ba}\right|\cos(\theta_{Ib}-\theta_{Vba})$

$=12.90\times100\times\cos(-188.9°+150°)$

$=12.90\times100\times\cos(-38.9°)=1004$

$P_2=\left|\dot{I}_c\right|\left|\dot{V}_{ca}\right|\cos(\theta_{Ic}-\theta_{Vca})$

$=35.84\times100\times\cos(-181.4°+210°)$

$=35.84\times100\times\cos(28.6°)=3147$

$\therefore P=P_1+P_2=1004+3147=4151$ W

（a 相基準の結果が c 相基準の結果と若干異なるのは、有効桁数を 4 桁としていることによる）

(2)解答図 1-2 に示す

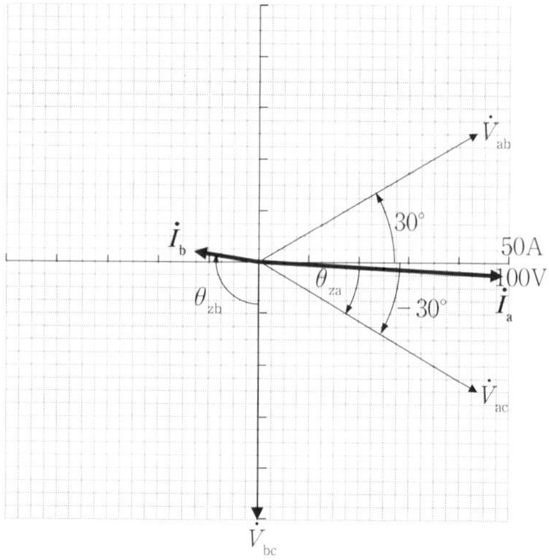

解答図 1-2

1.4(4) 平衡三相負荷の場合の二電力計法

(52) $\theta_z-30°$ (53) $\theta_z+30°$ (54) 正、負

(55) 正、負 (56) 正、負 (57) 正、負

(58) 正、負 (59) 正、負 (60) 正、負

(61) 正、負 (62) $5\angle36.9°$ (63) $\dfrac{40}{\sqrt{3}}$

(64) 36.9° (65) 200 (66) 6.9° (67) 66.9°

(68) 4585＋1812

＜1.4(4) 練習問題＞

$\dot{Z}_a=\dot{Z}_b=\dot{Z}_c=1-j3=\sqrt{10}\angle-71.6°$より、

$\left|\dot{I}_a\right|=\left|\dot{I}_b\right|=\dfrac{200}{\sqrt{3}\times\sqrt{10}}=\dfrac{200}{\sqrt{30}}$, $\theta_z=-71.6°$となるので、

(1-41)式より、

$P=P_1+P_2$

$=\left|\dot{I}_a\right|\left|\dot{V}_{ac}\right|\cos(\theta_z-30°)+\left|\dot{I}_b\right|\left|\dot{V}_{bc}\right|\cos(\theta_z+30°)$

$=\dfrac{200}{\sqrt{30}}\times200\cos(-101.6°)+\dfrac{200}{\sqrt{30}}\times200\cos(-41.6°)$

$=-1470+5460=3990$ W

P_1は負の値をとることから、単相電力計で測定した際には負の方向に振れる。そこで、電圧端子の極性を逆にして測定することに注意する。

第 2 章　分布定数回路

＿＿、┆　┆：文字式を記入
＿＿、□：数値を記入

2.1　長距離伝送線路と分布定数回路

学習内容　長距離伝送線路と分布定数回路の基本事項を扱う。

目　標　長距離伝送における分布定数回路の必要性を理解する。

・長距離の送電線や通信線路（これを長距離伝送線路と呼ぶ）は電圧、電流が線路を伝搬する時間が、電圧、電流の周期に近づく（言い換えると、線路の長さが電圧、電流の波長に近づく）。例えば、電力を送る200 km以上の線路の場合、交流波の伝搬速度が光速である①＿＿＿＿m/sとすると、200 km進むとき要する時間t'は②＿＿＿＿sであり、2000 km進むとき要する時間t''は③＿＿＿＿sである。

・正弦波交流波の周波数fが60 Hzのとき、正弦波交流波の周期Tは④$\frac{\square}{\square}$sであるので、t', t''が周期Tに占める割合は、$\frac{t'}{T}\times 100=$⑤＿＿＿＿%、$\frac{t''}{T}\times 100=$⑥＿＿＿＿%となる。

・また、通信線路においては、周波数fが60 kHzの場合、線路長⑦＿＿＿＿kmで$\frac{t''}{T}$が40 %となる。

・これらのことは、同時刻であっても線路上の場所が異なると、各場所での電圧値、電流値（正弦波交流波の瞬時値）が異なることを意味している。したがって、長距離伝送線路での電圧、電流を考える際には、時刻と位置（場所）を考慮する必要があることがわかる。

・このようなことを考慮した等価回路を⑧┄┄┄┄回路といい、図 2-1 に示す構成の回路となる。この回路の伝送距離は、位置により電圧、電流の瞬時値の変化が無視できる微小距

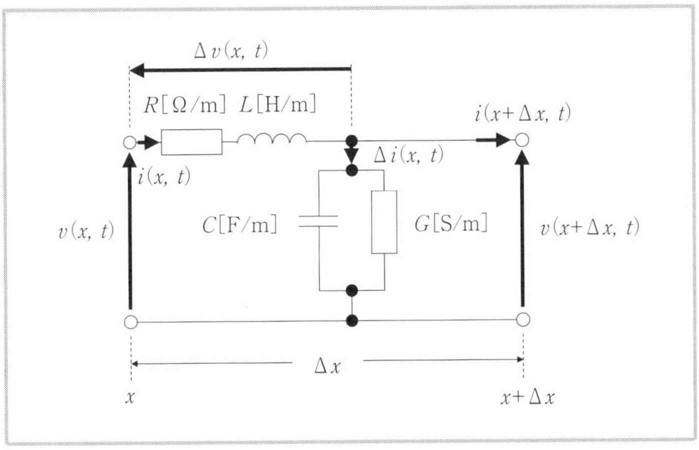

図 2-1

第2章

離Δxとしている。分布定数回路では、R, L, G, Cは、単位長さ当たりの定数として考えられている。これらは線路の一次定数とも呼ばれる。したがって、微小距離Δxあたりの、R, L, G, Cは、それぞれ⑨ ＿＿＿＿ [Ω]、⑩ ＿＿＿＿ [H]、⑪ ＿＿＿＿ [S]、⑫ ＿＿＿＿ [F]となる。

図 2-1 において、

$$v(x, t)=v(x+\Delta x, t)+\Delta v(x, t) \tag{2-1}$$

$$i(x, t)=i(x+\Delta x, t)+\Delta i(x, t) \tag{2-2}$$

が成り立つことがわかる。

次に、$\Delta v(x, t)$, $\Delta i(x, t)$をR, L, G, Cを用いて表すと

$$\Delta v(x, t)=L\Delta x\frac{\partial i(x, t)}{\partial t}+R\Delta x\cdot i(x, t) \tag{2-3}$$

同様に

$$\Delta i(x, t)=C\Delta x\frac{\partial v(x+\Delta x, t)}{\partial t}+G\Delta x\cdot v(x+\Delta x, t) \tag{2-4}$$

ここで微分の定義を用いて、以下の様に示す。

$$\lim_{\Delta x\to 0}\frac{v(x+\Delta x, t)-v(x, t)}{\Delta x}=\frac{\partial v(x, t)}{\partial x} \tag{2-5}$$

(2-3)式をΔxで割ると

$$\frac{\Delta v(x, t)}{\Delta x}=L\frac{\partial i(x, t)}{\partial t}+R\cdot i(x, t)$$

(2-1)式の$\Delta v(x, t)$を左辺へ代入して，Δxを限りなく0へ近づけると

$$-\lim_{\Delta x\to 0}\frac{v(x+\Delta x, t)-v(x, t)}{\Delta x}=L\frac{\partial i(x, t)}{\partial t}+R\cdot i(x, t)$$

(2-5)式より

$$-\frac{\partial v(x, t)}{\partial x}=L\frac{\partial i(x, t)}{\partial t}+R\cdot i(x, t)$$

位置と時間の添え字を省略すると

$$-\frac{\partial v}{\partial x}=L\frac{\partial i}{\partial t}+R\cdot i \tag{2-6}$$

(2-6)式のように2つ以上の微分係数を含む方程式は、偏微分方程式と呼ばれる。

・(2-2)，(2-4)式を用いて同様な計算を行うことで、電流についての偏微分方程式

$$-\frac{\partial i}{\partial x}=C\frac{\partial v}{\partial t}+G\cdot v \tag{2-7}$$

が得られる。

・(2-6)式および(2-7)式は伝送線路を伝わる信号の電圧、電流分布を求めるための最も基本的な式である。しかし、両式は位置xと時間tという2つの変数の関数であるため、これらを連立させて解くことは容易ではない。そこで、本ノートでは、位置xと時間tの2つの関数を扱うのは上述の偏微分方程式の導出までに留める。次節以降では、解析が比較的容易な正弦波

交流における伝送線路を考える。

2.2 正弦波交流における分布定数回路

学習内容 正弦波交流における分布定数回路の基本事項を扱う。

目　標 分布定数回路の基本式と線路の二次定数を理解する。

2.2(1) 分布定数回路の基本式

分布定数回路において正弦波交流の長距離送電を考える際には、各位置の電圧、電流が定常状態であるとみなせるため、フェーザ表示を用いて時間関数を省略できる。この場合、図 2-2 に示すような等価回路を考えればよい。そこで、この回路の電圧、電流の一般解を求める。

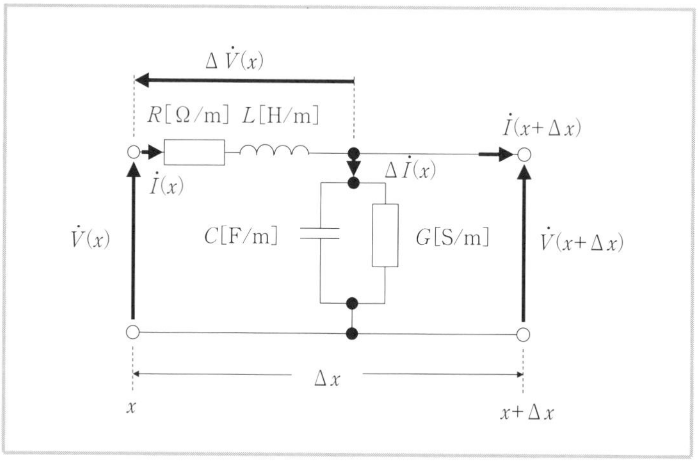

図 2-2

2.1 と同様にして図 2-2 において、以下の式が得られる。

$$\dot{V}(x)=\dot{V}(x+\Delta x)+\Delta\dot{V}(x) \tag{2-8}$$

$$\dot{I}(x)=\dot{I}(x+\Delta x)+\Delta\dot{I}(x) \tag{2-9}$$

さらに以下の式も成り立つ。

$$\Delta\dot{V}(x)=\mathrm{j}\omega L\Delta x\cdot\dot{I}(x)+R\Delta x\cdot\dot{I}(x) \tag{2-10}$$

$$\Delta\dot{I}(x)=\mathrm{j}\omega C\Delta x\cdot\dot{V}(x)+G\Delta x\cdot\dot{V}(x) \tag{2-11}$$

(2-10)，(2-11)式の両辺をΔxで割り、(2-8)，(2-9)式を代入すると

$$-\frac{\dot{V}(x+\Delta x)-\dot{V}(x)}{\Delta x}=(\mathrm{j}\omega L+R)\dot{I}(x) \tag{2-12}$$

$$-\frac{\dot{I}(x+\Delta x)-\dot{I}(x)}{\Delta x}=(\mathrm{j}\omega C+G)\dot{V}(x) \tag{2-13}$$

Δxを限りなく0へ近づけ，同時に

$$\left.\begin{aligned}\dot{Z}&\equiv R+\mathrm{j}\omega L\\ \dot{Y}&\equiv G+\mathrm{j}\omega C\end{aligned}\right\} \tag{2-14}$$

と置き換えると、

$$\frac{\mathrm{d}\dot{V}(x)}{\mathrm{d}x}=-\dot{Z}\dot{I}(x) \tag{2-15}$$

$$\frac{\mathrm{d}\dot{I}(x)}{\mathrm{d}x}=-\dot{Y}\dot{V}(x) \tag{2-16}$$

(2-15)，(2-16)式をxで微分すると、

$$\frac{\mathrm{d}^2\dot{V}(x)}{\mathrm{d}x^2}=-\dot{Z}\frac{\mathrm{d}\dot{I}(x)}{\mathrm{d}x} \tag{2-17}$$

$$\frac{\mathrm{d}^2\dot{I}(x)}{\mathrm{d}x^2}=-\dot{Y}\frac{\mathrm{d}\dot{V}(x)}{\mathrm{d}x} \tag{2-18}$$

(2-17)式の右辺に(2-16)式を、(2-18)式の右辺に(2-15)式をそれぞれ代入すると、

$$\frac{\mathrm{d}^2\dot{V}(x)}{\mathrm{d}x^2}=\dot{Z}\dot{Y}\dot{V}(x) \tag{2-19}$$

$$\frac{\mathrm{d}^2\dot{I}(x)}{\mathrm{d}x^2}=\dot{Z}\dot{Y}\dot{I}(x) \tag{2-20}$$

ここで、

$$\dot{\gamma}=\sqrt{\dot{Z}\dot{Y}}=\sqrt{(R+\mathrm{j}\omega L)(G+\mathrm{j}\omega C)} \tag{2-21}$$

とおくと、

(2-19)，(2-20)式は、

$$\frac{\mathrm{d}^2\dot{V}(x)}{\mathrm{d}x^2}=\dot{\gamma}^2\dot{V}(x) \tag{2-22}$$

$$\frac{\mathrm{d}^2\dot{I}(x)}{\mathrm{d}x^2}=\dot{\gamma}^2\dot{I}(x)$$

(2-22)式は2階微分方程式である。この式の一般解はA，Bを任意定数とすると、次式となる。

$$\dot{V}(x)=A\mathrm{e}^{-\dot{\gamma}x}+B\mathrm{e}^{\dot{\gamma}x} \tag{2-23}$$

(2-23)式をxで微分すると、

$$\frac{\mathrm{d}\dot{V}(x)}{\mathrm{d}x}=-\dot{\gamma}(A\mathrm{e}^{-\dot{\gamma}x}-B\mathrm{e}^{\dot{\gamma}x})$$

この式を(2-15)式に代入すると、

$$\dot{I}(x)=-\frac{1}{\dot{Z}}\frac{\mathrm{d}\dot{V}}{\mathrm{d}x}=\frac{\dot{\gamma}}{\dot{Z}}\left(A\mathrm{e}^{-\dot{\gamma}x}-B\mathrm{e}^{\dot{\gamma}x}\right)=\frac{1}{\dot{Z}}\sqrt{\dot{Z}\dot{Y}}\left(A\mathrm{e}^{-\dot{\gamma}x}-B\mathrm{e}^{\dot{\gamma}x}\right)=\sqrt{\frac{\dot{Y}}{\dot{Z}}}\left(A\mathrm{e}^{-\dot{\gamma}x}-B\mathrm{e}^{\dot{\gamma}x}\right)$$

ここで、

$$\dot{Z}_0=\sqrt{\frac{\dot{Z}}{\dot{Y}}}=\sqrt{\frac{R+\mathrm{j}\omega L}{G+\mathrm{j}\omega C}} \tag{2-24}$$

とおき、上式に代入すると、

$$\dot{I}(x)=\frac{1}{\dot{Z}_0}\left(A\mathrm{e}^{-\dot{\gamma}x}-B\mathrm{e}^{\dot{\gamma}x}\right)$$

となる。以上をまとめると、

$$\left.\begin{aligned}\dot{V}(x)&=A\mathrm{e}^{-\dot{\gamma}x}+B\mathrm{e}^{\dot{\gamma}x}\\ \dot{I}(x)&=\frac{1}{\dot{Z}_0}\left(A\mathrm{e}^{-\dot{\gamma}x}-B\mathrm{e}^{\dot{\gamma}x}\right)\end{aligned}\right\} \qquad (2\text{–}25)$$

・(2–25)式の第一項に注目すると、xが増加すると第一項の値は① 小さく、大きくなる。これは、距離が長くなればなるほど、その位置での電圧、電流の振幅が小さくなることを示しており、② ＿＿＿＿＿＿と呼ばれる。

・第二項に注目した場合、距離が長くなると、その位置での振幅が③ 小さく、大きくなることを示している。これは、電源から離れるほど電圧、電流の振幅が大きくなるため、これまでの電気回路の考え方では理解できない。この項は、線路上のある場所で、反射してきた場合を表す項として考えられ、④ ＿＿＿＿＿＿と呼ばれる。

・(2–25)式は、次のように双曲線関数で表しておくと便利な場合がある。双曲線関数の公式

$$\mathrm{e}^{\dot{\gamma}x}=\cosh\dot{\gamma}x+\sinh\dot{\gamma}x$$

$$\mathrm{e}^{-\dot{\gamma}x}=\cosh\dot{\gamma}x-\sinh\dot{\gamma}x$$

を (2–25)式へ代入して整理すると、

$$\dot{V}(x)=(A+B)\cosh\dot{\gamma}x+(B-A)\sinh\dot{\gamma}x$$

$$\dot{I}(x)=\frac{1}{\dot{Z}_0}\{(A-B)\cosh\dot{\gamma}x-(A+B)\sinh\dot{\gamma}x\}$$

ここで、新しい任意定数として

$(A+B)=\acute{A}$, $(B-A)=\acute{B}$とおくと、

$$\left.\begin{aligned}\dot{V}(x)&=\acute{A}\cosh\dot{\gamma}x+\acute{B}\sinh\dot{\gamma}x\\ \dot{I}(x)&=-\frac{1}{\dot{Z}_0}(\acute{B}\cosh\dot{\gamma}x+\acute{A}\sinh\dot{\gamma}x)\end{aligned}\right\} \qquad (2\text{–}26)$$

上述した(2–25)式と(2–26)式は分布定数回路の基本式であり重要である。この基本式の例題と練習問題については、次節の伝送線路の二次定数について検討した後、P.76 の 2.2(1)例題およびP.77 の 2.2(1)練習問題で取り上げる。

参考：双曲線関数の公式

$\cosh\theta=\dfrac{e^{\theta}+e^{-\theta}}{2}$,　$\sinh\theta=\dfrac{e^{\theta}-e^{-\theta}}{2}$

$\cosh 0=1$,　$\sinh 0=0$

$e^{\pm\theta}=\cosh\theta\pm\sinh\theta$

$\cosh(-\theta)=\cosh\theta$,　$\sinh(-\theta)=-\sinh\theta$

$\cosh^2\theta-\sinh^2\theta=1$

$\cosh(\theta\pm\phi)=\cosh\theta\cosh\phi\pm\sinh\theta\sinh\phi$

$\sinh(\theta\pm\phi)=\sinh\theta\cosh\phi\pm\cosh\theta\sinh\phi$

$\cosh(j\theta)=\cos\theta$,　$\sinh(j\theta)=j\sin\theta$

$\cos(j\theta)=\cosh\theta$,　$\sin(j\theta)=j\sinh\theta$

2.2(2) 伝送線路の二次定数

・(2-21)式を再掲する。

$$\dot{\gamma}=\sqrt{\dot{Z}\dot{Y}}=\sqrt{(R+j\omega L)(G+j\omega C)} \qquad \text{(2-21 (再掲))}$$

この$\dot{\gamma}$は伝送線路の定数の一つであり、⑤ ＿＿＿＿ 定数と呼ばれる。$\dot{\gamma}$は複素数となるため、その中身は

$$\dot{\gamma}=\alpha+j\beta \qquad \text{(2-27)}$$

と表すことができる。

・ここで、αは⑥ ＿＿＿＿ 定数と呼ばれ、線路の長さによる電圧、電流の減衰の割合を示す。その単位として本書では[/m]あるいは[Neper/m]、もしくは[/km]あるいは[Neper/km]を用いる。

参考：Neper の定義

図 2-3 の線路の送端電圧と受端電圧の比V_1/V_2について、

$L=\log_e(V_1/V_2)$と表すとき、Lの単位を[Neper]と決める。

例えば、減衰定数が$\alpha=10^{-3}$/m、$x=1$ mであるとき、

$V_2=V_1e^{-\alpha x}=V_1e^{-10^{-3}\times 1}$である．このとき$L$は，

$L=\log_e(V_1/V_2)=\log_e(1/e^{-10^{-3}})=\log_e e^{10^{-3}}=10^{-3}$Neperとなる。

したがって、このときの減衰定数は$\alpha=10^{-3}$Neper/mと表される。

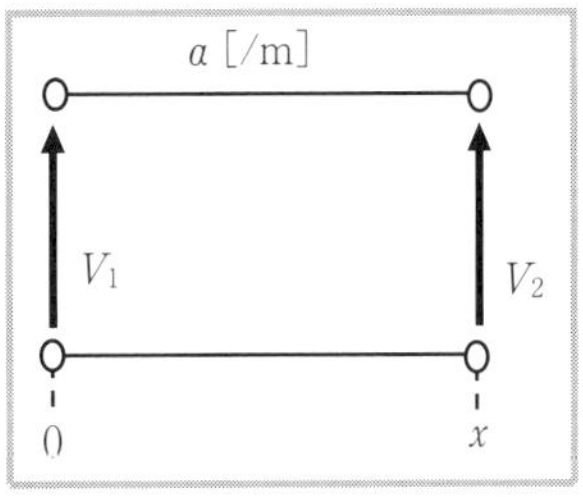

図 2-3

・βは⑦ ＿＿＿＿ 定数と呼ばれ、線路の長さによる電圧、電流の位相の変化の割合を示す。その単位として本書では[rad/m]あるいは[rad/km]を用いる。

・(2-21)式から、伝搬定数αと位相定数βをR，L，G，Cおよびωで表すと次式となる。

$$\alpha=\sqrt{\frac{\sqrt{(R^2+\omega^2L^2)(G^2+\omega^2C^2)}-(\omega^2LC-RG)}{2}} \qquad \text{(2-28)}$$

$$\beta=\sqrt{\frac{\sqrt{(R^2+\omega^2L^2)(G^2+\omega^2C^2)}+(\omega^2LC-RG)}{2}} \qquad \text{(2-29)}$$

((2-28)式，(2-29)式の導出方法については、P.75 の参考に示す)

・正弦波交流の波長をλと表すと、図 2-4 に示すように、波長λ[m]当たりの位相の変化量が

2π[rad]であるから、単位長さ(1 m)当たりの位相の変化量 βについて次式が成り立つ。

$$\frac{\beta}{1}=\frac{2\pi}{\lambda}$$

したがって、波長λと位相定数βの関係は、

$$\lambda=⑧\frac{\square}{\square}\ [\mathrm{m}] \qquad (2\text{-}30)$$

となる。

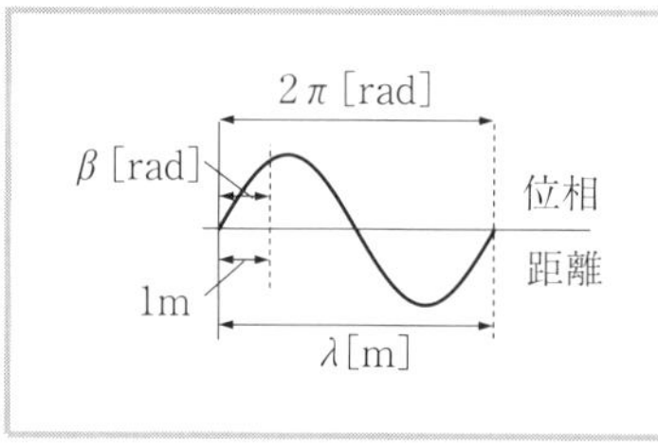

図 2-4

・線路上を正弦波が伝搬する速度は⑨________速度、あるいは⑩________速度と呼ばれる。

波の周期をT[s]、その伝搬速度を$v[\frac{\mathrm{m}}{\mathrm{s}}]$と表すと、図 2-5 に示すように、波が$t=0$ sから$t=T[s]$の間に進む距離がvT[m]であり、そのとき、波はちょうど波長λ[m]分だけ移動しているので次の関係がある。

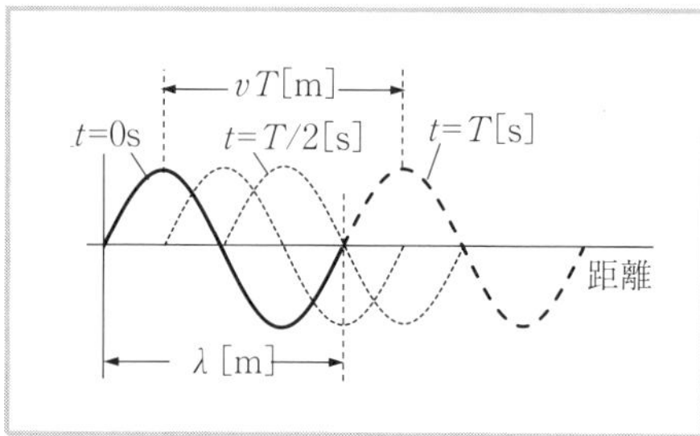

図 2-5

$$\lambda=vT=\frac{2\pi}{\beta}[\mathrm{m}] \qquad (2\text{-}31)$$

したがって、$v=\frac{1}{\beta}\cdot\frac{2\pi}{T}[\frac{\mathrm{m}}{\mathrm{s}}]$

ここで正弦波の角周波数を$\omega[\frac{\mathrm{rad}}{\mathrm{s}}]$とすると

$\omega=\frac{2\pi}{T}$ ゆえ、伝搬速度vと位相定数βの関係は

$$v=⑪\frac{\square}{\square}\quad[\frac{\mathrm{m}}{\mathrm{s}}] \qquad (2\text{-}32)$$

となる。

・線路の損失が十分小さい、あるいは周波数が高く、$R\ll\omega L,\ G\ll\omega C$の条件が成り立つときは、(2-21)式に、この条件を代入して、

$\dot{\gamma}=\sqrt{\mathrm{j}\omega L\times\mathrm{j}\omega C}=\mathrm{j}\omega\sqrt{LC}=\mathrm{j}\beta$　　したがって、

$\beta=\omega\sqrt{LC}$となるから、(2-32)式から

$$\left.\begin{aligned} &v=⑫\frac{\square}{\sqrt{\square}}\ [\frac{\mathrm{m}}{\mathrm{s}}] \\ &\text{ただし、}v<\text{ 光速 }3\times10^{8}\,\frac{\mathrm{m}}{\mathrm{s}} \end{aligned}\right\} \qquad (2\text{-}33)$$

となり、周波数に無関係になる。

・(2-24)式を再掲する。

$$\dot{Z}_0=⑬\sqrt{\frac{\square}{\square}}=⑭\sqrt{\frac{\square}{\square}} \qquad (2\text{-}24\,(\text{再掲}))$$

この$\dot{Z}_0$は分布定数回路の⑮________と呼ばれ、線路の⑯____と無関係に決ま

るインピーダンスである。以上述べた、$\dot{\gamma}, \alpha, \beta, \dot{Z}_0$などを線路の二次定数という。

参考：(2-28)式および(2-29)式の導出

(2-21)式および(2-27)式から

$$\gamma=\alpha+j\beta=\sqrt{(R+j\omega L)(G+j\omega C)}$$

この式を2乗して、

$$\alpha^2-\beta^2+j2\alpha\beta=RG-\omega^2LC+j\omega(GL+RC)$$

実部、虚部をそれぞれ等しいとおいて、

$$\alpha^2-\beta^2=RG-\omega^2LC \quad \text{(i)}$$

$$2\alpha\beta=\omega(GL+RC) \quad \text{(ii)}$$

(ii)式より、

$\beta=\dfrac{\omega(GL+RC)}{2\alpha}$　　$\therefore \beta^2=\dfrac{\omega^2(GL+RC)^2}{4\alpha^2}$　　これを(i)式に代入し、$\alpha^2=A$とおくと、

$$A-\frac{\omega^2(GL+RC)^2}{4A}=RG-\omega^2LC$$

$A^2-(RG-\omega^2LC)A-\dfrac{\omega^2(GL+RC)^2}{4}=0$, 解の公式より、

$A=\dfrac{RG-\omega^2LC\pm\sqrt{(RG-\omega^2LC)^2+\omega^2(GL+RC)^2}}{2}$, この式を整理して、

$$A=\frac{RG-\omega^2LC\pm\sqrt{(R^2+\omega^2L^2)(G^2+\omega^2C^2)}}{2} \quad \text{(iii)}$$

(iii)式において、$RG-\omega^2LC<\sqrt{(R^2+\omega^2L^2)((G^2+\omega^2C^2)}$であるから、$A>0$であるためには根号の前の符号は正になる。よって、

$$A=\frac{RG-\omega^2LC+\sqrt{(R^2+\omega^2L^2)((G^2+\omega^2C^2)}}{2}$$

$\alpha=\sqrt{A}$であるから、次の(2-28)式を得る

$$\alpha=\sqrt{\frac{\sqrt{(R^2+\omega^2L^2)(G^2+\omega^2C^2)}-(\omega^2LC-RG)}{2}}$$

βについては、(ii)式より$\alpha=\dfrac{\omega(GL+RC)}{2\beta}$ゆえ、これを(i)式に代入して、$\alpha$の場合と同様な処理を行うことで、次の(2-29)式を得る。

$$\beta=\sqrt{\frac{\sqrt{(R^2+\omega^2L^2)(G^2+\omega^2C^2)}+(\omega^2LC-RG)}{2}}$$

第2章

< 2.2(1)例題>

(2-25)式および(2-26)式に示した分布定数回路の基本式を用いて、線路上の電圧、電流値を求めるには、任意定数A, B（あるいは$\acute{A}, \acute{B}$）を決定することが必要である。この決定のためには、任意定数の個数分、すなわち、2個の端子条件が必要である。具体的には、一か所の電圧、電流値、または二か所についての電流、あるいは電圧値が必要である。その具体例を示す。

[1] 図2-6に示す特性インピーダンス$\dot{Z}_0$、伝搬定数$\dot{\gamma}$の線路において、位置$x=0$における電圧$\dot{V}(0)$、電流$\dot{I}(0)$が与えられた場合の、任意の位置xにおける電圧$\dot{V}(x)$、電流$\dot{I}(x)$を与える式を、基本式(2-26)式を用いて求めよ。

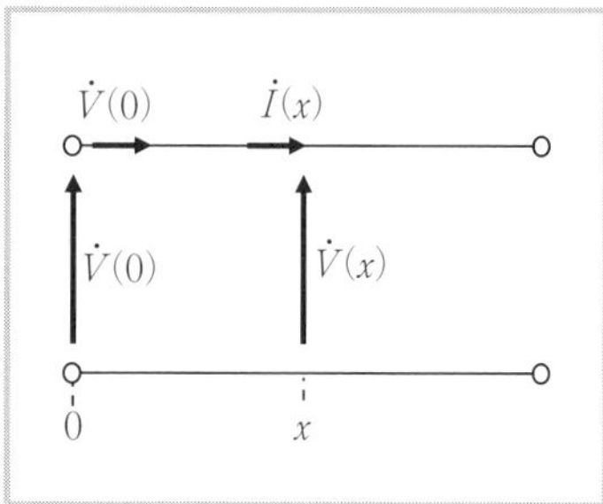

図2-6

（解答）

(2-26)式を再掲する。

$$\left.\begin{aligned}\dot{V}(x)&=\acute{A}\cosh\dot{\gamma}x+\acute{B}\sinh\dot{\gamma}x\\ \dot{I}(x)&=-\frac{1}{\dot{Z}_0}(\acute{B}\cosh\gamma x+\acute{A}\sinh\gamma x)\end{aligned}\right\}\quad\text{(2-26 再掲)}$$

この式において$x=0$を代入すると、

$$\dot{V}(0)=\acute{A}\cosh 0+\acute{B}\sinh 0=⑰\underline{\qquad\qquad}\qquad\therefore\acute{A}=\dot{V}(0)$$

$$\dot{I}(0)=-\frac{1}{\dot{Z}_0}\left(\acute{B}\cosh 0+\acute{A}\sinh 0\right)=⑱\underline{\qquad\qquad}\qquad\therefore\acute{B}=-\dot{Z}_0\dot{I}(0)$$

これらを(2-26)式に代入して整理すると、次式となる。

$$\left.\begin{aligned}\dot{V}(x)&=\dot{V}(0)\cosh\dot{\gamma}x-\dot{Z}_0\dot{I}(0)\sinh\dot{\gamma}x\\ \dot{I}(x)&=\dot{I}(0)\cosh\dot{\gamma}x-\frac{1}{\dot{Z}_0}\dot{V}(0)\sinh\dot{\gamma}x\end{aligned}\right\}\qquad(2\text{-}34)$$

[2] 図2-7に示す特性インピーダンス$\dot{Z}_0$、伝搬定数$\dot{\gamma}$の線路において、位置xにおける電圧$\dot{V}(x)$、電流$\dot{I}(x)$が与えられた場合の、位置$x=0$における電圧$\dot{V}(0)$、電流$\dot{I}(0)$を与える式を、上述の例題[1]で得た(2-34)式を用いて求めよ。

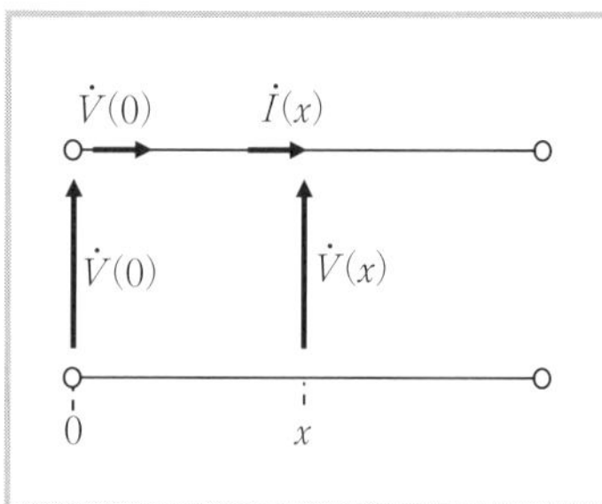

図2-7

（解答）

(2-34)式を行列を用いて表すと、

$$\begin{pmatrix}\dot{V}(x)\\ \dot{I}(x)\end{pmatrix}=\begin{pmatrix}\cosh\dot{\gamma}x & -\dot{Z}_0\sinh\dot{\gamma}x\\ -\frac{1}{\dot{Z}_0}\sinh\dot{\gamma}x & \cosh\dot{\gamma}x\end{pmatrix}\begin{pmatrix}\dot{V}(0)\\ \dot{I}(0)\end{pmatrix}$$

この式を、$\dot{V}(0), \dot{I}(0)$を与える式に変形する。

$$\begin{pmatrix}\dot{V}(0)\\ \dot{I}(0)\end{pmatrix}=\begin{pmatrix}\cosh\dot{\gamma}x & -\dot{Z}_0\sinh\dot{\gamma}x\\ -\dfrac{1}{\dot{Z}_0}\sinh\dot{\gamma}x & \cosh\dot{\gamma}x\end{pmatrix}^{-1}\begin{pmatrix}\dot{V}(x)\\ \dot{I}(x)\end{pmatrix}$$

$$\begin{pmatrix}\dot{V}(0)\\ \dot{I}(0)\end{pmatrix}=\begin{pmatrix}⑲\boxed{\quad\quad\quad\quad}\end{pmatrix}=\begin{pmatrix}\dot{V}(x)\\ \dot{I}(x)\end{pmatrix}$$

(2-35a)

参考：逆行列の計算式

行列$(A)=\begin{pmatrix}a_{11} & a_{12}\\ a_{21} & a_{22}\end{pmatrix}$の逆行列は、

$$(A)^{-1}=\frac{1}{a_{11}a_{22}-a_{12}a_{21}}\begin{pmatrix}a_{22} & -a_{12}\\ -a_{21} & a_{11}\end{pmatrix}$$

したがって、

$$\left.\begin{aligned}\dot{V}(0)&=\dot{V}(x)\cosh\dot{\gamma}x+\dot{Z}_0\dot{I}(x)\sinh\dot{\gamma}x\\ \dot{I}(0)&=\frac{1}{\dot{Z}_0}\dot{V}(x)\sinh\dot{\gamma}x+\dot{I}_x\cosh\dot{\gamma}x\end{aligned}\right\}\quad(2\text{-}35\text{b})$$

＜2.2(1)練習問題＞

[1] 問図 2-1 に示す特性インピーダンス$\dot{Z}_0$、伝搬定数$\dot{\gamma}$の線路において、位置$x=0$における電圧$\dot{V}(0)$、$x=l$における電圧$\dot{V}(l)$が与えられた場合の、位置xにおける電圧$\dot{V}(x)$、電流$\dot{I}(x)$を与える式を、基本式(2-26)式を用いて求めよ。

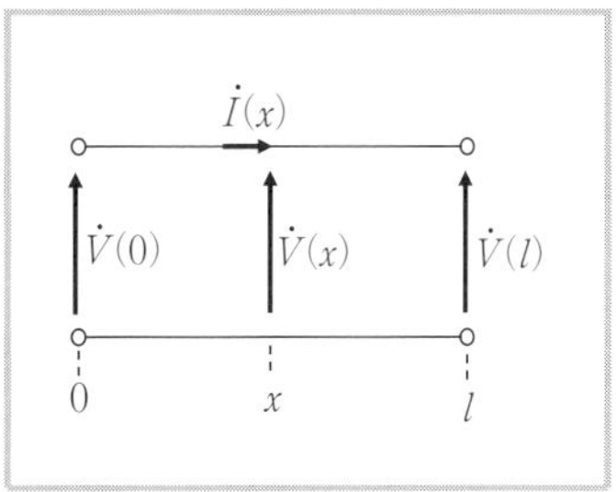

問図 2-1

[2] 図 2-2 に示す特性インピーダンス$\dot{Z}_0$、伝搬定数$\dot{\gamma}$の線路において、位置$x=0$における電流$\dot{I}(0)$、$x=l$における電流$\dot{I}(l)$が与えられた場合の、位置xにおける電圧$\dot{V}(x)$、電流$\dot{I}(x)$を与える式を、基本式(2-26)式を用いて求めよ。

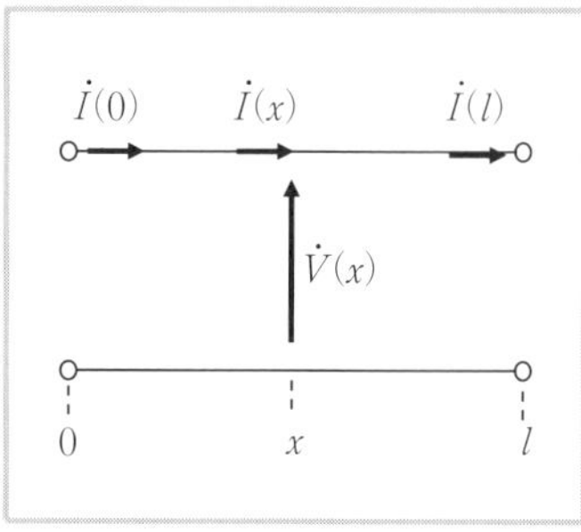

問図 2-2

< 2.2(2)例題>

[1] 線路定数が$R=\dfrac{10\ \Omega}{\text{km}}$, $L=\dfrac{5\ \text{mH}}{\text{km}}$, $C=\dfrac{0.06\ \mu\text{F}}{\text{km}}$, $G=\dfrac{10\ \mu\text{S}}{\text{km}}$で表される分布定数回路がある。このとき、(1) 伝搬定数$\dot{\gamma}$、(2) 減衰定数αおよび位相定数β、(3) 伝搬速度v、および (4) 特性インピーダンス$\dot{Z}_0$をそれぞれ求めよ。なお$\dot{\gamma}$, $\dot{Z}_0$については極座標表示で示せ。ただし、本問における周波数は$f=100$ Hzとする。

(解答)

(1) 単位長さ当たり（本問ではkm単位）の$\dot{Z}$, $\dot{Y}$は(2-14)式より、

$$\dot{Z}=⑳\boxed{\quad}+\mathrm{j}㉑\boxed{\quad}=㉒\boxed{\quad}+\mathrm{j}2\pi\times10^2\times5\times10^{㉓\boxed{\quad}}=10+\mathrm{j}\pi=\sqrt{10^2+\pi^2}\angle\tan^{-1}\frac{\pi}{10}$$

$$=10.48\angle17.44^\circ\ \frac{\Omega}{\text{km}}$$

$\dot{Y}=$㉔□$+j$㉕□$=10^{㉖□}+j2\pi\times10^2\times6\times10^{㉗□}=10^{-5}+j1.2\times10^{㉘□}\pi$

$=\sqrt{(10^{-5})^2+(1.2\times10^{-5}\pi)^2}\angle\tan^{-1}\dfrac{1.2\times10^{-5}\pi}{10^{-5}}=3.90\times10^{-5}\angle75.14°\ \mathrm{S/km}$

(2-21)式より、

$\dot{\gamma}=\sqrt{㉙□}=\sqrt{10.48\angle17.44°\times3.90\times10^{-5}\angle75.14°}=2.02\times10^{-2}\angle46.29°$

(2) $\dot{\gamma}=2.02\times10^{-2}(\cos46.29°+j\sin46.29°)=1.40\times10^{-2}+j1.46\times10^{-2}$

であるから、(2-27)式より、

$\alpha=1.40\times10^{-2}\ \mathrm{/km}=1.40\times10^{-2}\ \mathrm{Neper/km}$

$\beta=1.46\times10^{-2}\ \mathrm{rad/km}$

(3) (2-32)式より、

$v=\dfrac{㉚□}{□}=\dfrac{2\times10^2\pi}{1.46\times10^{-2}}=4.30\times10^4\ \mathrm{km/s}$

(4) (2-24)式より、

$\dot{Z}_0=\sqrt{\dfrac{㉛□}{□}}=\sqrt{\dfrac{10.48\angle17.44°}{3.90\times10^{-5}\angle75.14°}}=518\angle(-28.9°)\ \Omega$

[2] 線路定数が$R=105\ \Omega$/km, $L=0.6$ mH/km, $C=0.05\ \mu$F/km, $G=1\ \mu$S/kmで表される分布定数回路がある。表2-1に指示された角周波数ω[rad/s]における減衰定数α[/km]、位相定数β[rad/km]、伝搬速度v[km/s]を、下記に再掲した(2-28)式、(2-29)式、(2-32)式によりそれぞれ計算して同表の空欄に記入し、その概形を図2-8(a), 同(b), 同(c)にそれぞれ作図せよ。

$$\alpha=\sqrt{\frac{\sqrt{(R^2+\omega^2L^2)(G^2+\omega^2C^2)}-(\omega^2LC-RG)}{2}} \tag{2-28}$$

$$\beta=\sqrt{\frac{\sqrt{(R^2+\omega^2L^2)(G^2+\omega^2C^2)}+(\omega^2LC-RG)}{2}} \tag{2-29}$$

$$v=\frac{\omega}{\beta} \tag{2-32}$$

㉜ **表2-1**

ω[rad/s]	α[/km]	β[rad/km]	v[km/s]
10^0	1.03×10^{-2}	2.56×10^{-4}	3.90×10^3
10^1			
10^2			
10^3			
10^4	1.58×10^{-1}	1.67×10^{-1}	6.00×10^4
10^5			
10^6			
10^7	4.79×10^{-1}	5.48×10^1	1.83×10^5 *1

＊1 周波数が高いときは、$R\ll\omega L$, $G\ll\omega C$が満たされるため、以下に示すように、vの値は、(2-33)式に示す近似式により計算した値となる。

$v=\dfrac{1}{\sqrt{LC}}=\dfrac{1}{\sqrt{6\times10^{-4}\times5\times10^{-8}}}=1.83\times10^5\mathrm{km/s}$

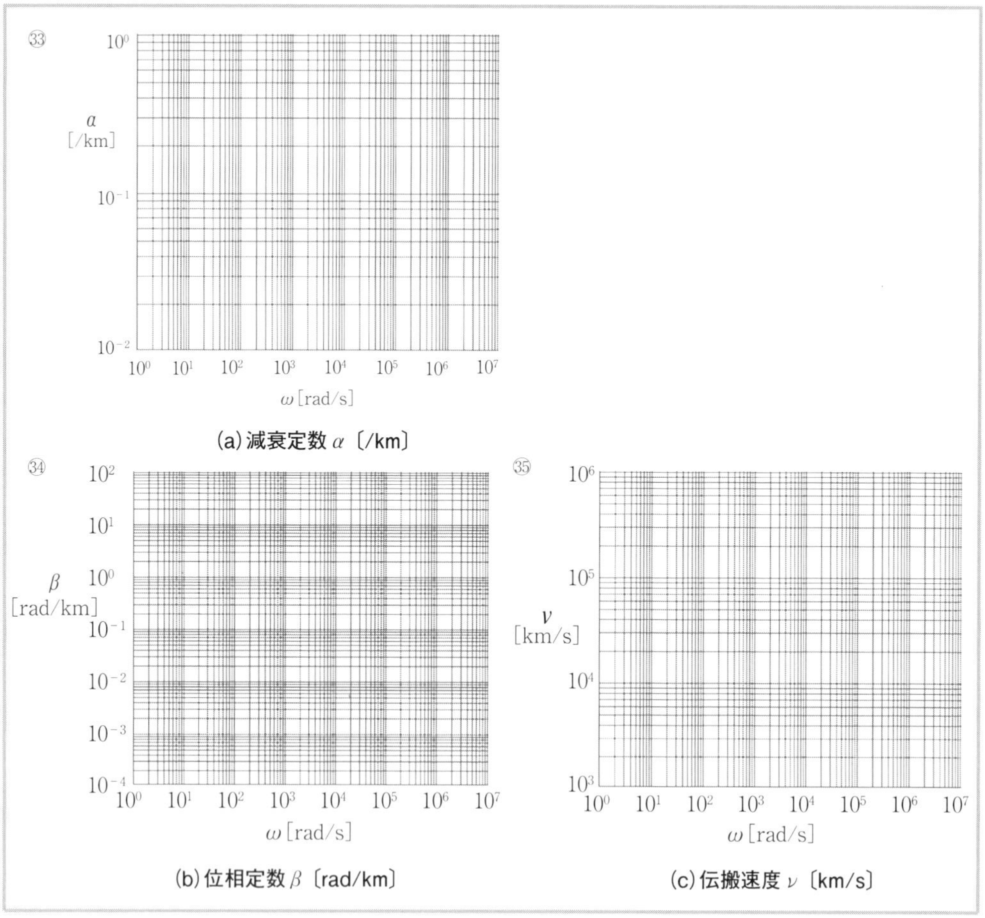

(a) 減衰定数 α〔/km〕

(b) 位相定数 β〔rad/km〕

(c) 伝搬速度 ν〔km/s〕

図 2-8

[3] 分布定数回路上の電圧波が$v=3\times10^{8}$ m/s で伝搬している。電圧波の周波数が$f=100$ Hz であるとき、電圧波の波長λ[m]と位相定数$\beta[\frac{\text{rad}}{\text{m}}]$を求めよ。

（解答）

(2-31)式と、周期$T=\frac{1}{f}$より、$\lambda=vT=$ ㊱ $\frac{\square}{\square}=\frac{3\times10^{8}}{10^{2}}=3\times10^{6}$ m

(2-30)式より、$\beta=$ ㊲ $\frac{\square}{\square}=\frac{2\pi}{3\times10^{6}}=2.1\times10^{-6}$rad/m

＜2.2(2)練習問題＞

[1] 線路定数が$R=1\Omega$/km，$L=2$mH/km，$C=0.01\mu$F/km，$G=1\mu$S/kmで表される分布定数回路がある。角周波数 $\omega=100$rad/s のとき、次の問いに答えよ。

(1) 伝搬定数$\dot{\gamma}$を極座標表示で求めよ。

(2) 減衰定数αを求めよ。

(3) 位相定数βを求めよ。

(4) 波長λを求めよ。

(5) 伝搬速度vを求めよ。

(6) 特性インピーダンス$\dot{Z}_0$を極座標表示で求めよ。

[2] 分布定数回路上の線路定数が$R=0.1\ \Omega/\mathrm{km}$, $L=2\ \mathrm{mH/km}$, $C=0.02\ \mu\mathrm{F/km}$, $G=2\ \mu\mathrm{S/km}$で表される。(1) 角周波数$\omega=100\ \mathrm{rad/s}$のとき、線路の特性インピーダンス$\dot{Z}_0$と伝搬定数$\dot{\gamma}$を極座標表示で求めよ。(2) 周波数が高く、$R\ll\omega L$, $G\ll\omega C$が満たされるときの伝搬速度v[km/s]の値を求めよ。

[3] 分布定数回路において、単位長さ当たりの$\dot{Y}$が$\dot{Y}=10^{-6}+\mathrm{j}10^{-6}\ \mathrm{S/km}$で表される。このとき、線路の特性インピーダンスは$\dot{Z}_0=50\ \Omega$であった。この分布定数回路における単位長さ当たりの抵抗R[Ω/km]とリアクタンスX[Ω/km]を求めよ。

[4] ある分布定数回路において伝搬定数$\dot{\gamma}=1.2\times10^{-3}/\mathrm{m}+\mathrm{j}1.0\times10^{-3}\mathrm{rad/m}$で与えられ、線路の特性インピーダンスは$\dot{Z}_0=300\ \Omega$であることがわかっている。この線路の単位長さ当たりの$\dot{Z}$[Ω/m]を求めよ。

[5] 分布定数回路上の電圧波が$v=3\times10^8\ \mathrm{m/s}$で伝搬している。電圧波の角周波数が$\omega=600\ \mathrm{rad/s}$であるとき、電圧波の波長$\lambda$[m]と位相定数$\beta$[rad/m]を求めよ。

2.3　無限長線路および有限長線路の整合

学習内容　無限長線路および有限長線路の整合を扱う。

目　標　無限長線路および整合した有限長線路のインピーダンスについて理解する。

2.3(1) 無限長線路

・ここでは、送電線路が図 2-9 のような無限長の場合について、線路のインピーダンスを求める。無限長線路の場合、入射波が反射する場所がないため、2.2(1)の(2-25)式の説明で述べた反射波は存在しない。

・したがって、線路の位置 0 からx離れた位置における電圧$\dot{V}_x$、電流$\dot{I}_x$は(2-25)式で反射成分を0とおいて、

$$\dot{V}(x)=Ae^{-\dot{\gamma}x},\quad \dot{I}(x)=\frac{1}{\dot{Z}_0}Ae^{-\dot{\gamma}x}$$

となるから、x点から右を見た回路のインピーダンス$\dot{Z}_x$は、

$$\dot{Z}_x= ^{①}\frac{\square}{\square}= ^{②}\frac{\square}{\square}= ^{③}\square \qquad (2\text{-}36)$$

となる。したがって、無限長線路の任意の点から終端側を見たインピーダンスは特性インピーダンス$\dot{Z}_0$に等しくなる。

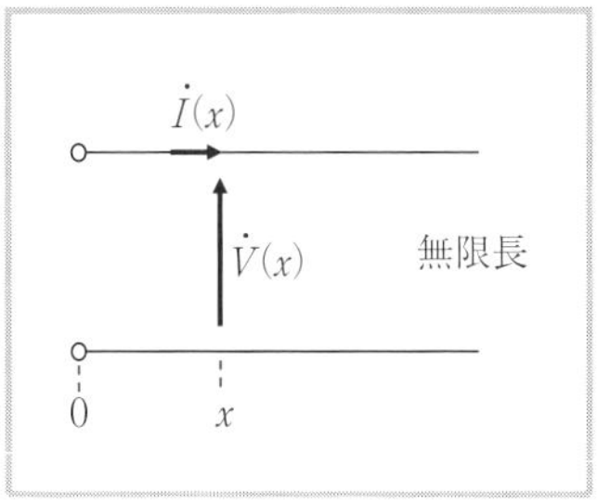

図 2-9

2.3(2) 有限長線路の整合

・図 2-10 のように、特性インピーダンスが$\dot{Z}_0$で、長さlの有限長線路の終端に、特性インピーダンスと同じ値のインピーダンス$\dot{Z}_0$を接続した場合を考える。

・分布定数回路における位置lでの電圧、電流の式は(2-25)式より、

$$\dot{V}(l)=Ae^{-\dot{\gamma}l}+Be^{\dot{\gamma}l} \qquad (2\text{-}37)$$

$$\dot{I}(l)=\frac{1}{\dot{Z}_0}\left(Ae^{-\dot{\gamma}l}-Be^{\dot{\gamma}l}\right) \qquad (2\text{-}38)$$

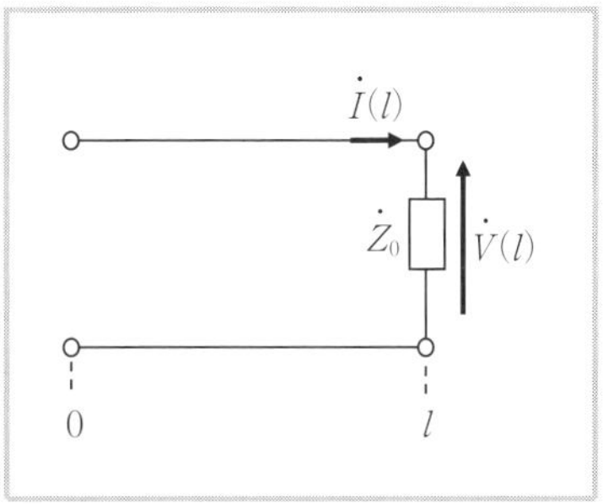

図 2-10

(2-38)式より、

$$\dot{Z}_0\dot{I}(l)=Ae^{-\dot{\gamma}l}-Be^{\dot{\gamma}l} \qquad (2\text{-}39)$$

一方、図 2-10 より、有限長lの終端のインピーダンス（終端インピーダンス）$\dot{Z}_0$の端子電圧$\dot{V}(l)$は④ ＿＿＿＿ ゆえ、

$$\dot{Z}_0\dot{I}(l)=\dot{V}(l) \tag{2-40}$$

であるから、(2-40)式の左辺に(2-39)式を、右辺に(2-37)式をそれぞれ代入すると、

$$Ae^{-\dot{\gamma}l}-Be^{\dot{\gamma}l}=Ae^{-\dot{\gamma}l}+Be^{\dot{\gamma}l}$$

$$\therefore 2Be^{\dot{\gamma}l}=⑤\boxed{} \tag{2-41}$$

が得られる。

・ここで$Be^{\dot{\gamma}l}$は、電圧、電流の⑥＿＿＿＿波を示していたことから、(2-41)式は、図 2-10 においては反射波がないことを示している。つまり、**終端インピーダンスが分布定数回路の特性インピーダンスと一致する場合、反射波は存在しなくなる。**

・図 2-10 のように、有限長線路を特性インピーダンスで終端した場合を、終端において⑦＿＿＿＿しているという。整合した線路は反射波が存在しないので⑧＿＿＿＿線路と等価である。したがって、任意の点から終端側を見たインピーダンスは特性インピーダンス$\dot{Z}_0$に等しくなる。

2.4 無ひずみ線路

学習内容 無ひずみ線路の基礎を学ぶ。

目　標 無ひずみ条件および無ひずみ条件時の特性インピーダンスを理解する。

・分布定数回路の線路上を伝搬する入射波が複数の周波数の重ね合わせであるとき、線路上を伝搬する過程で波形がひずむことがある。波形がひずまないためには、

(1) 減衰定数αが周波数に無関係であることと、

(2) 伝搬速度vが周波数に無関係であること

が必要とされる。しかし、2.2(2)例題[2]の図 2-8(a)および図 2-8(c)に示したように、一般にαもvも周波数に依存するため、波形はひずむことになる。図 2-11 は方形波（複数の周波数の正弦波から合成される）が入射された場合に、線路を伝搬するにつれて波形がひずむイメージを示している。

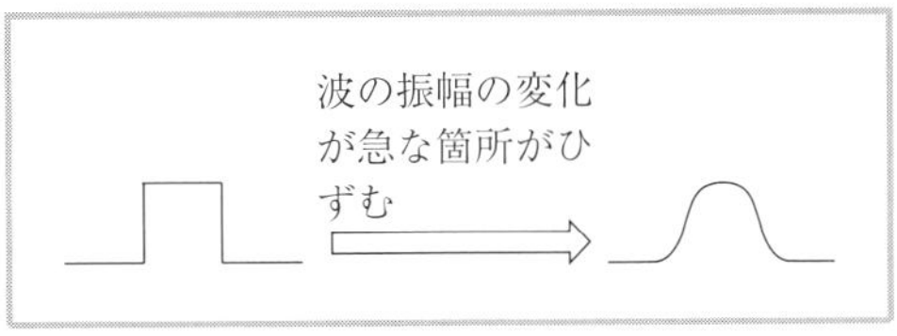

図 2-11

・ここで、波形をひずませることなく伝送するための条件式を導く。P.71 の(2-21)式より、

$$\dot{\gamma}=\sqrt{\dot{Z}\dot{Y}}=\sqrt{(R+\mathrm{j}\omega L)(G+\mathrm{j}\omega C)}=\sqrt{RG}\sqrt{\left(\text{①}\ \boxed{}\right)\left(\text{②}\ \boxed{}\right)} \qquad (2\text{-}42)$$

ここで、線路定数において、

$$RC=GL$$

の関係が成立している場合を考える。この場合、$\dfrac{L}{R}=\dfrac{C}{G}$が成立するので、それらの相乗平均と和を求めると、

$$\frac{L}{R}=\frac{C}{G}=\sqrt{\frac{LC}{RG}} \qquad (2\text{-}43)$$

$$\frac{L}{R}+\frac{C}{G}=\text{③}\ \underline{} \qquad (2\text{-}44)$$

となる。(2-42)式を、(2-43), (2-44)式を用いて変形すると、

$$\dot{\gamma}=\sqrt{RG}\sqrt{\left(1+\frac{\mathrm{j}\omega L}{R}\right)\left(1+\frac{\mathrm{j}\omega C}{G}\right)}=\sqrt{RG}\sqrt{1-\omega^2\frac{LC}{RG}+\mathrm{j}\omega\left(\frac{L}{R}+\frac{C}{G}\right)}$$

$$=\sqrt{RG}\sqrt{1-\omega^2\left(\sqrt{\frac{LC}{RG}}\right)^2+\mathrm{j}2\omega\sqrt{\frac{LC}{RG}}}=\sqrt{RG}\sqrt{\left(1+\mathrm{j}\omega\sqrt{\frac{LC}{RG}}\right)^2}$$

$$=\sqrt{RG}\left(1+\mathrm{j}\omega\sqrt{\frac{LC}{RG}}\right)=\sqrt{RG}+\mathrm{j}\omega\sqrt{LC}\equiv\alpha+\mathrm{j}\beta$$

したがって、このときの減衰定数α、位相定数βはそれぞれ、

$$\alpha=\text{④}\ \underline{} \qquad (2\text{-}45)$$

$$\beta=\text{⑤}\ \underline{} \qquad (2\text{-}46)$$

となる。また、伝搬速度と位相定数にはP.74(2-32)式の関係があるから、

$$v=\frac{\omega}{\beta}=⑥\underline{\qquad\qquad} \tag{2-47}$$

となる。(2-45)式および(2-47)式には周波数成分が含まれていない。すなわち、減衰定数と伝搬速度はいずれも周波数に無関係であることがわかる。したがって、上述した$RC=GL$という条件が成立している場合は、波形のひずみは生じない。この条件を⑦____________という。無ひずみ条件をあらためて(2-48)式として示す。

$$RC=GL \tag{2-48}$$

・無ひずみ条件が成立しているときの特性インピーダンスは、P.71(2-24)式に、(2-48)式を変形した$\frac{L}{R}=\frac{C}{G}$の関係を代入することで、以下のように求められる。

↙LとCを用いて表すと

$$\dot{Z}_0=⑧\sqrt{\frac{\boxed{\quad}}{\boxed{\quad}}}=\sqrt{\frac{R}{G}\left(\frac{1+\frac{\mathrm{j}\omega L}{R}}{1+\frac{\mathrm{j}\omega C}{G}}\right)}=\sqrt{\frac{R}{G}}=⑨\sqrt{\frac{\boxed{\quad}}{\boxed{\quad}}}\ [\Omega] \tag{2-49}$$

(2-49)式より、無ひずみ線路における特性インピーダンス$\dot{Z}_0$は周波数に無関係で、⑩__________成分のみとなる。

＜2.4 例題＞

分布定数回路において$RC=GL$（無ひずみ条件）が成立している。$R=0.05\ \Omega/\mathrm{m}$、特性インピーダンスが$\dot{Z}_0=200\ \Omega$であるときの$G$[S/m]を求めよ。

（解答）

(2-49)式より、$\dot{Z}_0=\sqrt{\frac{R}{G}}$ であるから、$G=\frac{R}{\dot{Z}_0^2}=\frac{0.05}{200^2}=1.25\times10^{-6}\ \mathrm{S/m}$

＜2.4 練習問題＞

[1] 分布定数回路において$RC=GL$（無ひずみ条件）が成立している。このとき、$L=2.43\ \mathrm{mH/km}$、特性インピーダンス$\dot{Z}_0=626\ \Omega$であるときのC[μF/km]求めよ。

[2] 分布定数回路において$RC=GL$（無ひずみ条件）が成立している。$G=10^{-6}\ \mathrm{S/m}$、特性インピーダンスが$\dot{Z}_0=300\ \Omega$であるときの線路の減衰定数α[/m]を求めよ。

2.5　無損失線路

学習内容　有限長の無損失線路について扱う。

目　標　無損失線路の線路定数および基本式を理解し、簡単な計算が行える。

・分布定数回路において、$R=G=$①□となる場合、その線路を②＿＿＿＿という。

・無損失線路における伝搬定数は、P.71(2-21)式から

$$\dot{\gamma}=\sqrt{\mathrm{j}\omega L\times \mathrm{j}\omega C}=\mathrm{j}\omega\sqrt{LC} \qquad (2\text{-}50)$$

となる。したがって、減衰定数αと位相定数βは、

$$\left.\begin{aligned}\alpha&=③\square\\ \beta&=④\_\_\_\_\end{aligned}\right\} \qquad (2\text{-}51)$$

となる。伝搬速度は(2-32)式から

$$v=\frac{\omega}{\beta}=⑤\_\_\_\_ \qquad (2\text{-}52)$$

となる。このように減衰定数αと伝搬速度vは周波数に無関係であるから、無損失線路は⑥＿＿＿＿線路である。さらに特性インピーダンスも(2-24)式より、無ひずみ線路と同じ

$$\dot{Z}_0=⑦\sqrt{\frac{\square}{\square}} \qquad (2\text{-}53)$$

となり、実数成分のみとなる。

・図2-12は特性インピーダンス$\dot{Z}_0$、位相定数β、線路長lの無損失線路である。いま、この線路の終端に接続されたインピーダンスを$\dot{Z}_L$、位置xから終端を見たインピーダンスを$\dot{Z}_x$とする。この節では、$\dot{Z}_L$が与えられたときの$\dot{Z}_x$、あるいはその逆の$\dot{Z}_x$が既知であるときの$\dot{Z}_L$を求めるときなどに必要な$\dot{V}(x), \dot{I}(x)$と$\dot{V}(l), \dot{I}(l)$の関係を表す基本式を導出する。

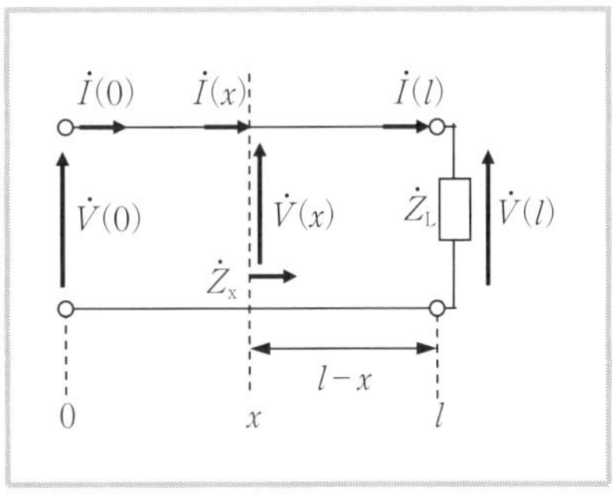

図 2-12

・(2-35a)式を再掲する。

$$\begin{pmatrix}\dot{V}(0)\\ \dot{I}(0)\end{pmatrix}=\begin{pmatrix}\cosh\dot{\gamma}x & \dot{Z}_0\sinh\dot{\gamma}x\\ \dfrac{1}{\dot{Z}_0}\sinh\dot{\gamma}x & \cosh\dot{\gamma}x\end{pmatrix}\begin{pmatrix}\dot{V}(x)\\ \dot{I}(x)\end{pmatrix} \qquad (2\text{-}35a\ 再掲)$$

この式において、$\dot{\gamma}=\mathrm{j}\beta$, およびP.73に示した双曲線関数の公式により$\cosh\ \dot{\gamma}x=\cosh(\mathrm{j}\beta x)=\cos\ \beta x$, $\sinh\ \dot{\gamma}x=\sinh(\mathrm{j}\beta x)=\mathrm{j}\sin\ \beta x$と置き換えると、位置0と位置$x$における関係式は、

$$\begin{pmatrix}\dot{V}(0)\\ \dot{I}(0)\end{pmatrix}=\begin{pmatrix}\cos\ \beta x & \mathrm{j}\dot{Z}_0\sin\ \beta x\\ \mathrm{j}\dfrac{1}{\dot{Z}_0}\sin\ \beta x & \cos\ \beta x\end{pmatrix}\begin{pmatrix}\dot{V}(x)\\ \dot{I}(x)\end{pmatrix}$$

となる。次に位置0と位置lにおける関係式は、

$$\begin{pmatrix}\dot{V}(0)\\ \dot{I}(0)\end{pmatrix}=\begin{pmatrix}\cos\beta l & \mathrm{j}\dot{Z}_0\sin\beta l\\ \mathrm{j}\dfrac{1}{\dot{Z}_0}\sin\beta l & \cos\beta l\end{pmatrix}\begin{pmatrix}\dot{V}(l)\\ \dot{I}(l)\end{pmatrix}$$

となる。両式を等しいとおいて、

$$\begin{pmatrix}\cos\beta x & \mathrm{j}\dot{Z}_0\sin\beta x\\ \mathrm{j}\dfrac{1}{\dot{Z}_0}\sin\beta x & \cos\beta x\end{pmatrix}\begin{pmatrix}\dot{V}(x)\\ \dot{I}(x)\end{pmatrix}=\begin{pmatrix}\cos\beta l & \mathrm{j}\dot{Z}_0\sin\beta l\\ \mathrm{j}\dfrac{1}{\dot{Z}_0}\sin\beta l & \cos\beta l\end{pmatrix}\begin{pmatrix}\dot{V}(l)\\ \dot{I}(l)\end{pmatrix}$$

左から逆行列をかけると

$$\begin{pmatrix}\dot{V}(x)\\ \dot{I}(x)\end{pmatrix}=\begin{pmatrix}\cos\beta x & \mathrm{j}\dot{Z}_0\sin\beta x\\ \mathrm{j}\dfrac{1}{\dot{Z}_0}\sin\beta x & \cos\beta x\end{pmatrix}^{-1}\begin{pmatrix}\cos\beta l & \mathrm{j}\dot{Z}_0\sin\beta l\\ \mathrm{j}\dfrac{1}{\dot{Z}_0}\sin\beta l & \cos\beta l\end{pmatrix}\begin{pmatrix}\dot{V}(l)\\ \dot{I}(l)\end{pmatrix}$$

$$=\begin{pmatrix}\cos\beta x & -\mathrm{j}\dot{Z}_0\sin\beta x\\ -\mathrm{j}\dfrac{1}{\dot{Z}_0}\sin\beta x & \cos\beta x\end{pmatrix}\begin{pmatrix}\cos\beta l & \mathrm{j}\dot{Z}_0\sin\beta l\\ \mathrm{j}\dfrac{1}{\dot{Z}_0}\sin\beta l & \cos\beta l\end{pmatrix}\begin{pmatrix}\dot{V}(l)\\ \dot{I}(l)\end{pmatrix}$$

$$=\begin{pmatrix}\cos\beta l\cos\beta x+\sin\beta l\sin\beta x & \mathrm{j}\dot{Z}_0(\sin\beta l\cos\beta x-\cos\beta l\sin\beta x)\\ \mathrm{j}\dfrac{1}{\dot{Z}_0}(\sin\beta l\cos\beta x-\cos\beta l\sin\beta x) & \cos\beta l\cos\beta x+\sin\beta l\sin\beta x\end{pmatrix}\begin{pmatrix}\dot{V}(l)\\ \dot{I}(l)\end{pmatrix}$$

$$=\begin{pmatrix}\cos(\beta l-\beta x) & \mathrm{j}\dot{Z}_0\sin(\beta l-\beta x)\\ \mathrm{j}\dfrac{1}{\dot{Z}_0}\sin(\beta l-\beta x) & \cos(\beta l-\beta x)\end{pmatrix}\begin{pmatrix}\dot{V}(l)\\ \dot{I}(l)\end{pmatrix}$$

$$\therefore\begin{pmatrix}\dot{V}(x)\\ \dot{I}(x)\end{pmatrix}=\begin{pmatrix}\cos\beta(l-x) & \mathrm{j}\dot{Z}_0\sin\beta(l-x)\\ \mathrm{j}\dfrac{1}{\dot{Z}_0}\sin\beta(l-x) & \cos\beta(l-x)\end{pmatrix}\begin{pmatrix}\dot{V}(l)\\ \dot{I}(l)\end{pmatrix}\qquad(2\text{–}54\mathrm{a})$$

したがって、

$$\left.\begin{aligned}\dot{V}(x)&=\dot{V}(l)\cos\beta(l-x)+\mathrm{j}\dot{Z}_0\dot{I}(l)\sin\beta(l-x)\\ \dot{I}(x)&=\dot{I}(l)\cos\beta(l-x)+\mathrm{j}\frac{1}{\dot{Z}_0}\dot{V}(l)\sin\beta(l-x)\end{aligned}\right\}\qquad(2\text{–}54\mathrm{b})$$

・また、図2–12において、入力の電圧、電流が$\begin{pmatrix}\dot{V}(x)\\ \dot{I}(x)\end{pmatrix}$、出力の電圧、電流が$\begin{pmatrix}\dot{V}(l)\\ \dot{I}(l)\end{pmatrix}$であると考えると、(2–54a)式は、

$$\left.\begin{array}{l}\begin{pmatrix}\dot{V}(x)\\ \dot{I}(x)\end{pmatrix}=(F)\begin{pmatrix}\dot{V}(l)\\ \dot{I}(l)\end{pmatrix}\quad \text{ただし、}\\ (F)=\begin{pmatrix}\cos\beta(l-x) & \mathrm{j}\dot{Z}_0\sin\beta(l-x)\\ \mathrm{j}\dfrac{1}{\dot{Z}_0}\sin\beta(l-x) & \cos\beta(l-x)\end{pmatrix}\end{array}\right\}\qquad(2\text{-}54\mathrm{c})$$

と表すことができる。ここで、(F)は無損失線路部のF行列である。

・(2-54a)～(2-54c)式が$\dot{V}(x)$, $\dot{I}(x)$と$\dot{V}(l)$, $\dot{I}(l)$の関係を表す無損失線路の基本式である。

＜2.5 例題＞

[1] 無損失線路の線路定数が$L=4$ mH/km, $C=0.1$ μF/kmである。この線路における伝搬速度v[km/s]および特性インピーダンス$\dot{Z}_0$[Ω]を求めよ。

（解答）

(2-52)式より、$v=$⑧$\boxed{}=\dfrac{1}{\sqrt{4\times10^{-3}\times0.1\times10^{-6}}}=\dfrac{1}{2\times10^{-5}}=5\times10^{4}\,\dfrac{\mathrm{km}}{\mathrm{s}}$

(2-53)式より、$\dot{Z}_0=$⑨$\sqrt{\dfrac{\boxed{}}{\boxed{}}}=\sqrt{\dfrac{4\times10^{-3}}{0.1\times10^{-6}}}=2\times10^{2}\,\Omega$

[2] 図2-13のように特性インピーダンス$\dot{Z}_0$、線路長lの無損失線路の**終端が開放**されている。このとき位置xから終端を見たインピーダンス$\dot{Z}_x$を(2-54b)式を用いて求めよ。

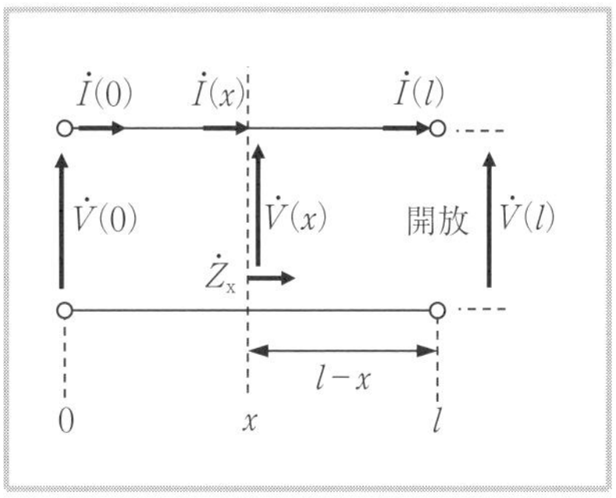

図2-13

（解答）

・終端開放ゆえ$\dot{I}(l)=$⑩$\boxed{}$である。これを(2-54b)式に代入して、

$$\left.\begin{array}{l}\dot{V}(x)=\dot{V}(l)\cos\beta(l-x)\\ \dot{I}(x)=\mathrm{j}\dfrac{1}{\dot{Z}_0}\dot{V}(l)\sin\beta(l-x)\end{array}\right\}\qquad(2\text{-}55)$$

したがって、

$$\dot{Z}_x=\text{⑪}\frac{\boxed{}}{\boxed{}}=\frac{\dot{V}(l)\cos\beta(l-x)}{\mathrm{j}\dfrac{1}{\dot{Z}_0}\dot{V}(l)\sin\beta(l-x)}=-\mathrm{j}\dot{Z}_0\cot\beta(l-x)$$

無損失線路では、$\dot{Z}_0$が実数であるから、$\dot{Z}_x$は⑫ ＿＿＿＿＿＿になる。

注意：$\dot{Z}_x$は特性インピーダンス$\dot{Z}_0$の線路上の位置xから見たインピーダンスであるが、上式のように$\dot{Z}_0$とは異なる値である。この違いは、$\dot{Z}_x$が入射波と反射波が合成された波について考えたインピーダンスであるのに対し、$\dot{Z}_0$は線路上に入射波のみ、あるいは反射波のみが存在する場合のインピーダンスであるためである。

・(2-55)の$\dot{V}(x)$の式において、$x=0$とおくと、以下のような終端を開放したときの送端電圧と受端電圧の関係式が得られる。

$$\dot{V}(0)=\dot{V}(l)\cos\beta l$$

$$\therefore \dot{V}(l)=⑬\ \text{＿＿＿＿＿＿} \qquad (2\text{-}56)$$

(2-56)式は、終端を開放すると受端電圧が送端電圧よりも⑭小さく、大きくなることを示している。

[3] 特性インピーダンス$\dot{Z}_0=50\ \Omega$の無損失線路が、インピーダンス$\dot{Z}_L$で終端されている。終端部から半波長$\left(\dfrac{\lambda}{2}\right)$離れた点から、終端部を見たインピーダンス$\dot{Z}$は、$\dot{Z}=20+\mathrm{j}20\ \Omega$ であった。このときの$\dot{Z}_L$を(2-54b)式を用いて求めよ。なお、無損失線路の位相定数は$\beta\left[\dfrac{\text{rad}}{\text{m}}\right]$とする。

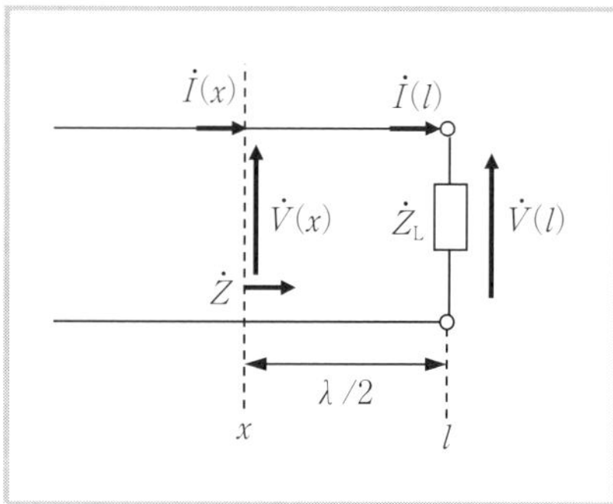

図 2-14

（解答）

題意より、(2-54b)式において、$l-x=$⑮$\dfrac{\square}{\square}$となる。この関係と、P.74(2-30)式の$\beta=\dfrac{2\pi}{\lambda}$の関係から、

$$\beta(l-x)=\beta\frac{\lambda}{2}=\frac{2\pi}{\lambda}\times\frac{\lambda}{2}=⑯\ \square$$

$$\dot{V}(x)=\dot{V}(l)\cos\pi+\mathrm{j}\dot{Z}_0\dot{I}(l)\sin\pi=⑰\ \text{＿＿＿＿}$$

$$\dot{I}(x)=\mathrm{j}\frac{\dot{V}(l)}{\dot{Z}_0}\sin\pi+\dot{I}(l)\cos\pi=⑱\ \text{＿＿＿＿}$$

よって、

$$\dot{Z}=20+\mathrm{j}20=⑲\ \frac{\square}{\square}=\frac{-\dot{V}(l)}{-\dot{I}(l)}=⑳\ \square$$

$\therefore \dot{Z}_L = 20 + j20\ \Omega$

[4] 特性インピーダンス$\dot{Z}_0$を有する無損失線路の終端が図 2-15 に示すようにインピーダンス$\dot{Z}_L = 300\ \Omega$で終端されている。終端部から$\dfrac{1}{4}$波長離れた点から、終端部を見たインピーダンス$\dot{Z}$は、$\dot{Z} = 50\ \Omega$であった。このとき$\dot{Z}_0$を(2-54b)式を用いて求めよ。なお、無損失線路の位相定数はβ[rad/m]とする。

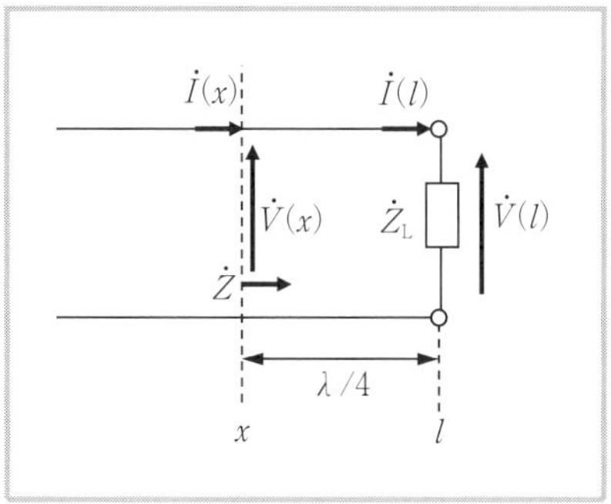

図 2-15

（解答）

題意より、(2-54b)式において、$l - x =$ ㉑ ＿＿＿＿ となる。

$$\beta(l-x) = \beta\frac{\lambda}{4} = \frac{2\pi}{\lambda} \times \frac{\lambda}{4} = \text{㉒ ＿＿＿＿}$$

したがって、(2-54b)は

$$\dot{V}(x) = \dot{V}(l)\cos\frac{\pi}{2} + j\dot{Z}_0\dot{I}(l)\sin\frac{\pi}{2} = \text{㉓ ＿＿＿＿}$$

$$\dot{I}(x) = j\frac{\dot{V}(l)}{\dot{Z}_0}\sin\frac{\pi}{2} + \dot{I}(l)\cos\frac{\pi}{2} = \text{㉔ ＿＿＿＿}$$

よって、

$$\dot{Z} = \text{㉕} \frac{\boxed{}}{\boxed{}} = \dot{Z}_0{}^2\frac{\dot{I}(l)}{\dot{V}(l)} = \text{㉖} \frac{\boxed{}}{\boxed{}} = 50$$

$$\dot{Z}_0{}^2 = 50\dot{Z}_L = 50 \times 300 = 15000$$

$$\dot{Z}_0 = 122.5\ \Omega$$

＜2.5 練習問題＞

[1] 線路定数が$L = 5$ mH/km, C[μF/km]である無損失線路における特性インピーダンスが$\dot{Z}_0 = 100\ \Omega$であるとき、Cおよび伝搬速度v[km/s]を求めよ。

[2] 問図 2-3 のように特性インピーダンス$\dot{Z}_0$、線路長lの無損失線路の**終端が短絡**されている。このとき位置xから終端を見たインピーダンス$\dot{Z}_x$を(2-54b)を用いて求めよ。また、この$\dot{Z}_x$は純リアクタンスになるか否かを答えよ。

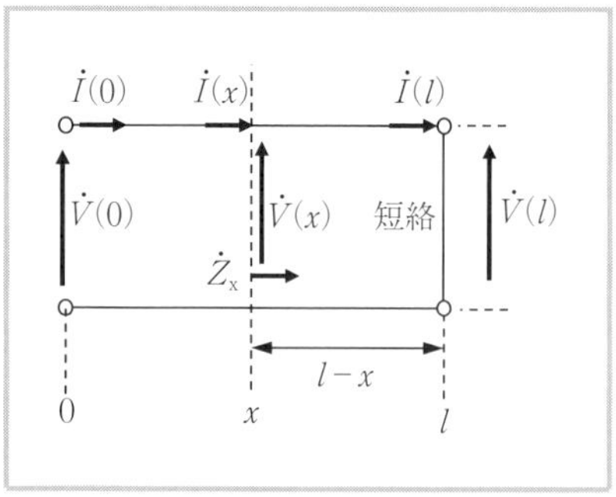

問図 2-3

[3] 無損失である有限長分布定数回路がある。この線路の特性インピーダンスが$\dot{Z}_0=50\ \Omega$、線路長が$\frac{1}{4}$波長である。この線路の終端に$\dot{Z}_L=100\ \Omega$の抵抗を接続した。送端から終端を見たインピーダンス$\dot{Z}_{IN}$を(2-54b)式を用いて求めよ。

[4] 問図 2-4 に示すように、無損失である有限長分布定数回路がある。この線路の特性インピーダンスは$\dot{Z}_0=100\ \Omega$、線路長は100 mである。この線路の終端に$\dot{Z}_L=25+j25\ \Omega$のインピーダンスを接続した場合、送端から終端を見たインピーダンス$\dot{Z}_{IN}$を求めよ。ただし、送端の電源周波数は$f=6$ MHzであり、この線路での伝搬速度は$v=3\times10^8$ m/s（= 光速）とする。

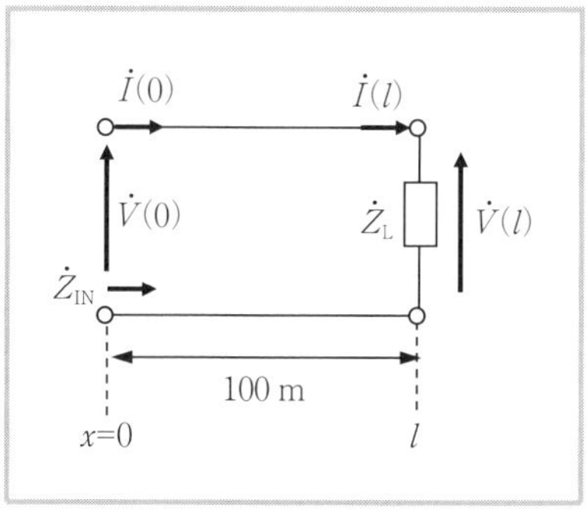

問図 2-4

[5] 問題[3]の送端の電源は、問題[4]の電源と同一であるとする。この二つの線路の送端を並列に接続したとき、送端から終端を見たインピーダンス$\dot{Z}$を求めよ。

[6] 周波数$f=60$ Hzの電圧波が長距離送電線路を伝搬するとき、送電線の送電端の電圧よりも受電端の電圧が0.005 %高くなる場合の送電線の長さl[m]を求めよ。ただし、送電線は無損失線路として受電端は開放されている。電圧波の速度は$v=3\times10^8$ m/s(＝光速)とする。

[7] 問図 2-5 のように、特性インピーダンス$\dot{Z}_0$、位相定数βが同一で、長さが$\dfrac{\lambda}{2}$の無損失線路1と長さが$\dfrac{\lambda}{4}$の無損失線路2の間に抵抗Rが接続されている。終端3−3′間にはインピーダンス$\dot{Z}_L$が接続されている。0−0′から右を見たインピーダンス$\dot{Z}$を求めよ

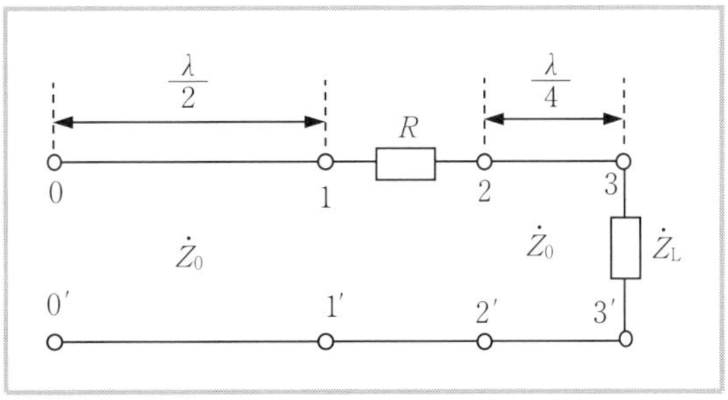

問図 2-5

2.6 反射と透過（無損失線路）

学習内容 無損失線路の反射と透過について扱う。

目　標 無損失線路における反射と透過の基礎的概念および反射係数を理解する。

・特性インピーダンス$\dot{Z}_{0a}$と$\dot{Z}_{0b}$の無損失線路が図2-16のように1−1′で接続されている。特性インピーダンスが異なるので、反射波が発生する。ここで、1−1′へ進行してくる入射波の1−1′付近における電圧、電流を$\dot{V}_1$, $\dot{I}_1$と表す。1−1′で生じる反射波の1−1′付近における電圧、電流を$\dot{V}_1'$, $\dot{I}_1'$と表す。1−1′を通過していく波を①＿＿＿＿といい、1−1′付近における透過波の電圧、電流を$\dot{V}_2$, $\dot{I}_2$と表す。

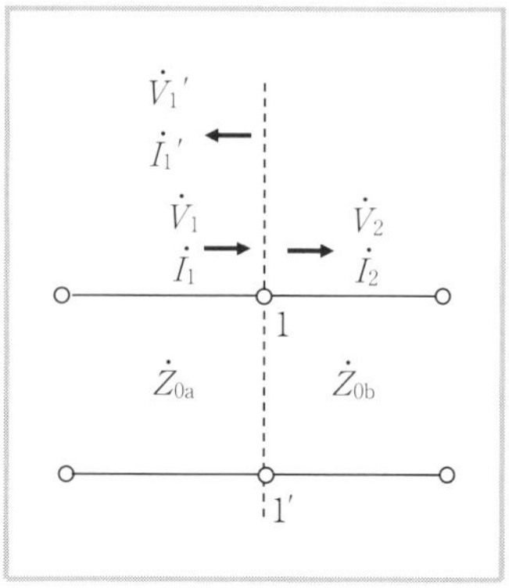

図 2-16

・1−1′付近では、電流の代数和が0になるから、

$$\dot{I}_1-\dot{I}_1'=\dot{I}_2 \tag{2-57}$$

さらに1−1′付近では、左右の電圧は等しくなければならないから、

$$\dot{V}_1+\dot{V}_1'=\dot{V}_2 \tag{2-58}$$

また、入射波、反射波および透過波それぞれの電圧と電流の比は、その線路の特性インピダンスであるから次式が成り立つ。

$$\dot{Z}_{0b}=\frac{\dot{V}_2}{\dot{I}_2} \tag{2-59}$$

$$\dot{Z}_{0a}=\frac{\dot{V}_1}{\dot{I}_1}=\frac{\dot{V}_1'}{\dot{I}_1'} \tag{2-60}$$

ここで、電圧の入射波$\dot{V}_1$と反射波V_1'の比を求めるため(2-58)式を(2-59), (2-60)式を用いて以下のように変形する。

$$\dot{V}_1'=\dot{V}_2-\dot{V}_1=\dot{Z}_{0b}\dot{I}_2-\dot{V}_1=\dot{Z}_{0b}(\dot{I}_1-\dot{I}_1')-\dot{V}_1=\dot{Z}_{0b}\left(\frac{\dot{V}_1}{\dot{Z}_{0a}}-\frac{\dot{V}_1'}{\dot{Z}_{0a}}\right)-\dot{V}_1$$

$$\therefore \dot{V}_1'+\frac{\dot{Z}_{0b}\dot{V}_1'}{\dot{Z}_{0a}}=\frac{\dot{Z}_{0b}\dot{V}_1}{\dot{Z}_{0a}}-\dot{V}_1$$

$$\therefore \frac{\dot{Z}_{0a}+\dot{Z}_{0b}}{\dot{Z}_{0a}}\dot{V}_1'=\frac{\dot{Z}_{0b}-\dot{Z}_{0a}}{\dot{Z}_{0a}}\dot{V}_1$$

$$\dot{V}_1'=\text{②}\frac{\boxed{}}{\boxed{}}\dot{V}_1 \tag{2-61}$$

・同様にして、電流の入射波$\dot{I}_1$と反射波$\dot{I}_1'$の比を求めるため(2-57)式を、(2-59), (2-60)式を用いて以下のように変形する。

$$\dot{I}_1{}'=\dot{I}_1-\dot{I}_2=\dot{I}_1-\frac{\dot{V}_2}{\dot{Z}_{0b}}=\dot{I}_1-\frac{\dot{V}_1+\dot{V}_1{}'}{\dot{Z}_{0b}}=\dot{I}_1-\frac{\dot{Z}_{0a}\dot{I}_1}{\dot{Z}_{0b}}-\frac{\dot{Z}_{0a}\dot{I}_1{}'}{\dot{Z}_{0b}}$$

$$\therefore \dot{I}_1{}'+\frac{\dot{Z}_{0a}\dot{I}_1{}'}{\dot{Z}_{0b}}=\dot{I}_1-\frac{\dot{Z}_{0a}\dot{I}_1}{\dot{Z}_{0b}}$$

$$\therefore \frac{\dot{Z}_{0a}+\dot{Z}_{0b}}{\dot{Z}_{0b}}\dot{I}_1{}'=\frac{\dot{Z}_{0b}-\dot{Z}_{0a}}{\dot{Z}_{0b}}\dot{I}_1$$

$$\therefore \dot{I}_1{}'=\frac{\dot{Z}_{0b}-\dot{Z}_{0a}}{\dot{Z}_{0a}+\dot{Z}_{0b}}\dot{I}_1 \qquad (2\text{-}62)$$

ここで、

$$\dot{K}\equiv\frac{\dot{Z}_{0b}-\dot{Z}_{0a}}{\dot{Z}_{0a}+\dot{Z}_{0b}} \qquad (2\text{-}63)$$

と定義すると、(2-61), (2-62)式は

$$\left.\begin{array}{l}\dot{V}_1{}'=\text{③}\underline{\qquad}\,\dot{V}_1\\ \dot{I}_1{}'=\text{④}\underline{\qquad}\,\dot{I}_1\end{array}\right\} \qquad (2\text{-}64)$$

と表される。$\dot{K}$は⑤＿＿＿＿と呼ばれ、$\dot{K}$が1あるいは−1の場合を⑥＿＿＿＿という。

反射係数$\dot{K}$は線路の特性を表す重要な定数の一つである。

・透過波については、

$$\left.\begin{array}{l}\dot{V}_2=\dot{V}_1+\dot{V}_1{}'=\text{⑦}\underline{\qquad\qquad}\,\dot{V}_1\\ \dot{I}_2=\dot{I}_1-\dot{I}_1{}'=\dot{I}_1-\dot{K}\dot{I}_1=\text{⑧}\underline{\qquad\qquad}\,\dot{I}_1\end{array}\right\} \qquad (2\text{-}65)$$

となる。

・以下で、特性インピーダンス$\dot{Z}_0$の無損失線路の終端を短絡、および開放した場合の終端部での反射係数、および電圧、電流について検討する。

[1] 終端短絡の場合

・図 2-17 の終端短絡の場合の反射係数$\dot{K}$を求める。(2-63)式において、$\dot{Z}_{0a}=\dot{Z}_0$, $\dot{Z}_{0b}=0$とおくと

$$\dot{K}=\text{⑨}\frac{\boxed{\qquad}}{\boxed{\qquad}}=\frac{0-\dot{Z}_0}{\dot{Z}_0+0}=\text{⑩}\boxed{\quad}\ (\text{完全反射})$$

となる。

・次に、終端部の電圧と電流を求める。

$\dot{K}=-1$を(2-64)式に代入すると、反射波の電圧は

$$\dot{V}_1{}'=\text{⑪}\underline{\qquad\qquad}=-\dot{V}_1$$

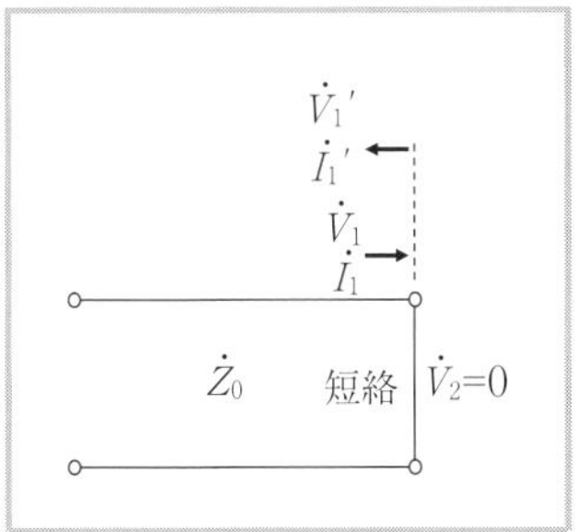

図 2-17

$\dot{I}_1{}' =$ ⑫＿＿＿＿＿＿ $= -\dot{I}_1$

となる。したがって、終端の電圧$\dot{V}_2$、電流、$\dot{I}_2$はそれぞれ(2-58)，(2-57)式より、

$$\left.\begin{aligned}\dot{V}_2 &= \dot{V}_1 + \dot{V}_1{}' = \text{⑬}\square \\ \dot{I}_2 &= \dot{I}_1 - \dot{I}_1{}' = \text{⑭}\_\_\_\_\end{aligned}\right\} \qquad (2\text{-}66)$$

となる。

・このことから、終端が短絡されていると、入射電圧は図 2-18(a)に示すように上下反転して（＝位相が180°ずれて）反射するため、終端において⑮□になり、電流は図 2-18(b)に示すように非反転（＝同相）で反射するために終端において⑯□倍になることがわかる。

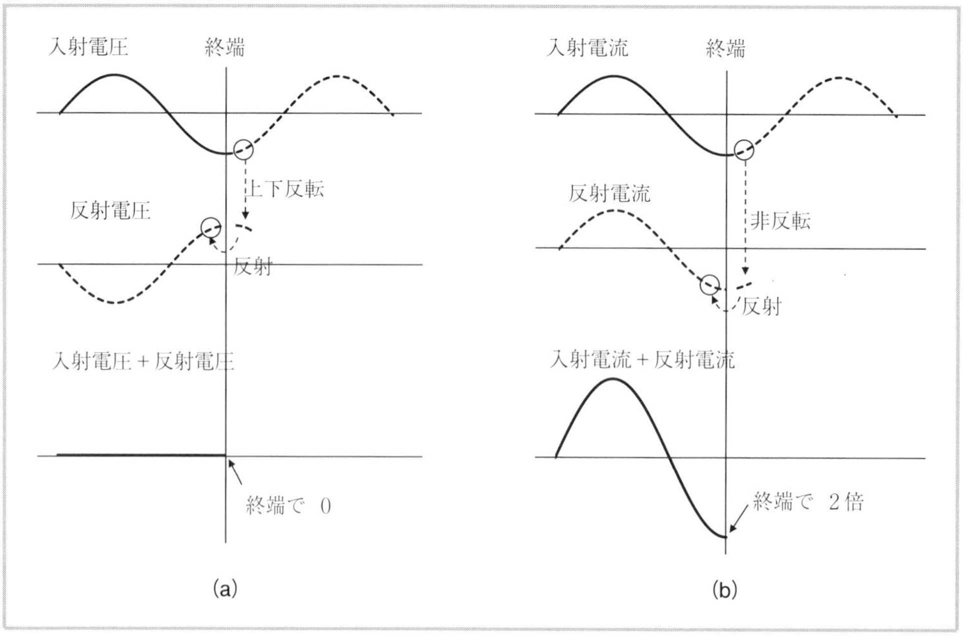

図 2-18

[2] 終端開放の場合

・図 2-19 の終端開放の場合の反射係数$\dot{K}$を求める。(2-63)式において、$\dot{Z}_{0a} = \dot{Z}_0$，$\dot{Z}_{0b} = \infty$とおくと

$$\dot{K} = \frac{\dot{Z}_{0b} - \dot{Z}_{0a}}{\dot{Z}_{0a} + \dot{Z}_{0b}} = \frac{1 - \dfrac{\dot{Z}_0}{\dot{Z}_{0b}}}{\dfrac{\dot{Z}_0}{\dot{Z}_{0b}} + 1} = \text{⑰}\square \text{（完全反射）}$$

となる。

・次に、終端部の電圧と電流を求める。

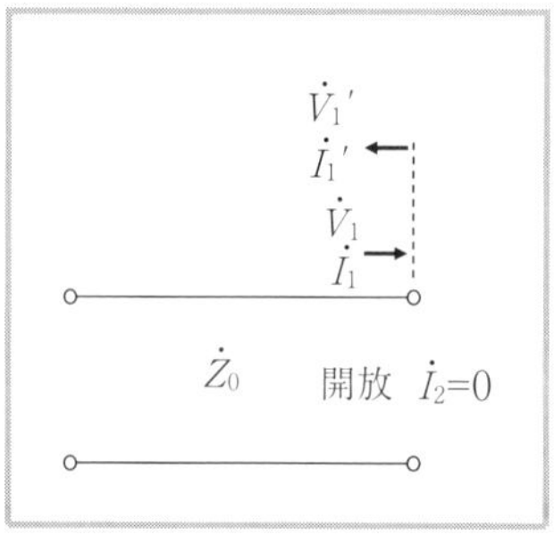

図 2-19

$\dot{K}=1$を(2-64)式に代入すると、反射波の電圧は

$$\dot{V}_1{}'=\dot{K}\dot{V}_1=\dot{V}_1$$

$$\dot{I}_1{}'=\dot{K}\dot{I}_1=\dot{I}_1$$

となる。したがって、終端の電圧$\dot{V}_2$、電流、$\dot{I}_2$はそれぞれ(2-58), (2-57)式より、

$$\left.\begin{aligned}\dot{V}_2&=\dot{V}_1+\dot{V}_1{}'=⑱\_\_\_\_\_\_\\ \dot{I}_2&=\dot{I}_1-\dot{I}_1{}'=⑲\boxed{\quad}\end{aligned}\right\}\qquad(2\text{-}67)$$

となる。

・このことから、終端が開放されていると、終端の電圧は非反転（＝同相）で反射するために終端において⑳□倍になり、電流は上下反転して（＝位相が180°ずれて）反射するために終端において㉑□になることがわかる。

＜2.6 例題＞

[1] 図2-20のように特性インピーダンス$\dot{Z}_{01}=50\ \Omega$の無損失線路1と特性インピーダンス$\dot{Z}_{02}=150\ \Omega$の無損失線路2がa−a′で接続されている。左側から$\dot{V}_1=100$ Vの電圧がa点に入射するときの、

(1) 反射係数$\dot{K}$を求めよ。

(2) 反射電圧$\dot{V}_1{}'$、反射電流$\dot{I}_1{}'$、線路2側への透過電圧$\dot{V}_2$、透過電流$\dot{I}_2$をそれぞれ求めよ。

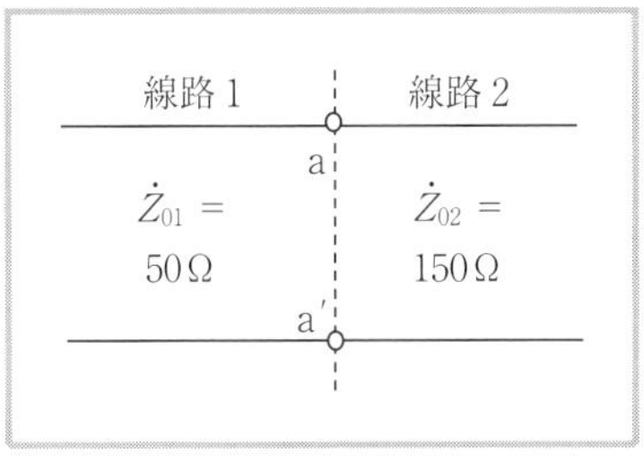

図2-20

（解答）

(1) (2-63)式より

$$\dot{K}=㉒\frac{\boxed{\quad}}{\boxed{\quad}}=\frac{150-50}{50+150}=㉓\_\_\_\_\_\_$$

(2) (2-60)式より$\dot{Z}_{01}=㉔\dfrac{\boxed{\quad}}{\boxed{\quad}}$であるから、入射電流$\dot{I}_1$は

$$\dot{I}_1=\frac{\dot{V}_1}{\dot{Z}_{01}}=\frac{100}{50}=2\ \text{A},$$

(2-64)式より

$$\dot{V}_1{}'=㉕\_\_\_\_\_\_=\frac{1}{2}\times100=50\ \text{V}$$

$$\dot{I}_1{}'=㉖\_\_\_\_\_\_=\frac{1}{2}\times2=1\ \text{A}$$

(2-65)式より

$$\dot{V}_2=㉗\underline{\qquad\qquad}=\left(1+\frac{1}{2}\right)\times 100=150\ \mathrm{V}$$

$$\dot{I}_2=㉘\underline{\qquad\qquad}=\left(1-\frac{1}{2}\right)\times 2=1\ \mathrm{A}$$

[2] 図 2-21 のように、特性インピーダンス $\dot{Z}_{01}=100\ \Omega$の無損失線路1と$\dot{Z}_{02}$の無損失線路2の間に抵抗$R=40\ \Omega$が接続されている。左側から$\dot{I}_1=2\ \mathrm{A}$の電流がａ点に入射するとき、ａ点における透過電圧は$\dot{V}_a=300\ \mathrm{V}$であった。以下の値を求めよ。

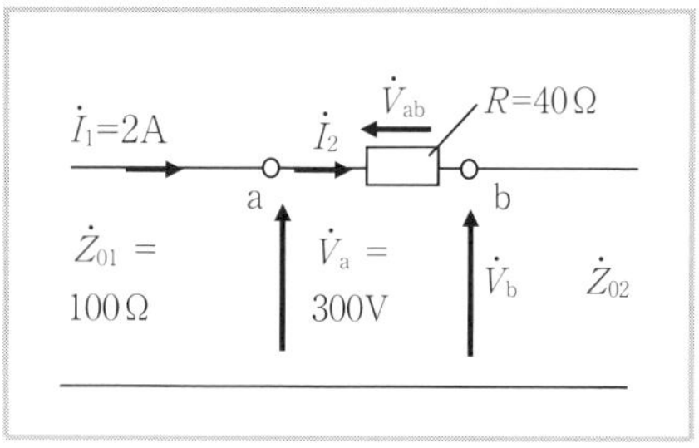

図 2-21

(1) 入射電圧$\dot{V}_1$　(2) ａ点における反射係数$\dot{K}$

(3) ａ点における透過電流$\dot{I}_2$　(4) ｂ点における電圧$\dot{V}_b$

(5) $\dot{Z}_{02}$の値

（解答）

(1) (2-60)式 $\dot{Z}_{01}=$ ㉙ $\frac{\boxed{}}{\boxed{}}$ より、$\dot{V}_1=\dot{Z}_{01}\times\dot{I}_1=100\times 2=200\ \mathrm{V}$

(2) (2-65)式より、$\dot{V}_a=$㉚________ より、$\dot{K}=\frac{\dot{V}_a}{\dot{V}_1}-1=\frac{300}{200}-1=\frac{1}{2}$

(3) (2-65)式より、$\dot{I}_2=$㉛________ $=\left(1-\frac{1}{2}\right)\times 2=1\ \mathrm{A}$

(4) 抵抗に加わる電圧は$\dot{V}_{ab}=R\dot{I}_2=40\times 1=40\ \mathrm{V}$.　$\dot{V}_b=$㉜________ $=300-40=260\ \mathrm{V}$

(5) $\dot{Z}_{02}=$ ㉝ $\frac{\boxed{}}{\boxed{}}=\frac{260}{1}=260\ \Omega$

あるいは、図 2-22 に示すように、反射係数$\dot{K}$はａ点において$\dot{Z}_{01}$と$R+\dot{Z}_{02}$が接続されたと考えればよいので、

$$\dot{K}=㉞\frac{\boxed{}}{\boxed{}}\qquad \therefore\frac{1}{2}=\frac{40+\dot{Z}_{02}-100}{100+40+\dot{Z}_{02}}$$

$$\therefore\dot{Z}_{02}=260\ \Omega$$

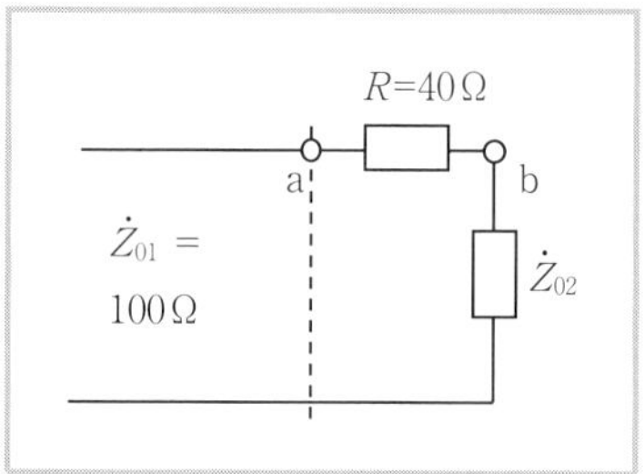

図 2-22

[3] 図 2-23 のように、特性インピーダンス$\dot{Z}_{01}$＝160 Ωの無損失線路1と負荷$\dot{Z}_{\mathrm{L}}$＝10 Ωの間に、長さ$\dfrac{\lambda}{4}$、特性インピーダンス$\dot{Z}_{02}$の無損失線路2を入れて、境界1－1における反射係数を0にしたい。$\dot{Z}_{02}$を求めよ。

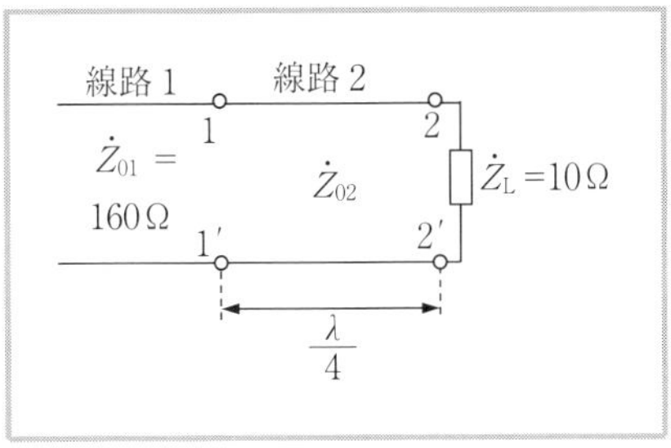

図 2-23

（解答）

境界1－1′から負荷$\dot{Z}_{\mathrm{L}}$を見たインピーダンス$\dot{Z}_{\mathrm{x}}$を考える。P.88(2-54b)式における位置xを境界1－1′に、位置lを境界2－2′にとると、同式の $l-x$= ㉟ ＿＿＿＿

ゆえ、$\beta(l-x)=\dfrac{2\pi}{\lambda}\times\dfrac{\lambda}{4}$= ㊱ ＿＿＿＿　したがって、(2-54b)式を用いて$\dot{Z}_{\mathrm{x}}$は、

$$\dot{Z}_{\mathrm{x}}=\text{㊲}\ \boxed{}=\frac{\dot{V}(2)\cos\dfrac{\pi}{2}+\mathrm{j}\dot{Z}_{02}\dot{I}(2)\sin\dfrac{\pi}{2}}{\dot{I}(2)\cos\dfrac{\pi}{2}+\mathrm{j}\dfrac{1}{\dot{Z}_{02}}\dot{V}(2)\sin\dfrac{\pi}{2}}=\frac{\mathrm{j}\dot{Z}_{02}\dot{I}(2)}{\mathrm{j}\dfrac{1}{\dot{Z}_{02}}\dot{V}(2)}=\dot{Z}_{02}{}^{2}\frac{\dot{I}(2)}{\dot{V}(2)}$$

ここで、$\dfrac{\dot{V}(2)}{\dot{I}(2)}$= ㊳ ＿＿＿＿ ゆえ、

$\dot{Z}_{\mathrm{x}}$= ㊴ ＿＿＿＿

境界1－1′における反射係数が0であるためには、㊵ ＿＿＿＿ は線路1の特性インピーダンス$\dot{Z}_{01}$に等しくなければならない。したがって、

$$\dot{Z}_{02}{}^{2}\frac{1}{\dot{Z}_{\mathrm{L}}}=\dot{Z}_{01}$$

$$\therefore \dot{Z}_{02}=\sqrt{\dot{Z}_{01}\times\dot{Z}_{\mathrm{L}}}=\sqrt{160\times10}=40\ \Omega$$

＜2.6 練習問題＞

[1] 問図 2-6 に示すように、特性インピーダンス$\dot{Z}_0$の無損失線路の終端に特性インピーダンスと同じインピーダンス$\dot{Z}_0$を接続した場合の終端部での反射係数$\dot{K}$、および入射電圧$\dot{V}_1$、入射電流$\dot{I}_1$とするときの反射電圧$\dot{V}_1{}'$、反射電流$\dot{I}_1{}'$、透過電圧$\dot{V}_2$、透過電流$\dot{I}_2$を求めよ。

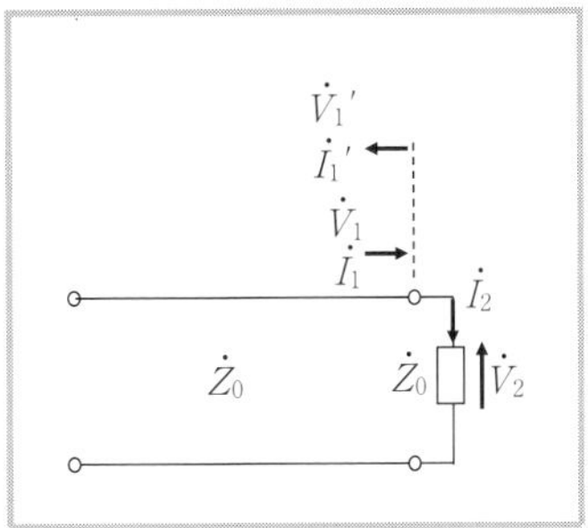

問図 2-6

[2] 特性インピーダンス50 Ωと100 Ωの無損失線路 1，2 が縦続接続されている。線路 1 側から電圧、電流が入射するときの接続部における反射係数$\dot{K}$を求めよ。

[3] 特性インピーダンス$\dot{Z}_{0a}=30\ \Omega$と$\dot{Z}_{0b}=90\ \Omega$の無損失線路が縦続接続されている。特性インピーダンス30 Ω側から$\dot{V}_1=60\ \mathrm{V}$の入射波が接続部へ進入するとき、特性インピーダンス90 Ω側への透過電圧$\dot{V}_2$、透過電流$\dot{I}_2$を求めよ。

[4] 問図 2-7 のように特性インピーダンス$\dot{Z}_{01}=40\ \Omega$の無損失線路 1 と特性インピーダンス$\dot{Z}_{02}$の無損失線路 2 の接続点a－a′間に300 Ωの抵抗をつないだ。左側から入射波が侵入したときのa－a′における反射係数$\dot{K}$は$\dfrac{2}{3}$であった。$\dot{Z}_{02}$を求めよ。

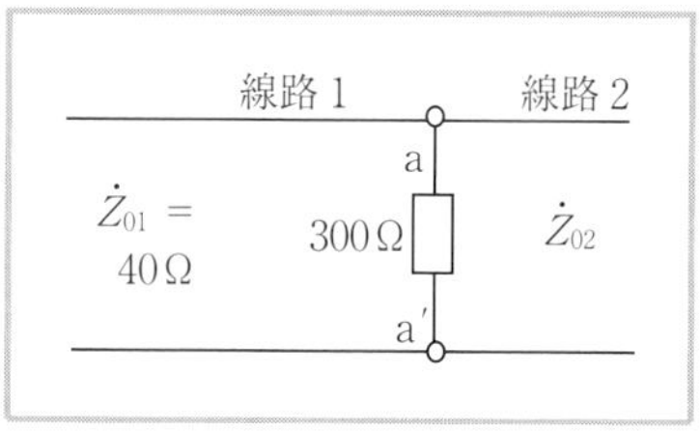

問図 2-7

[5] 問図 2-8 のように、特性インピーダンス $\dot{Z}_{01}=100\ \Omega$の無損失線路1と特性インピーダンス$\dot{Z}_{02}=200\ \Omega$の無損失線路 2 が縦続接続されている。線路 2 の終端3−3′に負荷$\dot{Z}_L=R+\mathrm{j}X$[Ω]が接続されている。このとき、線路 1 と線路 2 の境界2−2′では反射が生じないことがわかった。RとXの値を求めよ。ただし、特性インピーダンス200 Ωの線路長は$\dfrac{\lambda}{12}$[km]である。

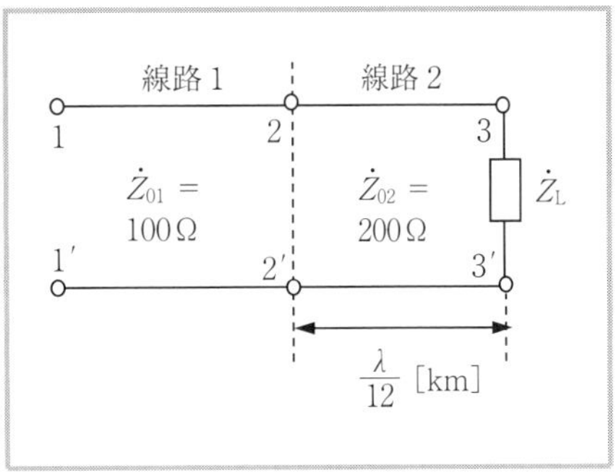

問図 2-8

[6] 線路長 300 kmの無損失の分布定数回路がある。電圧波の伝搬速度が $v=300$ m/µsである。受電端を$\dot{Z}_{\mathrm{L}}=0\ \Omega$で終端した。なお分布定数回路の特性インピーダンスは$\dot{Z}_0=500\ \Omega$である。送電端に$t=0$ sからE[V]の一定電圧を加えた。この時、送電端から 150 kmの位置における電圧波形の$t=0$ sから$t=2500$ µsについての時間変化をグラフにせよ。なお、送電端での電圧反射係数は−1とする。

2.7 定在波

学習内容 入射波と反射波の合成によって定在波が生じることを学ぶ。

目　標 定在波の概形および定在波比と反射係数の関係について理解する。

2.7(1) 定在波の発生

・線路上で反射がある場合には、入射波と反射波が合成された波（以下、合成波という）が生じる。この合成波は見かけ上移動しない波となるため① ＿＿＿＿ と呼ぶ。

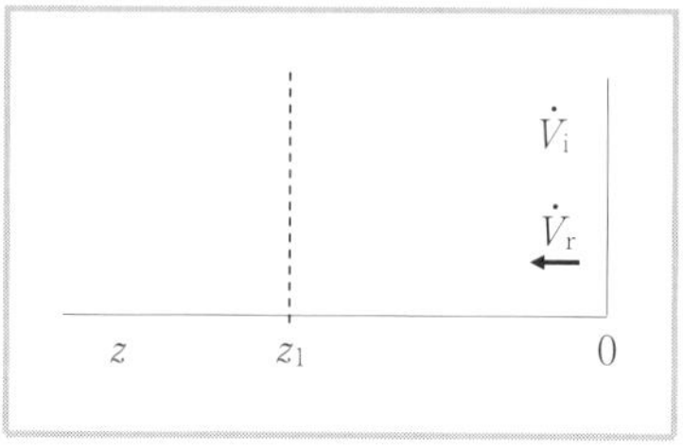

図 2-24

・定在波の振幅を与える式を導出する。図 2-24 のように、入射波が反射する境界を$z=0$とし、左方向にzの正方向をとる。境界点での入射波電圧が$\dot{V}_{\rm i}$、反射波電圧が$\dot{V}_{\rm r}$であるとき、合成波（＝入射波＋反射波）の電圧$\dot{V}_{\rm z}$を考える。

・無損失線路は波の減衰は起きないが、仮に減衰する場合を考えると、入射波は減衰しながら右向きに進んで境界$z=0$へ入射するので、入射波の大きさは$z=0$よりも左側にある$z=z_1$での値に比べ、$z=0$の値の方が小さくなる。逆に、反射波は減衰しながら左方向に進むので、反射電圧の大きさは$z=0$の値に比べ、$z=z_1$の値の方が小さくなる。そこで、$\dot{V}_{\rm z}$を表す式をP.72(2-25)式を利用して示すと、

$$\dot{V}_{\rm z}=\dot{V}_{\rm i}{\rm e}^{\dot{\gamma}z}+\dot{V}_{\rm r}{\rm e}^{-\dot{\gamma}z} \qquad (2\text{-}68)$$

となる。$\dot{\gamma}$は線路の伝搬定数である。

・線路は無損失を考えるので、$\dot{\gamma}$を$\mathrm{j}\beta$と置き換えると次式となる。

$$\dot{V}_{z}=\dot{V}_{\rm i}{\rm e}^{{\rm j}\beta z}+\dot{V}_{\rm r}{\rm e}^{-{\rm j}\beta z}$$

$$=\dot{V}_{\rm i}{\rm e}^{{\rm j}\beta z}\left(1+ \text{②}\frac{\square}{\square}{\rm e}^{-{\rm j}2\beta z}\right)$$

・(2-64)式より、反射係数$\dot{K}$は入射電圧$\dot{V}_{\rm i}$と反射電圧$\dot{V}_{\rm r}$の比であったことと、$\dot{K}$は複素数なので、その位相角をθとすると$\dot{K}=\left|\dot{K}\right|\angle\theta=\left|\dot{K}\right|{\rm e}^{{\rm j}\theta}$と表されるから、$\dot{V}_{\rm z}$は

$$\dot{V}_{\rm z}=\dot{V}_{\rm i}{\rm e}^{{\rm j}\beta z}\left(1+\dot{K}{\rm e}^{-{\rm j}2\beta z}\right)=\dot{V}_{\rm i}{\rm e}^{{\rm j}\beta z}\left(1+\left|\dot{K}\right|{\rm e}^{{\rm j}\theta}\,{\rm e}^{-{\rm j}2\beta z}\right)=\dot{V}_{\rm i}{\rm e}^{{\rm j}\beta z}\left(1+\left|\dot{K}\right|{\rm e}^{{\rm j}(\theta-2\beta z)}\right) \qquad (2\text{-}69)$$

となる。

・$\dot{V}_{\rm z}$の振幅$\left|\dot{V}_{\rm z}\right|$を(2-69)式を用いて求める。$\left|{\rm e}^{{\rm j}\beta z}\right|=1$であるから、

$$\left|\dot{V}_{\rm z}\right|=\left|\dot{V}_{\rm i}\right|\left|{\rm e}^{{\rm j}\beta z}\right|\left|1+\left|\dot{K}\right|{\rm e}^{{\rm j}(\theta-2\beta z)}\right|=\left|\dot{V}_{\rm i}\right|\left|1+\left|\dot{K}\right|\cos(\theta-2\beta z)+{\rm j}\left|\dot{K}\right|\sin(\theta-2\beta z)\right|$$

$$=\left|\dot{V}_{\rm i}\right|\sqrt{\left\{1+\left|\dot{K}\right|\cos(\theta-2\beta z)\right\}^2+\left\{\left|\dot{K}\right|\sin(\theta-2\beta z)\right\}^2}$$

$$=\left|\dot{V}_{\rm i}\right|\sqrt{1+2\left|\dot{K}\right|\cos(\theta-2\beta z)+\left|\dot{K}\right|^2\cos^2(\theta-2\beta z)+\left|\dot{K}\right|^2\sin^2(\theta-2\beta z)}$$

$$=\left|\dot{V}_i\right|\sqrt{1+③\boxed{\quad}+2\left|\dot{K}\right|\cos(\theta-2\beta z)} \tag{2-70}$$

この式に$\beta=$④$\dfrac{\boxed{\quad}}{\boxed{\quad}}$を代入して、

$$\left|\dot{V}_z\right|=\left|\dot{V}_i\right|\sqrt{1+\left|\dot{K}\right|^2+2\left|\dot{K}\right|\cos\left(\theta-4\pi\frac{z}{\lambda}\right)} \tag{2-71}$$

となる。(2-70)あるいは(2-71)式が定在波の振幅$\left|\dot{V}_z\right|$を表す式である。

・図 2-25 の破線、一点鎖線および二点鎖線は、線路が$z=0$の位置で短絡された場合の合成波$\dot{V}_z$を、時間をt_1からt_6まで変えながら重ね書きしたものである。定在波の振幅$\left|\dot{V}_z\right|$は、この重ね書きされた複数の正弦波の各zごとにおける最大値を結んだもの（図の黒丸●で結んだ線）を指している。

・図 2-25 おいて、振幅が0の点を波節、最大の点を波腹という。図から波節から次の波節（あるいは波腹から次の波腹）の距離は$\dfrac{\lambda}{2}$となる。

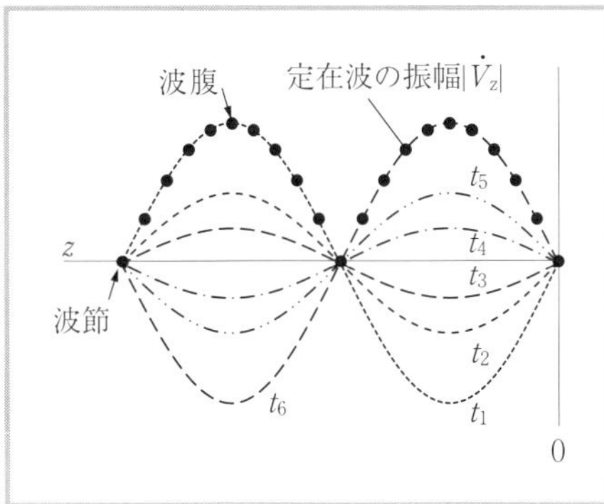

図 2-25

第2章

2.7(2) 定在波比

・(2-71)式において、$\cos\left(\theta-4\pi\dfrac{z}{\lambda}\right)$の最大値は1、最小値は$-1$であるから、$\left|\dot{V}_z\right|$の最大値$\left|\dot{V}_z\right|_{max}$, 最小値$\left|\dot{V}_z\right|_{min}$は、

$$\left.\begin{aligned}\left|\dot{V}_z\right|_{max}&=\left|\dot{V}_i\right|\sqrt{1+\left|\dot{K}\right|^2+2\left|\dot{K}\right|}=\left|\dot{V}_i\right|\left(1+\left|\dot{K}\right|\right)\\ \left|\dot{V}_z\right|_{min}&=\left|\dot{V}_i\right|\sqrt{1+\left|\dot{K}\right|^2-2\left|\dot{K}\right|}=\left|\dot{V}_i\right|\left(1-\left|\dot{K}\right|\right)\end{aligned}\right\} \tag{2-72}$$

となる。ここで、$\left|\dot{V}_z\right|_{max}$と$\left|\dot{V}_z\right|_{min}$の比を

$$S=\frac{\left|\dot{V}_z\right|_{max}}{\left|\dot{V}_z\right|_{min}}=\frac{1+\left|\dot{K}\right|}{1-\left|\dot{K}\right|} \tag{2-73}$$

と表し、このSを⑤＿＿＿＿＿(voltage standing wave ratio, VSWR)という。

・この式から、線路上で電圧定在波比Sを測定すれば、次式で反射係数の大きさ$\left|\dot{K}\right|$が求められる。

$$\left|\dot{K}\right|=\frac{S-1}{S+1} \tag{2-74}$$

＜2.7 例題＞

[1] 特性インピーダンス$\dot{Z}_0=50\ \Omega$の線路を負荷$\dot{Z}_L$で終端したところ、反射係数$\dot{K}=\frac{3}{5}$であった。定在波比Sおよび$\dot{Z}_L$を求めよ

（解答）

(2-73)式より、

$$S=^{⑥}\boxed{}=\frac{1+\frac{3}{5}}{1-\frac{3}{5}}=\frac{\frac{8}{5}}{\frac{2}{5}}=4$$

P.95(2-63)式より

$$\dot{K}=^{⑦}\boxed{}$$

式変形して、

$$\dot{Z}_L=^{⑧}\boxed{}\dot{Z}_0=\frac{1+\frac{3}{5}}{1-\frac{3}{5}}\times 50=4\times 50=200\ \Omega$$

[2] (2-71)式に示す定在波の振幅$\left|\dot{V}_z\right|$を表す式は、

$$\left|\dot{V}_z\right|=\left|\dot{V}_i\right|\sqrt{1+\left|\dot{K}\right|^2+2\left|\dot{K}\right|\cos\left(\theta-4\pi\frac{z}{\lambda}\right)} \qquad \text{(2-71 再掲)}$$

となる。この式において、$\left|\dot{V}_i\right|=1$, $\dot{K}=0.5$, $\theta=\frac{\pi}{4}$[rad]であるとする。

(1) $z=0$に最も近い$\left|\dot{V}_z\right|_{max}$となる距離$\frac{z_1}{\lambda}$、および$\left|\dot{V}_z\right|_{min}$となる距離$\frac{z_2}{\lambda}$を求めよ。

(2) $\left|\dot{V}_z\right|_{max}$と$\left|\dot{V}_z\right|_{min}$の値を求めよ。

(3) 定在波比Sを求めよ。

(4) $\frac{z}{\lambda}$が表 2-2 の値であるときの$\left|\dot{V}_z\right|$を(2-71)式により計算して同表の空欄に記入し、(1), (2)の結果も用いて、$\left|\dot{V}_z\right|$の概形を図 2-26 に作図せよ。

⑯ **表 2-2**

z/λ	$\lvert \dot{V}_z \rvert$	z/λ	$\lvert \dot{V}_z \rvert$
0		0.45	
0.05	1.496	0.50	1.399
0.10		0.55	
0.15		0.60	
0.20	1.046	0.65	1.305
0.25		0.70	
0.30		0.75	
0.35	0.599	0.80	0.512
0.40			

⑰
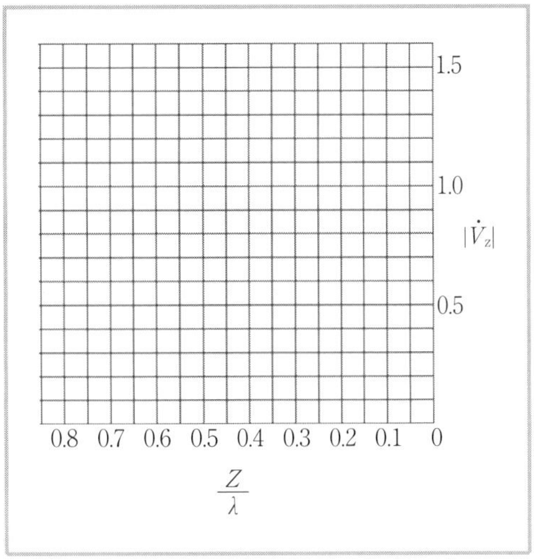

図 2-26

（解答）

(1) $z=0$に最も近い$\left|\dot{V}_z\right|_{max}$となる距離は、(2-71)式において、$\theta-4\pi\frac{z}{\lambda}=$⑨［　　］のときであるから、$\theta-4\pi\frac{z_1}{\lambda}=0$

$$\therefore \frac{z_1}{\lambda}=\frac{1}{4\pi}\theta=\frac{1}{4\pi}\times\frac{\pi}{4}=\frac{1}{16}=0.0625$$

$z=0$に最も近い$\left|\dot{V}_z\right|_{min}$となる距離は、(2-71)式において、$\theta-4\pi\frac{z}{\lambda}=$⑩［　　］のときであるから、$\theta-4\pi\frac{z_2}{\lambda}=\pm\pi$

$$\therefore \frac{z_2}{\lambda}=\frac{1}{4\pi}(\theta\mp\pi)=\frac{1}{4\pi}\times\left(\frac{\pi}{4}\mp\pi\right)$$

$\frac{z_2}{\lambda}>0$であるためには、$\mp\pi$の符号は⑪ 正、負 ゆえ、

$$\frac{z_2}{\lambda}=\frac{1}{4\pi}\times\frac{5\pi}{4}=\frac{5}{16}=0.313$$

(2) (2-72)式より、

$\left|\dot{V}_z\right|_{max}=$⑫＿＿＿＿＿$=1\times1.5=1.5$

$\left|\dot{V}_z\right|_{min}=$⑬＿＿＿＿＿$=1\times0.5=0.5$

(3) (2-73)式より、

$S=$⑭$\frac{[\quad]}{[\quad]}=\frac{1.5}{0.5}=3$　または、$S=$⑮$\frac{[\quad]}{[\quad]}=\frac{1+\frac{1}{2}}{1-\frac{1}{2}}=3$

(4) $\frac{z_1}{\lambda}=0.0625$において$\left|\dot{V}_z\right|_{max}=1.5$, $\frac{z_2}{\lambda}=0.313$において$\left|\dot{V}_z\right|_{min}=0.5$、および表2-2から、$\left|\dot{V}_z\right|$の概形は解答図2-5になる。

＜2.7 練習問題＞

[1] 特性インピーダンス$\dot{Z}_0=50\ \Omega$の線路をインピーダンス$\dot{Z}_L=20+j50\ \Omega$の負荷で終端した。このときの定在波比Sを求めよ。

[2] 無損失線路の境界点$\frac{z}{\lambda}=0$に入射波$\left|\dot{V}_i\right|=1$が侵入したときの定在波の振幅$\left|\dot{V}_z\right|$が問図2-8であった。このときの(1)定在波比S、(2)反射係数$\left|\dot{K}\right|$、および(3)反射係数の位相θ[rad]を求めよ。ただし、$-\pi\leqq\theta\leqq\pi$とする。

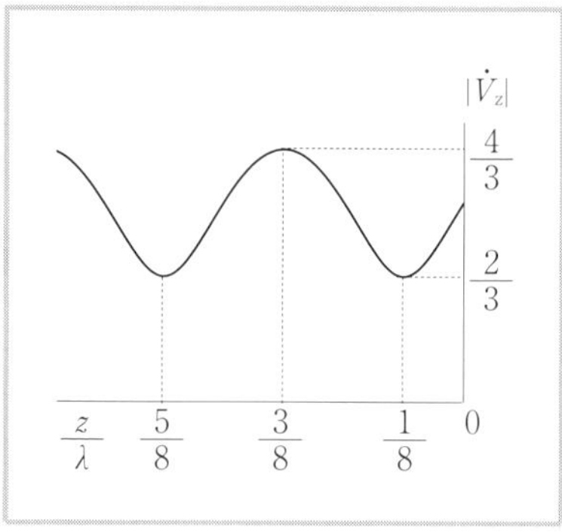

問図2-8

解　答

第２章　分布定数回路

2.1 長距離伝送線路と分布定数回路

① 3×10^{8}　② $\dfrac{2}{3}\times10^{-3}$　③ $\dfrac{2}{3}\times10^{-2}$

④ $\dfrac{1}{60}$　⑤ 4　⑥ 40　⑦ 2　⑧ 分布定数

⑨ $R\Delta x$　⑩ $L\Delta x$　⑪ $G\Delta x$　⑫ $C\Delta x$

2.2 正弦波交流における分布定数回路

① 小さく、~~大きく~~　② 入射波

③ ~~小さく~~、大きく　④ 反射波　⑤ 伝搬

⑥ 減衰　⑦ 位相　⑧ $\dfrac{2\pi}{\beta}$　⑨ 伝搬

⑩ 位相　⑪ $\dfrac{\omega}{\beta}$　⑫ $\dfrac{1}{\sqrt{LC}}$　⑬ $\sqrt{\dfrac{\dot{Z}}{\dot{Y}}}$

⑭ $\sqrt{\dfrac{R+\mathrm{j}\omega L}{G+\mathrm{j}\omega C}}$　⑮ 特性インピーダンス

⑯ 長さ　⑰ $\acute{A}$　⑱ $-\dfrac{1}{\dot{Z}_0}\acute{B}$

⑲ $\begin{pmatrix} \cosh\dot{\gamma}x & \dot{Z}_0\sinh\dot{\gamma}x \\ \dfrac{1}{\dot{Z}_0}\sinh\dot{\gamma}x & \cosh\dot{\gamma}x \end{pmatrix}$

＜2.2(1) 練習問題＞

[1] (2-26)式より

$$\dot{V}(0)=\acute{A}$$

$$\dot{V}(l)=\dot{V}(0)\cosh\dot{\gamma}l+\acute{B}\sinh\dot{\gamma}l \quad \text{より}$$

$$\acute{B}=\frac{\dot{V}(l)-\dot{V}(0)\cosh\dot{\gamma}l}{\sinh\dot{\gamma}l}$$

(2-26)式へ戻して

$$\dot{V}(x)=\dot{V}(0)\cosh\dot{\gamma}x+\frac{\dot{V}(l)-\dot{V}(0)\cosh\dot{\gamma}l}{\sinh\dot{\gamma}l}\cdot\sinh\dot{\gamma}x$$

$$=\frac{\dot{V}(0)\sinh\dot{\gamma}l\cosh\dot{\gamma}x-\dot{V}(0)\cosh\gamma l\sinh\gamma x+\dot{V}(l)\sinh\dot{\gamma}x}{\sinh\gamma l}$$

$$=\frac{\dot{V}(0)\sinh\dot{\gamma}(l-x)+\dot{V}(l)\sinh\dot{\gamma}x}{\sinh\gamma l}$$

$$\dot{I}(x)=-\frac{1}{\dot{Z}_0}\left(\frac{\dot{V}(l)-\dot{V}(0)\cosh\dot{\gamma}l}{\sinh\dot{\gamma}l}\cdot\cosh\dot{\gamma}x+\dot{V}(0)\sinh\dot{\gamma}x\right)$$

$$=\frac{\dot{V}(0)(\cosh\dot{\gamma}l\cosh\dot{\gamma}x-\sinh\dot{\gamma}l\sinh\dot{\gamma}x)-\dot{V}(l)\cosh\dot{\gamma}x}{\dot{Z}_0\sinh\dot{\gamma}l}$$

$$=\frac{\dot{V}(0)\cosh\dot{\gamma}(l-x)-\dot{V}(l)\cosh\dot{\gamma}x}{\dot{Z}_0\sinh\dot{\gamma}l}$$

[2] (2-26)式より

$$\dot{I}(0)=-\frac{\acute{B}}{\dot{Z}_0}\ \text{より}\ \acute{B}=-\dot{I}(0)\dot{Z}_0$$

$$\dot{I}(l)=-\frac{1}{\dot{Z}_0}\left(\acute{B}\cosh\dot{\gamma}l+\acute{A}\sinh\dot{\gamma}l\right)=\dot{I}(0)\cosh\dot{\gamma}l-\frac{\acute{A}}{\dot{Z}_0}\sinh\dot{\gamma}l\ \text{より}$$

$$\acute{A}=\frac{\dot{Z}_0(\dot{I}(0)\cosh\dot{\gamma}l-\dot{I}(l))}{\sinh\dot{\gamma}l}$$

(2-26)式へ戻して

$$\dot{V}(x)=\frac{\dot{Z}_0(\dot{I}(0)\cosh\dot{\gamma}l-\dot{I}(l))}{\sinh\dot{\gamma}l}\cosh\dot{\gamma}x-\dot{I}(0)\dot{Z}_0\sinh\dot{\gamma}x$$

$$=\frac{\dot{Z}_0\left\{\dot{I}(0)(\cosh\dot{\gamma}l\cosh\dot{\gamma}x-\sinh\dot{\gamma}l\sinh\dot{\gamma}x)-\dot{I}(l)\cosh\dot{\gamma}x\right\}}{\sinh\dot{\gamma}l}$$

$$=\frac{\dot{Z}_0\left[\dot{I}(0)\cosh\dot{\gamma}(l-x)-\dot{I}(l)\cosh\dot{\gamma}x\right]}{\sinh\gamma l}$$

$$\dot{I}(x)=\dot{I}(0)\cosh\dot{\gamma}x-\frac{\dot{Z}_0}{\dot{Z}_0}\frac{(\dot{I}(0)\cosh\dot{\gamma}l-\dot{I}(l)\sinh\dot{\gamma}x)}{\sinh\dot{\gamma}l}$$

$$=\frac{\dot{I}(0)(\sinh\dot{\gamma}l\cosh\dot{\gamma}x-\cosh\dot{\gamma}l\sinh\dot{\gamma}x)+\dot{I}(l)\sinh\dot{\gamma}x}{\sinh\dot{\gamma}l}$$

$$=\frac{\dot{I}(0)\sinh\dot{\gamma}(l-x)+\dot{I}(l)\sinh\dot{\gamma}x}{\sinh\dot{\gamma}l}$$

⑳ R　㉑ ωL　㉒ 10　㉓ -3　㉔ G

㉕ ωC　㉖ -5　㉗ -8　㉘ -5

㉙ $\dot{Z}\dot{Y}$　㉚ $\dfrac{\omega}{\beta}$　㉛ $\sqrt{\dfrac{\dot{Z}}{\dot{Y}}}$

㉜ 解答表 2-1

ω[rad/s]	α[/km]	β[rad/km]	v[km/s]
10^0	1.03×10^{-2}	2.56×10^{-4}	3.90×10^3
10^1	1.05×10^{-2}	2.49×10^{-3}	4.02×10^3
10^2	1.79×10^{-2}	1.47×10^{-2}	6.81×10^3
10^3	5.16×10^{-2}	5.09×10^{-2}	1.97×10^4
10^4	1.58×10^{-1}	1.67×10^{-1}	6.00×10^4
10^5	3.90×10^{-1}	6.73×10^{-1}	1.49×10^5
10^6	4.78×10^{-1}	5.50×10^0	1.82×10^5
10^7	4.79×10^{-1}	5.48×10^1	1.83×10^5

㉝

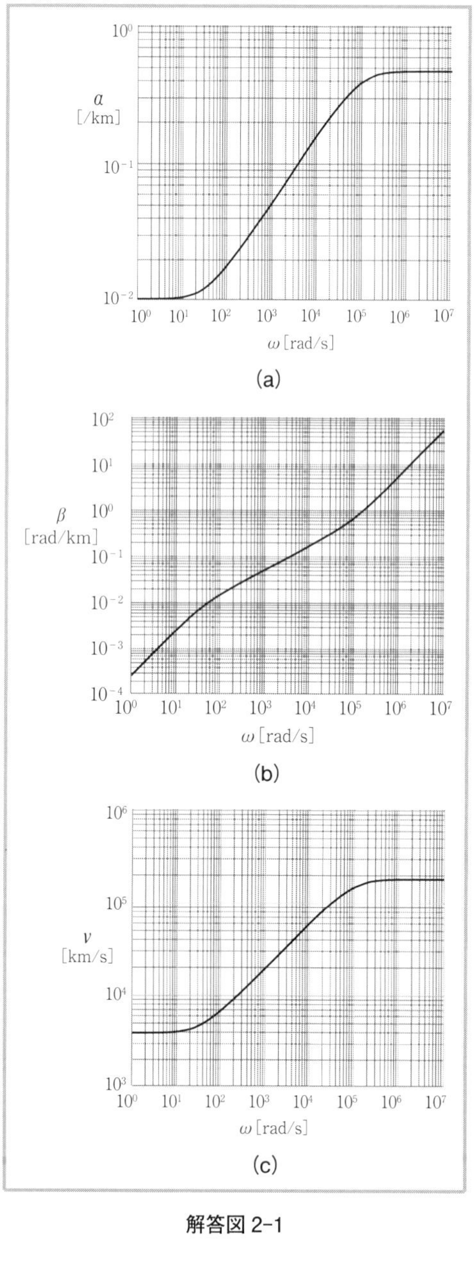

解答図 2-1

㊱ $\dfrac{v}{f}$ ㊲ $\dfrac{2\pi}{\lambda}$

＜2.2(2) 練習問題＞

[1] (1)

$$\dot{Z}=R+j\omega L=1+j100\times2\times10^{-3}=1+j0.2$$

$$\dot{Y}=G+j\omega C=1\times10^{-6}+j100\times0.01\times10^{-6}=(1+j)\times10^{-6}$$

$$\dot{\gamma}=\sqrt{\dot{Z}\dot{Y}}=\sqrt{(1+j0.2)(1+j)\times10^{-6}}$$

$$=\sqrt{(1-0.2+j+j0.2)\times10^{-6}}=\sqrt{(0.8+j1.2)\times10^{-6}}$$

$$=10^{-3}\sqrt{\sqrt{0.8^2+1.2^2}\angle\tan^{-1}\frac{1.2}{0.8}}=1.2\times10^{-3}\angle28.2°$$

(2) 伝搬定数より、

$$\dot{\gamma}=1.2\times10^{-3}\angle 28.2°=1.1\times10^{-3}+j0.56\times10^{-3}$$

減衰定数αは伝搬定数の実部であるので、

$$\alpha=1.1\times10^{-3}\ /\mathrm{km}$$

(3) 伝搬定数より、$\dot{\gamma}=1.1\times10^{-3}+j0.56\times10^{-3}$

位相定数βは伝搬定数の虚部であるので,

$$\beta=0.56\times10^{-3}\ \mathrm{rad/km}$$

(4) $\beta=\dfrac{2\pi}{\lambda}$より、

$$\lambda=\frac{2\pi}{\beta}=\frac{2\pi}{0.56\times10^{-3}}=1.1\times10^4\ \mathrm{km}$$

(5) $v=\dfrac{\omega}{\beta}=\dfrac{100}{0.56\times10^{-3}}=1.8\times10^5\ \mathrm{km/s}$

(6)

$$\dot{Z}_0=\sqrt{\frac{\dot{Z}}{\dot{Y}}}=\sqrt{\frac{1+j0.2}{(1+j)\times10^{-6}}}=\sqrt{\frac{1+0.2+j(0.2-1)}{2\times10^{-6}}}$$

$$=10^3\times\sqrt{0.6-j0.4}=10^3\times\sqrt{\sqrt{0.6^2+0.4^2}\angle\tan^{-1}\frac{-0.4}{0.6}}$$

$$=10^3\times\sqrt{0.72\angle(-33.7°)}=849\angle(-16.9°)\ \Omega$$

[2] (1)

$$\dot{Z}=R+j\omega L=0.1+j100\times2\times10^{-3}=0.1+j0.2$$

$$\dot{Y}=G+j\omega C=2\times10^{-6}+j100\times0.02\times10^{-6}=2(1+j)\times10^{-6}$$

$$\dot{Z}_0=\sqrt{\frac{\dot{Z}}{\dot{Y}}}=\sqrt{\frac{0.1+j0.2}{2(1+j)\times10^{-6}}}=\sqrt{\frac{(1+j2)\times10^{-1}}{2(1+j)\times10^{-6}}}$$

$$=\sqrt{\frac{\sqrt{1^2+2^2}\times10^{-1}\angle\tan^{-1}\frac{2}{1}}{2\sqrt{1^2+1^2}\times10^{-6}\angle\tan^{-1}\frac{1}{1}}}=\sqrt{\frac{\sqrt{5}\times10^{-1}\angle63.4°}{2\sqrt{2}\times10^{-6}\angle45°}}$$

$=\sqrt{0.790\times10^{5}\angle18.4^\circ}=281\angle9.2^\circ\ \Omega$

$\dot{\gamma}=\sqrt{\dot{Z}\dot{Y}}=\sqrt{\sqrt{5}\times10^{-1}\angle63.4^\circ\times2\sqrt{2}\times10^{-6}\angle45^\circ}$

$=\sqrt{6.325\times10^{-7}\angle108.4^\circ}$

$=7.95\times10^{-4}\angle54.2^\circ\ \Omega$

(2) $R\ll\omega L$, $G\ll\omega C$においては、

$\dot{\gamma}=\sqrt{\mathrm{j}\omega L\cdot\mathrm{j}\omega C}=\mathrm{j}\omega\sqrt{LC}=\mathrm{j}\beta$ したがって、

$\beta=\omega\sqrt{LC}$となるから、

$$v=\frac{\omega}{\beta}=\frac{1}{\sqrt{LC}}=\frac{1}{\sqrt{2\times10^{-3}\times2\times10^{-8}}}$$

$$=1.58\times10^{5}\ \frac{\mathrm{km}}{\mathrm{s}}$$

[3] $\dot{Z}_0=\sqrt{\dfrac{\dot{Z}}{\dot{Y}}}=50$なので、$\dfrac{\dot{Z}}{\dot{Y}}=2500$

$\dot{Z}=\dot{Y}\cdot2500=(10^{-6}+\mathrm{j}10^{-6})\times2500$ よって、

$=(2.5+\mathrm{j}2.5)\times10^{-3}$ よって、

$R=2.5\times10^{-3}\ \Omega/\mathrm{km}$, $X=2.5\times10^{-3}\ \Omega/\mathrm{km}$

[4] $\dot{\gamma}=\sqrt{\dot{Z}\dot{Y}}$の両辺に$\dot{Z}_0$を乗じると、

$\dot{Z}_0\sqrt{\dot{Z}\dot{Y}}=\dot{\gamma}\dot{Z}_0$, この式の左辺に、

$\dot{Z}_0=\sqrt{\dfrac{\dot{Z}}{\dot{Y}}}$ を代入して、

$\dot{Z}=\dot{\gamma}\dot{Z}_0=(1.2\times10^{-3}+\mathrm{j}1.0\times10^{-3})\times3\times10^{2}$

$=0.36+\mathrm{j}0.30\ \Omega/\mathrm{m}$

[5] $\lambda=vT=v\dfrac{2\pi}{\omega}=3\times10^{8}\times\dfrac{2\pi}{6\times10^{2}}=10^{6}\pi\ \mathrm{m}$

$\beta=\dfrac{2\pi}{\lambda}=\dfrac{2\pi}{10^{6}\pi}=2\times10^{-6}\ \dfrac{\mathrm{rad}}{\mathrm{m}}$

2.3 無限長線路および有限長線路の整合

① $\dfrac{\dot{V}_{\mathrm{x}}}{\dot{I}_{\mathrm{x}}}$ ② $\dfrac{A\mathrm{e}^{-\dot{\gamma}x}}{\dfrac{1}{\dot{Z}_0}A\mathrm{e}^{-\dot{\gamma}x}}$ ③ $\dot{Z}_0$ ④ $\dot{Z}_0\dot{I}(l)$

⑤ 0 ⑥ 反射 ⑦ 整合 ⑧ 無限長

2.4 無ひずみ線路

① $1+\dfrac{\mathrm{j}\omega L}{R}$ ② $1+\dfrac{\mathrm{j}\omega C}{G}$ ③ $2\sqrt{\dfrac{LC}{RG}}$

④ $\sqrt{RG}$ ⑤ $\omega\sqrt{LC}$ ⑥ $\dfrac{1}{\sqrt{LC}}$

⑦ 無ひずみ条件 ⑧ $\sqrt{\dfrac{R+\mathrm{j}\omega L}{G+\mathrm{j}\omega C}}$

⑨ $\sqrt{\dfrac{L}{C}}$ ⑩ 実数

＜2.4 練習問題＞

[1] (2-49)式$\dot{Z}_0=\sqrt{\dfrac{L}{C}}$より、

$$C=\frac{L}{\dot{Z}_0{}^2}=\frac{2.43\times10^{-3}}{626^2}=6.20\times10^{-9}\ \mathrm{F/km}$$

[2] (2-49)式$\dot{Z}_0=\sqrt{\dfrac{R}{G}}$より、

$R=\dot{Z}_0{}^2G=300^2\times10^{-6}=9\times10^{-2}\ \Omega/\mathrm{m}$

(2-45)式より、

$\alpha=\sqrt{RG}=\sqrt{9\times10^{-2}\times10^{-6}}$

$=\sqrt{9\times10^{-8}}=3\times10^{-4}\ /\mathrm{m}$

2.5 無損失線路

① 0 ② 無損失線路 ③ 0 ④ $\omega\sqrt{LC}$

⑤ $\dfrac{1}{\sqrt{LC}}$ ⑥ 無ひずみ ⑦ $\sqrt{\dfrac{L}{C}}$

⑧ $\dfrac{1}{\sqrt{LC}}$ ⑨ $\sqrt{\dfrac{L}{C}}$ ⑩ 0 ⑪ $\dfrac{\dot{V}(x)}{\dot{I}(x)}$

⑫ 純リアクタンス ⑬ $\dfrac{1}{\cos\beta l}\dot{V}(0)$

⑭ ~~小さく~~，大きく

⑮ $\dfrac{\lambda}{2}$ ⑯ π ⑰ $-\dot{V}(l)$ ⑱ $-\dot{I}(l)$

⑲ $\dfrac{\dot{V}(x)}{\dot{I}(x)}$ ⑳ $\dot{Z}_{\mathrm{L}}$ ㉑ $\dfrac{\lambda}{4}$ ㉒ $\dfrac{\pi}{2}$

㉓ $\mathrm{j}\dot{Z}_0\dot{I}(l)$ ㉔ $\mathrm{j}\dfrac{1}{\dot{Z}_0}\dot{V}(l)$ ㉕ $\dfrac{\dot{V}(x)}{\dot{I}(x)}$

㉖ $\dfrac{\dot{Z}_0{}^2}{\dot{Z}_{\mathrm{L}}}$

＜2.5 練習問題＞

[1] (2-53)式$\dot{Z}_0=\sqrt{\dfrac{L}{C}}$より、

$$C=\frac{L}{\dot{Z}_0{}^2}=\frac{5\times10^{-3}}{10^4}=5\times10^{-7}\ \mathrm{F/km}$$

$=0.5\ \mu\mathrm{F/km}$

(2-52)式より、

$$v=\frac{1}{\sqrt{LC}}=\frac{1}{\sqrt{5\times10^{-3}\times5\times10^{-7}}}$$

$$=\frac{1}{5\times10^{-5}}=2\times10^{4}\ \mathrm{km/s}$$

[2]

・終端短絡ゆえ$\dot{V}(l)=0$である。これを(2-54b)式に代入して、

$$\dot{V}(x)=\mathrm{j}\dot{Z}_0\dot{I}(l)\sin\beta(l-x)$$

$$\dot{I}(x)=\dot{I}(l)\cos\beta(l-x)$$

したがって、

$$\dot{Z}_{\mathrm{x}}=\frac{\dot{V}(x)}{\dot{I}(x)}=\frac{\mathrm{j}\dot{Z}_0\dot{I}(l)\sin\beta(l-x)}{\dot{I}(l)\cos\beta(l-x)}$$

$$=\mathrm{j}\dot{Z}_0\tan\beta(l-x)$$

無損失線路では、$\dot{Z}_0$が実数であるから、$\dot{Z}_{\mathrm{x}}$は純リアクタンスになる。

[3] この問題は解答図 2-2(a)において$x=0$と置いた場合に相応するから、回路は解答図 2-2(b)になる。

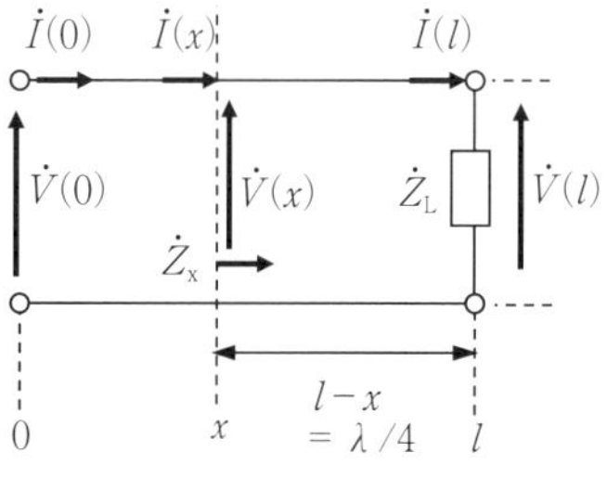

解答図 2-2(a)

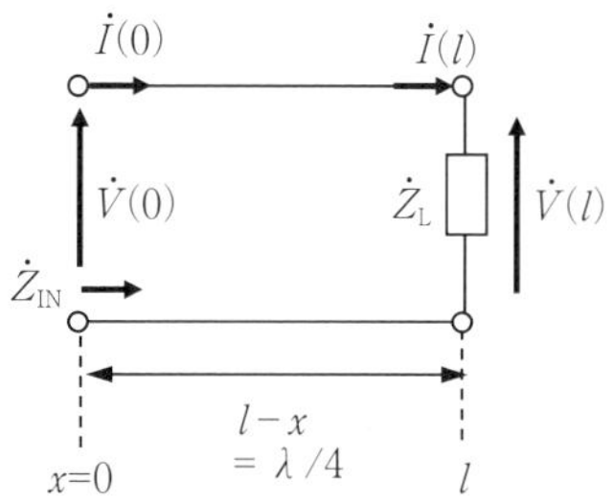

解答図 2-2(b)

$l-x=\frac{\lambda}{4}$であるから、

$$\beta(l-x)=\frac{2\pi}{\lambda}\times\frac{\lambda}{4}=\frac{\pi}{2}$$

したがって, (2-54b)は

$$\dot{V}(0)=\dot{V}(l)\cos\frac{\pi}{2}+\mathrm{j}\dot{Z}_0\dot{I}(l)\sin\frac{\pi}{2}=\mathrm{j}\dot{Z}_0\dot{I}(l)$$

$$\dot{I}(0)=\dot{I}(l)\cos\frac{\pi}{2}+\mathrm{j}\frac{1}{\dot{Z}_0}\dot{V}(l)\sin\frac{\pi}{2}=\mathrm{j}\frac{1}{\dot{Z}_0}\dot{V}(l)$$

よって、

$$\dot{Z}_{\mathrm{IN}}=\frac{\dot{V}(0)}{\dot{I}(0)}=\dot{Z}_0{}^2\frac{\dot{I}(l)}{\dot{V}(l)}=\dot{Z}_0{}^2\frac{1}{\dot{Z}_{\mathrm{L}}}$$

$$=50^2\times\frac{1}{100}=25\ \Omega$$

[4] 電源の波長をλとすると、

$$\lambda=\frac{v}{f}=\frac{3\times10^8}{6\times10^6}=50\ \mathrm{m}$$

したがって、線路長100 mは2λになる。したがって、(2-51b)式において

$l-x=2\lambda$となるから、

$$\beta(l-x)=\frac{2\pi}{\lambda}\times2\lambda=4\pi$$

したがって、(2-54b)は

$$\dot{V}(0)=\dot{V}(l)\cos4\pi+\mathrm{j}\dot{Z}_0\dot{I}(l)\sin4\pi=\dot{V}(l)$$

$$\dot{I}(0)=\dot{I}(l)\cos4\pi+\mathrm{j}\frac{1}{\dot{Z}_0}\dot{V}(l)\sin4\pi=\dot{I}(l)$$

よって、

$$\dot{Z}_{\mathrm{IN}}=\frac{\dot{V}(0)}{\dot{I}(0)}=\frac{\dot{V}(l)}{\dot{I}(l)}=\dot{Z}_{\mathrm{L}}=25+\mathrm{j}25\ \Omega$$

[5] 題意より、送端から終端を見たインピーダンスは、問題[3]で得たインピーダンス$\dot{Z}_1=25\ \Omega$と問題[4]で得たインピーダンス$\dot{Z}_2=25+\mathrm{j}25\ \Omega$の並列接続になるので、

$$\dot{Z}=\frac{\dot{Z}_1\times\dot{Z}_2}{\dot{Z}_1+\dot{Z}_2}=\frac{25\times(25+\mathrm{j}25)}{25+25+\mathrm{j}25}=15+\mathrm{j}5\ \Omega$$

[6] 電圧波の波長をλとすると、

$$\lambda=\frac{v}{f}=\frac{3\times10^8}{60}=5\times10^6\ \mathrm{m}$$

$$\beta=\frac{2\pi}{\lambda}=\frac{2\pi}{5\times10^6}=4\times10^{-7}\pi\ [\mathrm{rad/m}]$$

終端を開放したときの送端電圧$\dot{V}(0)$と受端電圧$\dot{V}(l)$の関係は(2-56)式

$$\dot{V}(l)=\frac{1}{\cos\beta l}\dot{V}(0)$$

で与えられる。この式を変形して、

$$\frac{\dot{V}(l)}{\dot{V}(0)}=\frac{1}{\cos\beta l}=\frac{1}{\cos(4\times10^{-7}\pi l)}$$

題意より、$\dfrac{\dot{V}(l)}{\dot{V}(0)}=1.00005$であるから、

$$\frac{1}{\cos(4\times10^{-7}\pi l)}=1.00005$$

$$\cos(4\times10^{-7}\pi l)=\frac{1}{1.00005}$$

$$4\times10^{-7}\pi l=\cos^{-1}\left(\frac{1}{1.00005}\right)$$

$$l=\frac{\cos^{-1}\left(\dfrac{1}{1.00005}\right)}{4\times10^{-7}\pi}=7.96\times10^3\ \mathrm{m}$$

[7] 0−0′と1−1′間のF行列を(F_1)、1−1′と2−2′間のF行列を(F_2)、2−2′と3−3′間のF行列を(F_3)と表す。(F_1)と(F_3)は無損失回路の基本式であるP.89(2-54c)式の形式をとる。

線路1については、(2-54c)式において$l-x=\dfrac{\lambda}{2}$であるから、$\beta(l-x)=\dfrac{2\pi}{\lambda}\times\dfrac{\lambda}{2}=\pi$

したがって、

$$(F_1)=\begin{pmatrix}\cos\pi & j\dot{Z}_0\sin\pi\\ j\dfrac{1}{\dot{Z}_0}\sin\pi & \cos\pi\end{pmatrix}=\begin{pmatrix}-1 & 0\\ 0 & -1\end{pmatrix}$$

線路2については、(2-50c)式において$l-x=\dfrac{\lambda}{4}$であるから、$\beta(l-x)=\dfrac{2\pi}{\lambda}\times\dfrac{\lambda}{4}=\dfrac{\pi}{2}$

したがって、

$$(F_3)=\begin{pmatrix}\cos\dfrac{\pi}{2} & j\dot{Z}_0\sin\dfrac{\pi}{2}\\ j\dfrac{1}{\dot{Z}_0}\sin\dfrac{\pi}{2} & \cos\dfrac{\pi}{2}\end{pmatrix}=\begin{pmatrix}0 & j\dot{Z}_0\\ j\dfrac{1}{\dot{Z}_0} & 0\end{pmatrix}$$

したがって、回路全体のF行列は、

$$(F)=(F_1)(F_2)(F_1)=\begin{pmatrix}-1 & 0\\ 0 & -1\end{pmatrix}\begin{pmatrix}1 & R\\ 0 & 1\end{pmatrix}\begin{pmatrix}0 & j\dot{Z}_0\\ j\dfrac{1}{\dot{Z}_0} & 0\end{pmatrix}$$

$$=\begin{pmatrix}-1 & -R\\ 0 & -1\end{pmatrix}\begin{pmatrix}0 & j\dot{Z}_0\\ j\dfrac{1}{\dot{Z}_0} & 0\end{pmatrix}$$

$$=\begin{pmatrix}-j\dfrac{R}{\dot{Z}_0} & -j\dot{Z}_0\\ -j\dfrac{1}{\dot{Z}_0} & 0\end{pmatrix}=\begin{pmatrix}\dfrac{R}{\dot{Z}_0} & \dot{Z}_0\\ \dfrac{1}{\dot{Z}_0} & 0\end{pmatrix}$$

問図2-5において、$\begin{pmatrix}\dot{V}(0)\\ \dot{I}(0)\end{pmatrix}=(F)\begin{pmatrix}\dot{V}(3)\\ \dot{I}(3)\end{pmatrix}$であるから、$\begin{pmatrix}\dot{V}(0)\\ \dot{I}(0)\end{pmatrix}=\begin{pmatrix}\dfrac{R}{\dot{Z}_0} & \dot{Z}_0\\ \dfrac{1}{\dot{Z}_0} & 0\end{pmatrix}\begin{pmatrix}\dot{V}(3)\\ \dot{I}(3)\end{pmatrix}$

したがって、

$$\dot{Z}=\frac{\dot{V}(0)}{\dot{I}(0)}=\frac{\dfrac{R}{\dot{Z}_0}\dot{V}(3)+\dot{Z}_0\dot{I}(3)}{\dfrac{1}{\dot{Z}_0}\dot{V}(3)}=\frac{\dfrac{R}{\dot{Z}_0}\dfrac{\dot{V}(3)}{\dot{I}(3)}+\dot{Z}_0}{\dfrac{1}{\dot{Z}_0}\cdot\dfrac{\dot{V}(3)}{\dot{I}(3)}}$$

$\dfrac{\dot{V}(3)}{\dot{I}(3)}=\dot{Z}_L$であるから、

$$\dot{Z}=\frac{\dfrac{\dot{Z}_L}{\dot{Z}_0}R+\dot{Z}_0}{\dfrac{\dot{Z}_L}{\dot{Z}_0}}=R+\frac{\dot{Z}_0{}^2}{\dot{Z}_L}$$

2.6 反射と透過（無損失線路）

① 透過波 ② $\dfrac{\dot{Z}_{0b}-\dot{Z}_{0a}}{\dot{Z}_{0a}+\dot{Z}_{0b}}$ ③ $\dot{K}$ ④ $\dot{K}$

⑤ 反射係数 ⑥ 完全反射 ⑦ $(1+\dot{K})$

⑧ $(1-\dot{K})$ ⑨ $\dfrac{\dot{Z}_{0b}-\dot{Z}_{0a}}{\dot{Z}_{0a}+\dot{Z}_{0b}}$ ⑩ -1

⑪ $\dot{K}\dot{V}_1$　⑫ $\dot{K}\dot{I}_1$　⑬ 0　⑭ $2\dot{I}_1$　⑮ 0

⑯ 2　⑰ 1　⑱ $2\dot{V}_1$　⑲ 0　⑳ 2　㉑ 0

㉒ $\dfrac{\dot{Z}_{02}-\dot{Z}_{01}}{\dot{Z}_{01}+\dot{Z}_{02}}$　㉓ $\dfrac{1}{2}$　㉔ $\dfrac{\dot{V}_1}{\dot{I}_1}$　㉕ $\dot{K}\dot{V}_1$

㉖ $\dot{K}\dot{I}_1$　㉗ $(1+\dot{K})\dot{V}_1$　㉘ $(1-\dot{K})\dot{I}_1$

㉙ $\dfrac{\dot{V}_1}{\dot{I}_1}$　㉚ $(1+\dot{K})\dot{V}_1$　㉛ $(1-\dot{K})\dot{I}_1$

㉜ $\dot{V}_a-\dot{V}_{ab}$　㉝ $\dfrac{\dot{V}_b}{\dot{I}_2}$　㉞ $\dfrac{R+\dot{Z}_{02}-\dot{Z}_{01}}{\dot{Z}_{01}+R+\dot{Z}_{02}}$

㉟ $\dfrac{\lambda}{4}$　㊱ $\dfrac{\pi}{2}$　㊲ $\dfrac{\dot{V}(1)}{\dot{I}(1)}$　㊳ $\dot{Z}_L$

㊴ $\dot{Z}_{02}{}^2\dfrac{1}{\dot{Z}_L}$　㊵ $\dot{Z}_x$

＜2.6 練習問題＞

[1] (2-63)式において、$\dot{Z}_{0a}=\dot{Z}_0$, $\dot{Z}_{0b}=\dot{Z}_0$とおくと

$$\dot{K}=\frac{\dot{Z}_{0b}-\dot{Z}_{0a}}{\dot{Z}_{0a}+\dot{Z}_{0b}}=\frac{\dot{Z}_0-\dot{Z}_0}{\dot{Z}_0+\dot{Z}_0}=0\ (\text{無反射})$$

$\dot{K}=0$を(2-64)式に代入して、$\dot{V}_1{}'=\dot{K}\dot{V}_1=0$, $\dot{I}_1{}'=\dot{K}\dot{I}_1=0$

(2-65)式より、$\dot{V}_2=(1+\dot{K})\dot{V}_1=\dot{V}_1$, $\dot{I}_2=(1-\dot{K})\dot{I}_1=\dot{I}_1$

[2] $\dot{K}=\dfrac{\dot{Z}_{0b}-\dot{Z}_{0a}}{\dot{Z}_{0a}+\dot{Z}_{0b}}=\dfrac{100-50}{50+100}=\dfrac{1}{3}$

[3] $\dot{K}=\dfrac{\dot{Z}_{0b}-\dot{Z}_{0a}}{\dot{Z}_{0a}-\dot{Z}_{0b}}=\dfrac{90-30}{30+90}=\dfrac{1}{2}$

透過電圧$\dot{V}_2$は

$$\dot{V}_2=\dot{V}_1+\dot{V}_1{}'=(1+\dot{K})\dot{V}_1=\left(1+\frac{1}{2}\right)\times 60=90\ \text{V}$$

入射電流$\dot{I}_1$は、$\dot{I}_1=\dfrac{60}{30}=2\ \text{A}$

透過電流$\dot{I}_2$は

$$\dot{I}_2=\dot{I}_1-\dot{I}_1{}'=(1-\dot{K})\dot{I}_1=\left(\frac{1}{2}\right)\times 2=1\ \text{A}$$

[4] a−a′における反射係数$\dot{K}$は、$\dot{Z}_{01}$と解答図2-3に示すa−a′から右を見た合成抵抗Rが接続された回路で考えればよい。したがって、(2-63)式より

$$\dot{K}=\frac{R-\dot{Z}_{01}}{R+\dot{Z}_{01}}=\frac{R-40}{R+40}=\frac{2}{3}$$

$$\therefore 2R+80=3R-120$$

$$\therefore R=200\ \Omega$$

図2-22から、Rは300 Ωと$\dot{Z}_{02}$の並列抵抗になるから、

$$R=\frac{300\times\dot{Z}_{02}}{300+\dot{Z}_{02}}=200$$

$$\therefore \dot{Z}_{02}=\frac{300R}{300-R}=600\ \Omega$$

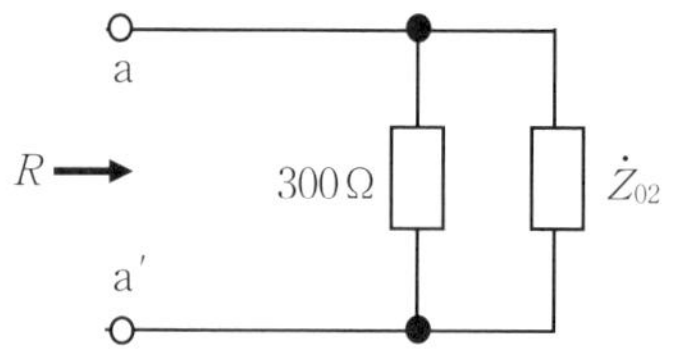

解答図 2-3

[5] 境界2−2′から負荷$\dot{Z}_L$を見たインピーダンス$\dot{Z}_x$を考える. (2-54b)式における位置xを境界2−2′の位置にとると, 同式の$l-x=\dfrac{\lambda}{12}$ゆえ、$\beta(l-x)=\dfrac{2\pi}{\lambda}\times\dfrac{\lambda}{12}=\dfrac{\pi}{6}$。したがって、P.88(2-54b) 式を用いて$\dot{Z}_x$は、

$$\dot{Z}_x=\frac{\dot{V}(x)}{\dot{I}(x)}=\frac{\dot{V}(l)\cos\dfrac{\pi}{6}+\mathrm{j}\dot{Z}_{02}\dot{I}(l)\sin\dfrac{\pi}{6}}{\dot{I}(l)\cos\dfrac{\pi}{6}+\mathrm{j}\dfrac{1}{\dot{Z}_{02}}\dot{V}(l)\sin\dfrac{\pi}{6}}$$

$$=\frac{\dfrac{\sqrt{3}}{2}\dot{V}(l)+\mathrm{j}100\,\dot{I}(l)}{\dfrac{\sqrt{3}}{2}\dot{I}(l)+\mathrm{j}\dfrac{1}{400}\dot{V}(l)}=\frac{\dfrac{\sqrt{3}}{2}\dfrac{\dot{V}(l)}{\dot{I}(l)}+\mathrm{j}100}{\dfrac{\sqrt{3}}{2}+\mathrm{j}\dfrac{1}{400}\dfrac{\dot{V}(l)}{\dot{I}(l)}}$$

ここで、題意より$\dfrac{\dot{V}(l)}{\dot{I}(l)}=\dot{Z}_L$ゆえ、

$$\dot{Z}_x=\frac{\frac{\sqrt{3}}{2}\dot{Z}_L+j100}{\frac{\sqrt{3}}{2}+j\frac{1}{400}\dot{Z}_L} \qquad \text{(i)}$$

また、境界2−2′で反射が生じない、すなわち整合しているので、この$\dot{Z}_x$は線路1の特性インピーダンス$\dot{Z}_{01}$に等しくなければならない。そのため、(i)式$=\dot{Z}_{01}=100$が成り立つので、

$$\frac{\frac{\sqrt{3}}{2}\dot{Z}_L+j100}{\frac{\sqrt{3}}{2}+j\frac{1}{400}\dot{Z}_L}=100$$

$$\therefore \frac{\sqrt{3}}{2}\dot{Z}_L+j100=100\left(\frac{\sqrt{3}}{2}+j\frac{1}{400}\dot{Z}_L\right)$$

$$\therefore 2\sqrt{3}\dot{Z}_L+j400=200\sqrt{3}+j\dot{Z}_L$$

$$\therefore \dot{Z}_L=\frac{\sqrt{3}-j2}{2\sqrt{3}-j}\times 200=\frac{8-j3\sqrt{3}}{13}\times 200$$

$$=123.1-j79.9\ \Omega$$

したがって, $R=123.1\ \Omega$, $X=-79.9\ \Omega$

[6] 受電端の反射係数$\dot{K}$は(2-63)式より

$$\dot{K}=\frac{\dot{Z}_L-\dot{Z}_0}{\dot{Z}_0+\dot{Z}_L}=\frac{0-500}{500+0}=-1$$

したがって、受電端にE[V]で進行してきた電圧波が反射して$-E$[V]で送電端側へ戻っていくことになる。

送電端から150 kmの位置(A点と呼ぶこととする)へ電圧波が到達する時間は

$$t_1=\frac{150\times 10^3}{300}=500\ \mu s$$

A点に到達した電圧波が受電端まで到達し、反射してA点へ戻ってくるまでの距離は、150×2＝300 kmである．したがって、$t=t_1$においてA点に到達した電圧波が受電端で反射してA点へ戻ってくる時間をt_2とすると、$t_2=t_1+1000\ \mu s=1500\ \mu s$となる。この時間$t_2$において進行波と反射波が合成されるが、反射係数が−1であるから、進行波と反射波が打ち消し合いA点の電圧波は0 Vとなる。t_1とt_2の時間差が1000 μsであるため、$t=1500\ \mu s$から2500 μsの区間は、A点の電圧波は0 Vのままである。よって、グラフは解答図2-4のようになる。

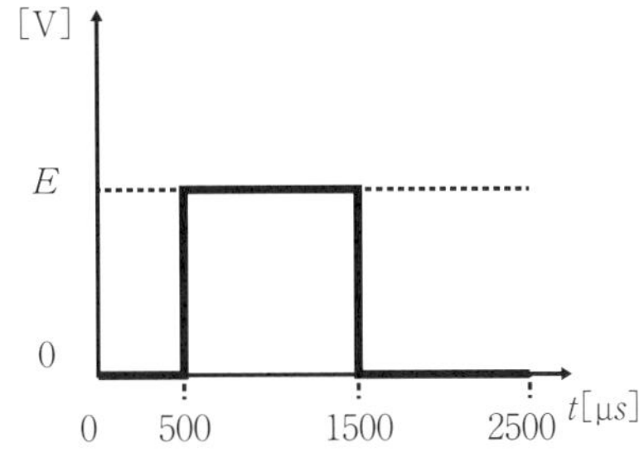

解答図 2-4

送電端から150 kmの位置における電圧の時間変化

2.7 定在波

① 定在波 ② $\frac{\dot{V}_r}{\dot{V}_i}$ ③ $|\dot{K}|^2$ ④ $\frac{2\pi}{\lambda}$

⑤ 電圧定在波比 ⑥ $\frac{1+|\dot{K}|}{1-|\dot{K}|}$ ⑦ $\frac{\dot{Z}_L-\dot{Z}_0}{\dot{Z}_0+\dot{Z}_L}$

⑧ $\frac{1+\dot{K}}{1-\dot{K}}$ ⑨ 0 ⑩ ±π ⑪ 正、負

⑫ $|\dot{V}_i|(1+|\dot{K}|)$ ⑬ $|\dot{V}_i|(1-|\dot{K}|)$ ⑭ $\frac{|\dot{V}_z|_{max}}{|\dot{V}_z|_{min}}$

⑮ $\frac{1+|\dot{K}|}{1-|\dot{K}|}$

⑯

z/λ	$\lvert\dot{V}_z\rvert$	z/λ	$\lvert\dot{V}_z\rvert$
0	1.399	0.45	1.186
0.05	1.496	0.50	1.399
0.10	1.463	0.55	1.496
0.15	1.305	0.60	1.463
0.20	1.046	0.65	1.305
0.25	0.737	0.70	1.046
0.30	0.512	0.75	0.737
0.35	0.599	0.80	0.512
0.40	0.892		

⑰

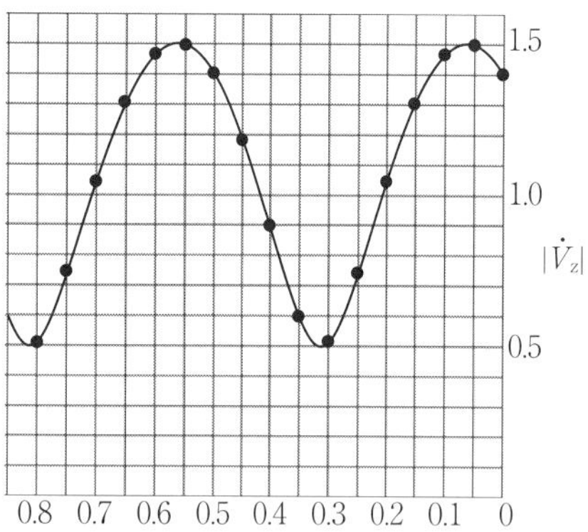

＜2.7 練習問題＞

[1] 反射係数$\dot{K}$は(2-63)より

$$\dot{K}=\frac{\dot{Z}_L-\dot{Z}_0}{\dot{Z}_0+\dot{Z}_L}=\frac{20+j50-50}{50+20+j50}$$

$$=\frac{-30+j50}{70+j50}=\frac{-3+j5}{7+j5}$$

$$|\dot{K}|=\sqrt{\frac{(-3)^2+5^2}{7^2+5^2}}\fallingdotseq 0.678$$

(2-73)式から、

$$S=\frac{1+|\dot{K}|}{1-|\dot{K}|}=\frac{1+0.678}{1-0.678}=5.21$$

[2] (1) 問図 2-8 より、$\left|\dot{V}_z\right|_{max}=\frac{4}{3}$，$\left|\dot{V}_z\right|_{min}=\frac{2}{3}$

であるから、(2.73)式より、

$$S=\frac{\left|\dot{V}_z\right|_{max}}{\left|\dot{V}_z\right|_{min}}=\frac{\frac{4}{3}}{\frac{2}{3}}=2,$$

(2) (2-74)式より、$\left|\dot{K}\right|=\frac{S-1}{S+1}=\frac{2-1}{2+1}=\frac{1}{3}$,

(3) 境界点に最も近くて$\left|\dot{V}_z\right|_{max}$となる距離を$\frac{z_2}{\lambda}$

とすると、(2-71)式より、$\theta-4\pi\frac{z_2}{\lambda}=0$とな

るから、

$$\theta=4\pi\frac{z_2}{\lambda}=4\pi\times\frac{3}{8}=\frac{3\pi}{2}=-\frac{\pi}{2}\quad(-\pi\leqq\theta\leqq\pi)$$

あるいは，境界点に最も近くて$\left|\dot{V}_z\right|_{min}$となる距

離を$\frac{z_1}{\lambda}$とすると、(2-71)式より、

$$\theta-4\pi\frac{z_2}{\lambda}=\pi\quad\cdots(\text{i})，あるいは、$$

$$\theta-4\pi\frac{z_2}{\lambda}=-\pi\quad\cdots(\text{ii})$$

(i)の場合、

$$\theta=4\pi\frac{z_1}{\lambda}+\pi=4\pi\times\frac{1}{8}+\pi=\frac{3\pi}{2}=-\frac{\pi}{2}$$

(ii)の場合、

$$\theta=4\pi\frac{z_1}{\lambda}-\pi=4\pi\times\frac{1}{8}-\pi=-\frac{\pi}{2}$$

第3章 過渡現象

＿＿、[ ]：文字式を記入
＿＿、[ ]：数値を記入

3.1 過渡現象の基礎

学習内容 過渡現象の基礎と定数係数線形常微分方程式について学ぶ。

目　標 過渡現象を定性的に理解し、定数係数線形常微分方程式が解けるようになる。

・過渡現象とは、ある定常状態（時間的に一定の状態）から別の定常状態へ変化するときに、状態が時間的に変化する現象である。

・電気回路の過渡現象では、ある時間にスイッチを切り替えて電圧源や電流源を接続したときや、電流の経路が変化したとき、回路が断線したときなどに、回路の各部を流れる電流や各部の電圧の時間的な変化を扱う。

3.1(1) 過渡現象の定性的な理解

[1] *RL* 直列回路

・図3-1に示すRL直列回路において、$t=0$でスイッチSを閉じて直流電圧源Eを接続した場合に回路を流れる電流を考える。

・スイッチSを閉じる直前$(t=0_-)$の電流は$i(0_-)=0$。インダクタLに流れる電流iと磁束ϕの関係は$\phi=Li$であるから、磁束も$\phi(0_-)=0$。スイッチSを閉じた直後$(t=0_+)$において、磁束ϕは急変できない（磁束鎖交数保存の理*）から、$\phi(0_+)=0$。よって電流も維持され$i(0_+)=0$。このとき抵抗の電圧降下は$v_R(0_+)=R\cdot i(0_+)=0$。したがって、インダクタには電源電圧Eが全て加わり、その端子電圧は$v_L(0_+)=$① ＿＿＿＿＿となる。

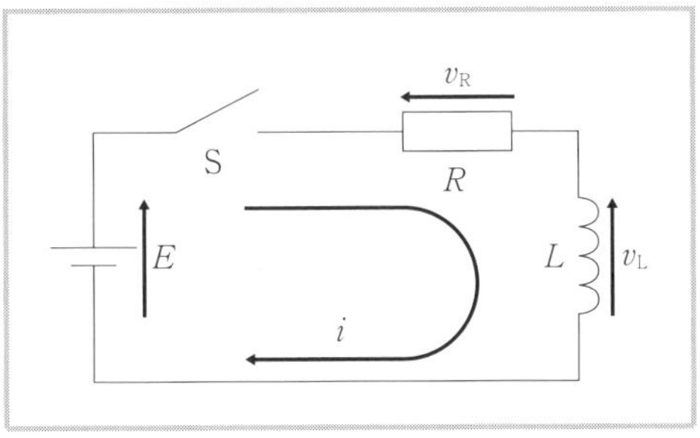

図3-1

> *磁束鎖交数保存の理
>
> 　インダクタLにおいて、微小時間Δtの間に変化する磁束鎖交数$\Delta\phi$は$\Delta\phi/\Delta t=v$から$\Delta\phi=v\Delta t$。いま$\Delta t\to 0$とすれば、vが有限である限り$\Delta\phi\to 0$となる。すなわち、磁束鎖交数ϕは瞬間的に変化することは不可能で、回路条件急変の前後で等しくなる。つまり、$\phi(0_-)=\phi(0_+)$である。

・十分に時間が経過した場合、直流電圧源に抵抗とインダクタが接続された状態であると考えられる。この場合、インダクタの端子電圧は$v_L(\infty)=0$であり、回路を流れる電流は$i(\infty)=$

② ____ と表される。

・これらのことから、図 3-2 に示すようにインダクタの端子電圧は時間経過とともに$v_L(0)=$ ③ ____ から $v_L(\infty)=0$ に漸近し、電流は時間経過とともに$i(0)=0$から$i(\infty)=$ ② ____ に漸近するように変化する。

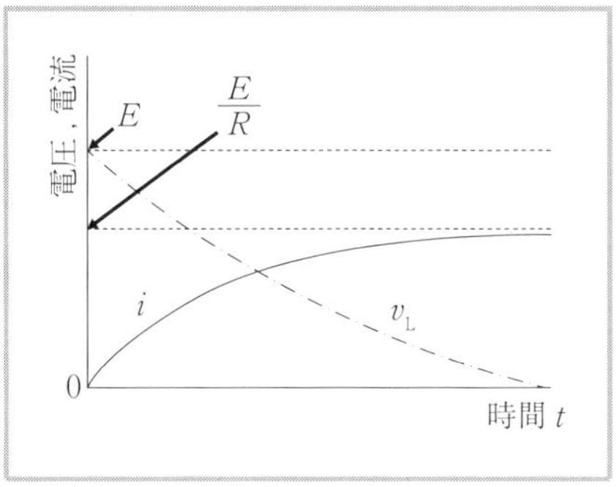

図 3-2

[2] *RC* 直列回路

・図 3-3 の *RC* 直列回路において、$t=0$でスイッチ S を閉じて直流電圧源Eを接続した場合を考える。

・直流電源を接続する前には、キャパシタに電荷は蓄積されていないとすると、キャパシタの端子間電圧は$v_C(0)=0$ある。$t=0$でスイッチを閉じると、キャパシタに電荷が蓄積され始めるが、その際の電流は$v_C(0)=0$であるため、$i(0)=$ ④ ____ となる。

・十分に時間が経過した場合には、キャパシタには電荷が蓄積され、キャパシタの端子間電圧は$v_C(\infty)=$ ⑤ ____ になると考えられる。このため、回路には電流が流れず、$i(\infty)=0$となる。

・これらのことから、図 3-4 のように、キャパシタの端子電圧は時間経過とともに$v_C(0)=0$から$v_C(\infty)=$ ⑤ ____ に漸近し、電流は時間経過とともに$i(0)=$ ④ ____ から $i(\infty)=0$に漸近するよう変化する。

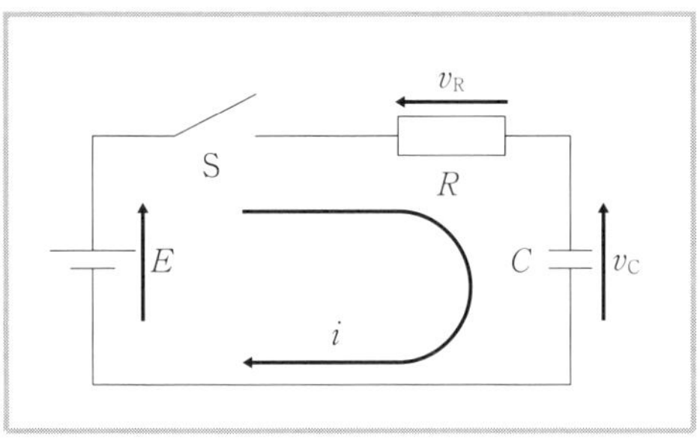

図 3-3

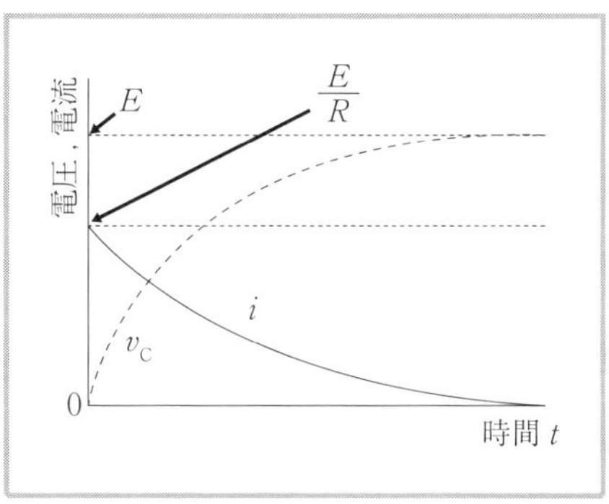

図 3-4

3.1(2) 過渡現象時の電圧と電流の関係

・過渡状態では、電流や電圧は時間経過に伴って変化するが、各素子における電圧降下や起電力発生の原理は直流回路や交流回路の定常状態と同一である。つまり、抵抗、インダクタ、キャパシタによる電圧降下は、電流iまたは電荷$q\left(i=\dfrac{\mathrm{d}q}{\mathrm{d}t}\right)$を用いて表すと以下のようになる。

	電流により表した電圧と電流の関係		電荷により表した電圧と電流の関係
抵抗	$v_R=$⑥ ＿＿＿＿	電流と電荷の関係 $i=\dfrac{\mathrm{d}q}{\mathrm{d}t}$	$v_R=$⑦ ＿＿＿＿
インダクタンス	$v_L=$⑧ ＿＿＿＿		$v_L=$⑨ ＿＿＿＿
キャパシタンス	$v_C=$⑩ ＿＿＿＿		$v_C=$⑪ ＿＿＿＿

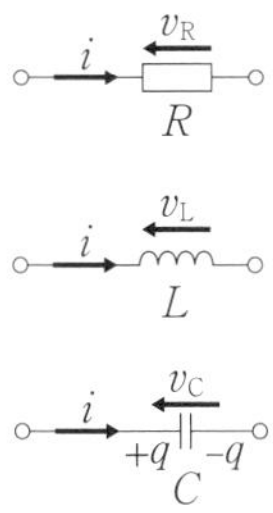

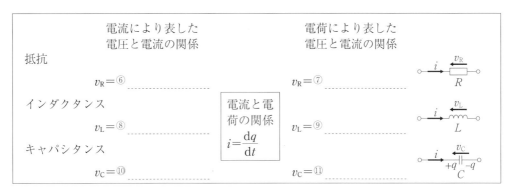

ただし、過渡現象の場合、各部を流れる電流や端子間電圧の時間変化は未知であるため、これらを求めるには、上記の関係に基づいた微分方程式を解くことになる。

3.1(3) 定数係数線形微分方程式

・電気回路の過渡現象において扱う微分方程式は、通常、2階以下の定数係数線形微分方程式である。

・電気回路の状態を表す2階の定数係数線形微分方程式は、以下のように表される。

$$a_2\frac{\mathrm{d}^2 i(t)}{\mathrm{d}t^2}+a_1\frac{\mathrm{d}i(t)}{\mathrm{d}t}+a_0 i(t)=e(t) \tag{3.1}$$

ここで、a_0, a_1, a_2は定数であり、$i(t)$は電流、電荷または電圧といった回路の状態を表す従属変数である。また、$e(t)$は電圧源または電流源を示すtの関数である。

・定数係数線形微分方程式の一般解は定常解i_sと過渡解i_tの和で表される。

$$i(t)=i_s(t)+i_t(t) \tag{3.2}$$

・定常解は十分に時間が経過し、過渡解が消滅した後に残る部分である。電気回路の場合、定常状態における電流、電荷または電圧を意味している。$e(t)$が直流の場合の定常解は定数であり、正弦波交流の場合の定常解は$e(t)$同じ周波数を持つ正弦波となる。

・過渡解は十分に時間が経過すると消滅する成分である。過渡解は、(3.1)式において$e(t)=0$とおいた次の同次微分方程式の一般解で与えられる。

$$a_2\frac{\mathrm{d}^2 i_t(t)}{\mathrm{d}t^2}+a_1\frac{\mathrm{d}i_t(t)}{\mathrm{d}t}+a_0 i_t(t)=0 \tag{3.3}$$

[1] 1階定数係数線形微分方程式

・次に示す1階の定数係数線形微分方程式において、Eが定数の場合を考える。

$$a_1\frac{\mathrm{d}i}{\mathrm{d}t}+a_0 i=E \tag{3.4}$$

この場合、過渡解と定常解を個別に求める方法から一般解を導出することも可能であるが、微分方程式を下記のように変形し、積分で求めることができる。

$$\frac{\mathrm{d}i}{\mathrm{d}t}=-\frac{a_0}{a_1}\left(i-\frac{E}{a_0}\right) \tag{3.5}$$

$$\frac{\mathrm{d}i}{i-\dfrac{E}{a_0}}=-\frac{a_0}{a_1}\mathrm{d}t \tag{3.6}$$

(3.6)式を積分すると

$$\ln\left(i-\frac{E}{a_0}\right)=-\frac{a_0}{a_1}t+A \tag{3.7}$$

$$i-\frac{E}{a_0}=A'\mathrm{e}^{-\frac{a_0}{a_1}t} \tag{3.8}$$

ここで、AとA'は未定定数である。したがって、この微分方程式の一般解は次のように求められる。

$$i=\frac{E}{a_0}+A'\mathrm{e}^{-\frac{a_0}{a_1}t} \tag{3.9}$$

・(3.4)式においてEが定数でない場合は、過渡解と定常解を個別に求める必要があるが、過渡解については$E=0$とおいた同次微分方程式を解くことになるため、上記と同様の方法で求めることができる。

[2] 2階定数係数線形微分方程式

・次に示す2階の定数係数線形微分方程式において、Eが定数の場合を考える。

$$a_2\frac{\mathrm{d}^2 i(t)}{\mathrm{d}t^2}+a_1\frac{\mathrm{d}i(t)}{\mathrm{d}t}+a_0 i(t)=E \tag{3.10}$$

定常解i_{s}は、Eが定数であることから定数となる。このため、$\dfrac{\mathrm{d}^2}{\mathrm{d}t^2}, \dfrac{\mathrm{d}}{\mathrm{d}t}=0$とおいて

$i_{\mathrm{s}}=$ ⑫ [　　　　]　　(3.11)

と求めることができる。

・過渡解i_{t}は次の同次微分方程式を解くことで求められる。

$$a_2\frac{\mathrm{d}^2 i_{\mathrm{t}}(t)}{\mathrm{d}t^2}+a_1\frac{\mathrm{d}i_{\mathrm{t}}(t)}{\mathrm{d}t}+a_0 i_{\mathrm{t}}(t)=0 \tag{3.12}$$

以下$i_{\mathrm{t}}(t)$をi_{t}と表す。

$i_{\mathrm{t}}=A\mathrm{e}^{\lambda t}$とおくと、(3.12)式は

$$a_2 A\lambda^2\mathrm{e}^{\lambda t}+a_1 A\lambda\mathrm{e}^{\lambda t}+a_0 A\mathrm{e}^{\lambda t}=0$$

$$(a_2\lambda^2+a_1\lambda+a_0)Ae^{\lambda t}=0$$

$$\therefore a_2\lambda^2+a_1\lambda+a_0=0 \tag{3.13}$$

(3.13)式を特性方程式（または、補助方程式）という。

この特性方程式の解は

$$\lambda_1, \lambda_2=\frac{-a_1\pm\sqrt{a_1^2-4a_2a_0}}{2a_2} \tag{3.14}$$

と求められる。

・ここで、$\boldsymbol{a_1^2-4a_2a_0>0}$**の場合**を考える。この場合、特性方程式は2つの異なる実数解を持つ。ここで、特性方程式の解を

$$\lambda_1, \lambda_2=-\alpha\pm\beta \tag{3.15}$$

$$\alpha=\frac{a_1}{2a_2}, \beta=\frac{1}{2a_2}\sqrt{a_1^2-4a_2a_0} \tag{3.16}$$

とおくと、過渡解はA_1とA_2を定数として

$$i_t=A_1e^{(-\alpha+\beta)t}+A_2e^{(-\alpha-\beta)t} \tag{3.17}$$

と求められる。したがって、一般解は

$$i=i_s+i_t=⑬\text{..............................} \tag{3.18}$$

と求められる。

・$\boldsymbol{a_1^2-4a_2a_0=0}$**の場合**を考える。この場合、特性方程式は重解となる。ここで、

$$\lambda_1=\lambda_2=-\alpha \tag{3.19}$$

$$\alpha=\frac{a_1}{2a_2} \tag{3.20}$$

とおくと、過渡解はA_1とA_2を定数として

$$i_t=(A_2t+A_1)e^{-\alpha t} \tag{3.21}$$

と求められる。したがって、一般解は

$$i=i_s+i_t=⑭\text{..............................} \tag{3.22}$$

と求められる。

・$\boldsymbol{a_1^2-4a_2a_0<0}$**の場合**は練習問題[5]を参照。

＜3.1 練習問題＞

[1] 問図 3-1 の RL 直列回路におけるインダクタの端子電圧v_{L}と回路を流れる電流iの時間変化の概形を問図 3-2 に描いてみよ。

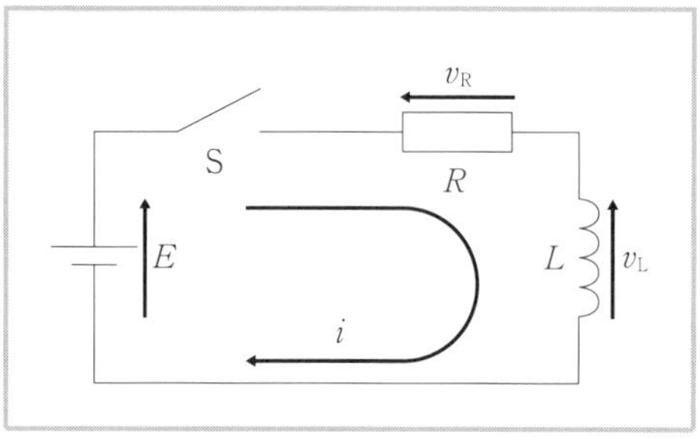

問図 3-1

問図 3-2

[2] 問図 3-3 の RC 直列回路におけるキャパシタの端子電圧v_{C}と回路を流れる電流iの時間変化の概形を問図 3-4 に描いてみよ。

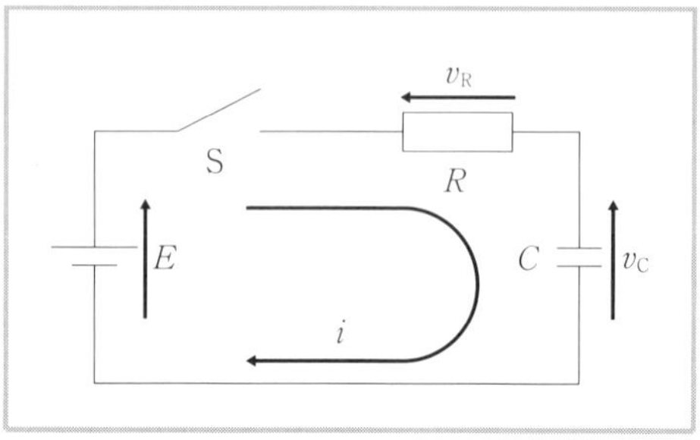

問図 3-3

問図 3-4

[3] 問図 3-1 の回路においてスイッチを閉じた直後の電流iを変数とした回路方程式を書いてみよ。

[4] 問図 3-3 の回路においてスイッチを閉じた直後の電流iを変数とした回路方程式を書いてみよ。

[5] 次の微分方程式の定常解i_s、過渡解i_tおよび一般解iを求めよ。ただし、$a_1^2-4a_2a_0<0$とする。

$$a_2\frac{\mathrm{d}^2 i(t)}{\mathrm{d}t^2}+a_1\frac{\mathrm{d}i(t)}{\mathrm{d}t}+a_0 i(t)=E$$

過渡解についてのヒント：

特性方程式の解を

$$\lambda_1, \lambda_2=-\alpha\pm \mathrm{j}\gamma$$

$$\alpha=\frac{a_1}{2a_2}、\ \gamma=\frac{1}{2a_2}\sqrt{4a_2a_0-a_1^2}$$

とおくと、過渡解i_tは、A_1、A_2を定数として、

$$i_t=A_1\mathrm{e}^{-\alpha t}\mathrm{e}^{\mathrm{j}\gamma t}+A_2\mathrm{e}^{-\alpha t}\mathrm{e}^{-\mathrm{j}\gamma t}$$

この式を$\mathrm{e}^{\pm \mathrm{j}\theta}=\cos\theta\pm \mathrm{j}\sin\theta$の関係を用いて整理すると、$B_1$、$B_2$を定数として

$$i_t=\mathrm{e}^{-\alpha t}(B_1\cos\gamma t+B_2\sin\gamma t)$$

が得られる

第3章

3.2 *RL* 回路の過渡現象

学習内容 直流電源による *RL* 回路の過渡現象を学ぶ。

目　標 *RL* 回路において直流電源によって生じる過渡現象について、電流、電圧の時間変化を計算できる。

3.2(1) *RL* 直列回路の過渡現象

[1] 電流と電圧の変化

・図 3-5 の回路において$t=0$でスイッチ S を閉じたとき、回路を流れる電流、抵抗の端子電圧、インダクタの端子電圧を考える。

・スイッチ S を閉じた後の回路方程式は次式で表される。

$$v_R + v_L = E$$

$$Ri + L\frac{\mathrm{d}i}{\mathrm{d}t} = E \quad (3.23)$$

この微分方程式の一般解はAを定数として(3.24)式で表される。(① p118 3.1(3) [1] 1 階定数係数微分方程式の解き方を参考にして、計算過程を示せ)

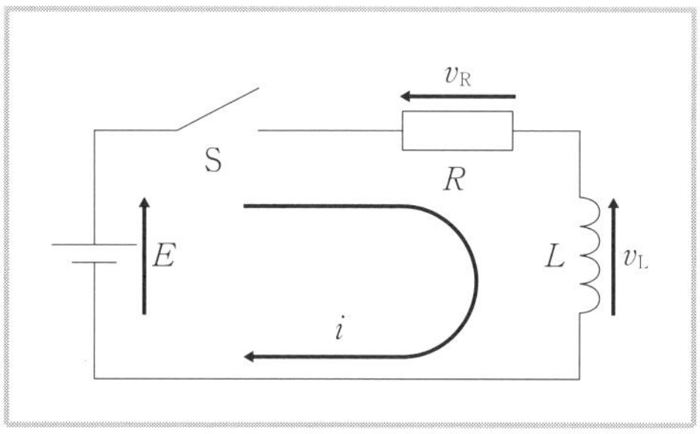

図 3-5

①

$$i=\frac{E}{R}+A\mathrm{e}^{-\frac{R}{L}t} \tag{3.24}$$

$t=0$において、回路には電流は流れていないため、初期値として$i(0)=0$を代入すると

$$i=\frac{E}{R}\left(1-\mathrm{e}^{-\frac{R}{L}t}\right) \tag{3.25}$$

と求められる。

・抵抗の端子間電圧は

$$v_{\mathrm{R}}=Ri=E\left(1-\mathrm{e}^{-\frac{R}{L}t}\right) \tag{3.26}$$

インダクタの端子電圧は

$$v_{\mathrm{L}}=L\frac{\mathrm{d}i}{\mathrm{d}t}=L\times\left(-\frac{R}{L}\right)\times\left(-\frac{E}{R}\,\mathrm{e}^{-\frac{R}{L}t}\right)=E\mathrm{e}^{-\frac{R}{L}t} \tag{3.27}$$

と求められる。

・回路を流れる電流と抵抗とインダクタの端子電圧の時間変化を図 3-6 示す。

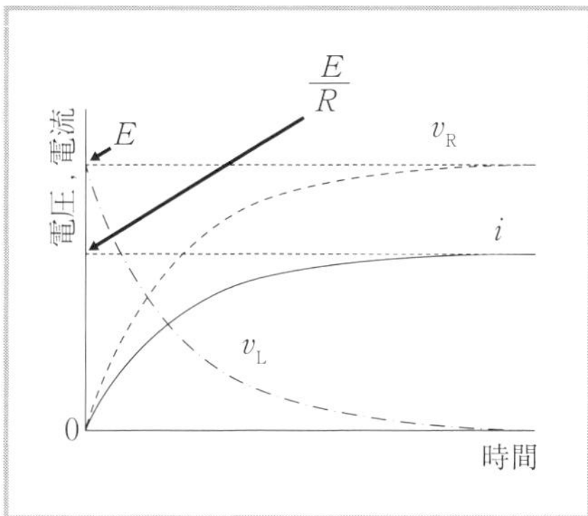

図 3-6

[2] 時定数

・(3.25)~(3.27)式において、時間に依存して変化する項は時間に対して指数関数的に変化し、以下の形で表される。

$$i(t),\ v_{\mathrm{R}}(t),\ v_{\mathrm{L}}(t)\propto\exp\left(-\frac{t}{\tau}\right) \tag{3.28}$$

ここで、$\tau=$② ＿＿＿＿ [s]は時定数と呼ばれ、過渡現象の推移の目安として用いられる。

・時定数の値は、過渡現象において電流や電圧等、注目している物理量の変化の速さを示している。

・RL 直列回路の場合、回路を流れる電流iや抵抗の端子電圧v_{R}のように、0 からある一定値まで増加する場合には、図 3-7 に示すように、その一定値の$1-\mathrm{e}^{-1}=$③ ＿＿＿＿ 倍になるまでにかかる時間が時定数である。また、インダクタの端子電圧v_{L}のように、ある一定値から 0 まで減少する場合には、図 3-8 に示すように、その一定値の$\mathrm{e}^{-1}=$④ ＿＿＿＿ 倍になるまでの時間が時定数である（eはネイピア数であり、2.71828…という数である）。

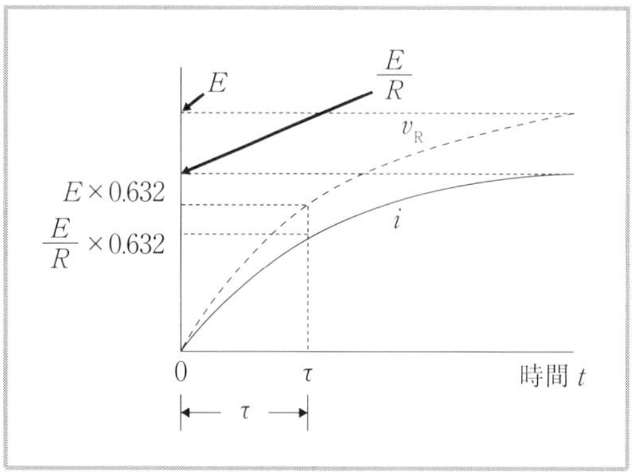

図 3-7

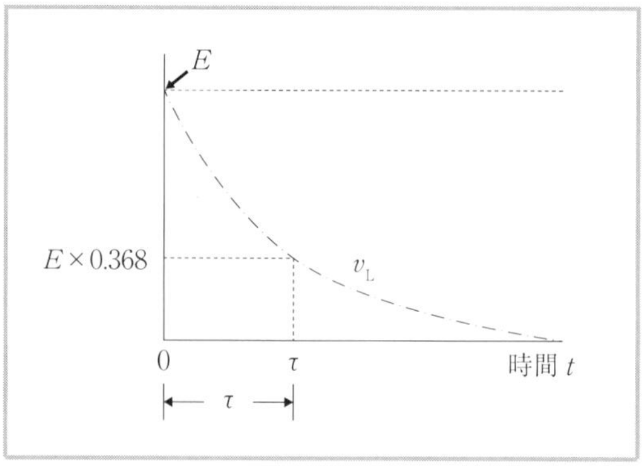

図 3-8

[3] インダクタに蓄えられるエネルギー

・スイッチを閉じた後、定常状態に至るまでにインダクタに蓄えられるエネルギーを考える。
インダクタに蓄えられるエネルギーは

$$W_L=\int_0^{\infty} v_L i \mathrm{d}t \tag{3.29}$$

で与えられる。(3.25)式と(3.27)式を代入して計算すると

$$W_L=\int_0^{\infty}\frac{E}{R}\left(1-\mathrm{e}^{-\frac{R}{L}t}\right)E\mathrm{e}^{-\frac{R}{L}t}\mathrm{d}t=\frac{E^2}{R}\int_0^{\infty}\left(\mathrm{e}^{-\frac{R}{L}t}-\mathrm{e}^{-\frac{2R}{L}t}\right)\mathrm{d}t$$

$$=\frac{E^2}{R}\left[-\frac{L}{R}\mathrm{e}^{-\frac{R}{L}t}+\frac{L}{2R}\mathrm{e}^{-\frac{2R}{L}t}\right]_0^{\infty}=⑤\ \boxed{\qquad}\ [\mathrm{J}] \tag{3.30}$$

と求められる。このエネルギーがインダクタ内の磁界の形で蓄積される。

＜3.2(1) 例題＞

[1] $R=5\ \mathrm{k\Omega}$の抵抗と、$L=500\ \mathrm{mH}$のインダクタからなる RL 直列回路に、$t=0$で$E=100\ \mathrm{V}$の直流電源を接続したとする。

(1) 回路を流れる電流の時定数を求めよ。

(2) 定常状態に至るまでにインダクタに蓄えられるエネルギーを求めよ。

(解法)

(1) RL 直列回路の時定数は

$$\tau=\frac{L}{R}=\frac{500\times10^{-3}}{5\times10^{3}}=⑥\ \underline{\qquad\qquad} \tag{3.31}$$

(2) インダクタに蓄えられるエネルギーは

$$W_L=\frac{LE^2}{2R^2}=\frac{500\times10^{-3}\times100^2}{2\times(5\times10^3)^2}=⑦\ \underline{\qquad\qquad} \tag{3.32}$$

[2] 図 3-9 の回路において、$t=0$でスイッチ S を閉じたとき、回路を流れる電流i_1、i_2を求めよ。

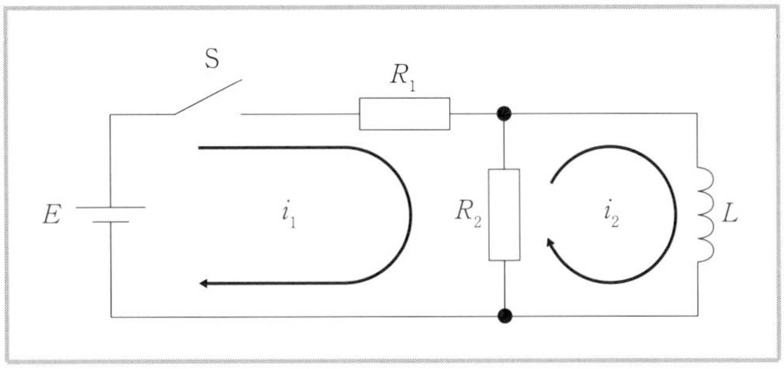

図 3-9

（解法）

スイッチを閉じた後の回路方程式は

$$R_1i_1+R_2i_1-R_2i_2=E \tag{3.33}$$

$$-R_2i_1+R_2i_2+L\frac{\mathrm{d}i_2}{\mathrm{d}t}=0 \tag{3.34}$$

(3.33)式より

$$i_1=\frac{E}{R_1+R_2}+\frac{R_2}{R_1+R_2}i_2 \tag{3.35}$$

(3.34)式に代入して整理すると

$$L\frac{\mathrm{d}i_2}{\mathrm{d}t}+\frac{R_1R_2}{R_1+R_2}i_2=\frac{R_2E}{R_1+R_2} \tag{3.36}$$

この微分方程式の一般解は

$$i_2=\frac{E}{R_1}-A\mathrm{e}^{-\frac{R_1R_2}{L(R_1+R_2)}t} \tag{3.37}$$

となる。$t=0$で$i_2(0)=$⑧ ________ であるため、

$A=$⑨ ［　　］

$$\therefore i_2=\frac{E}{R_1}\left\{1-\mathrm{e}^{-\frac{R_1R_2}{L(R_1+R_2)}t}\right\} \tag{3.38}$$

(3.35)式より

$$i_1=\frac{E}{R_1+R_2}+\frac{R_2}{(R_1+R_2)}\frac{E}{R_1}\left\{1-\mathrm{e}^{-\frac{R_1R_2}{L(R_1+R_2)}t}\right\}$$

$$=\frac{R_1E}{(R_1+R_2)R_1}+\frac{R_2E}{(R_1+R_2)R_1}-\frac{E}{R_1}\cdot\frac{R_2}{R_1+R_2}\mathrm{e}^{-\frac{R_1+R_2}{L(R_1+R_2)}t}=\text{⑩}\ \_\_\_\_\_\_\_\_ \tag{3.39}$$

と求められる。

第3章

3.2(2) *RL* 回路において回路の断続がある場合の過渡現象

[1] 電流と電圧の時間変化

・図 3-10 の回路において、スイッチ S_1を閉じてから十分時間が経過し、定常状態にあるとする。この回路において、$t=0$ でスイッチ S_2を閉じると同時に S_1を開いた場合に、回路を流れる電流を考える。

・スイッチ S_2を閉じた後の回路方程式は

$$v_R+v_L=0$$

$$Ri+L\frac{di}{dt}=0 \qquad (3.40)$$

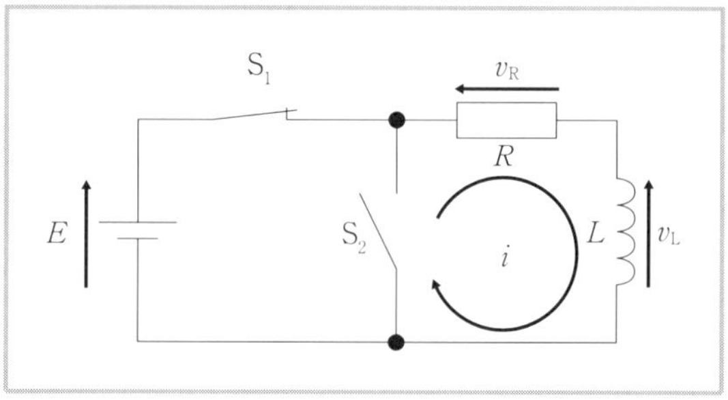

図 3-10

この微分方程式の一般解はAを定数として次式で表される。

$$i=Ae^{-\frac{R}{L}t} \qquad (3.41)$$

スイッチ S_2を閉じる前の回路は、定常状態であるため、直流電源Eに抵抗Rが接続された回路とみなすことができる。そのため、スイッチ S_2を閉じる前に回路を流れている電流は$i(0_-)=$⑪＿＿＿＿であり、スイッチを切り換えた直後の電流$i(0_+)$は、磁束鎖交数保存の理により、$i(0_-)$と等しいから、iの初期値は$i(0_+)=$⑫＿＿＿＿となる。これを(3.41)式に代入して、$i=$⑬＿＿＿＿ (3.42)

と求められる。

・抵抗およびインダクタの端子電圧は

$$v_R=Ri=Ee^{-\frac{R}{L}t} \qquad (3.43)$$

$$v_L=L\frac{di}{dt}=L\times\left(-\frac{R}{L}\right)\times\frac{E}{R}e^{-\frac{R}{L}t}=-Ee^{-\frac{R}{L}t} \qquad (3.44)$$

と求められる。(3.42)～(3.44)式を図示すると、図 3-11 のようになる。

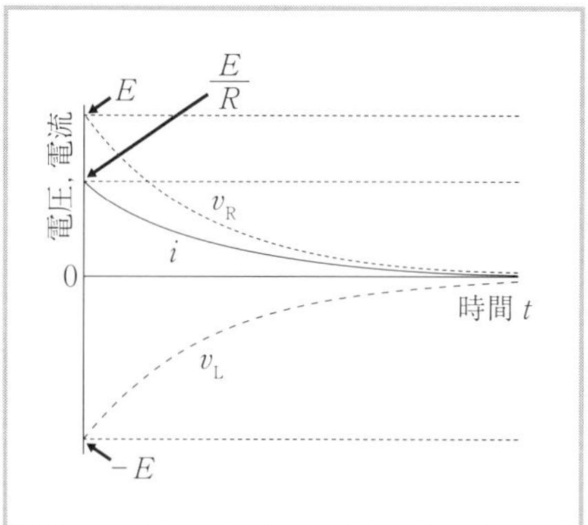

図 3-11

[2] 抵抗で消費されるエネルギー

・図3-10の回路で定常状態に至るまでに抵抗で消費されるエネルギーを考える。抵抗で消費されるエネルギーは

$$W_{\mathrm{R}}=\int_0^{\infty} v_{\mathrm{R}} i \mathrm{d}t \tag{3.45}$$

で与えられる。(3.42)式と(3.43)式を代入して計算すると

$$W_{\mathrm{R}}=\int_0^{\infty} E\mathrm{e}^{-\frac{R}{L}t}\frac{E}{R}\mathrm{e}^{-\frac{R}{L}t}\mathrm{d}t=\frac{E^2}{R}\int_0^{\infty}\mathrm{e}^{-\frac{2R}{L}t}\mathrm{d}t=\frac{E^2}{R}\left[-\frac{L}{2R}\mathrm{e}^{-\frac{2R}{L}t}\right]_0^{\infty}=⑭\_\_\_\_\_\_ \tag{3.46}$$

と求められる。この値は、(3.30)式と等しい。このことは、インダクタに蓄えられていたエネルギーがすべて抵抗によって消費されることを示している。

＜3.2(2) 例題＞

図3-12の回路において、$t=0$でスイッチ$\mathrm{S_1}$を閉じた後、$t=T$でスイッチ$\mathrm{S_2}$を閉じると同時に$\mathrm{S_1}$を開いた場合に、回路を流れる電流を求めよ。

(解法)

・スイッチ$\mathrm{S_1}$を閉じた直後の回路方程式は、

$$v_{\mathrm{R}}+v_{\mathrm{L}}=E$$

$$L\frac{\mathrm{d}i}{\mathrm{d}t}+Ri=E \tag{3.47}$$

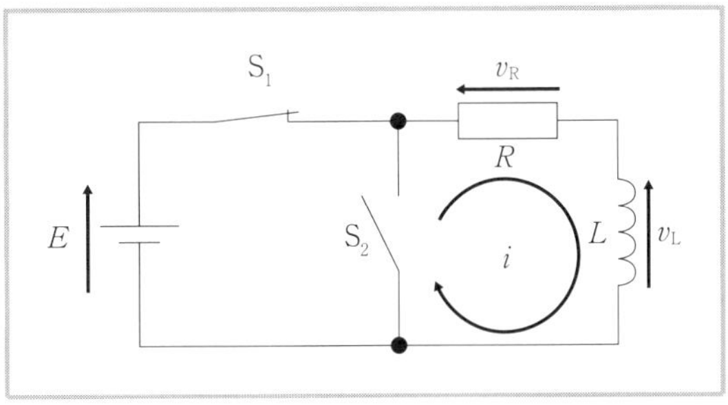

図3-12

この微分方程式の一般解はAを定数とすると

$$i=\frac{E}{R}-A\mathrm{e}^{-\frac{R}{L}t} \tag{3.48}$$

であり、初期値$i(0)=0$を用いるとスイッチ$\mathrm{S_2}$を閉じるまでの電流は次式のように求められる。

$$i=⑮\_\_\_\_\_\_ \tag{3.49}$$

・スイッチ$\mathrm{S_2}$を閉じた後の回路方程式は次式で表される。

$$v_{\mathrm{R}}+v_{\mathrm{L}}=0$$

$$L\frac{\mathrm{d}i}{\mathrm{d}t}+Ri=0 \tag{3.50}$$

この微分方程式の一般解は次式で表される。

$$i=A'\mathrm{e}^{-\frac{R}{L}t} \tag{3.51}$$

ここで、$t=T$における電流$i(T)$は、(3.49)式のtにTを代入して、

$$i(T)=\frac{E}{R}\left(1-\mathrm{e}^{-\frac{R}{L}T}\right) \tag{3.52}$$

であるため、これを(3.51)式に入すると

$$\frac{E}{R}(1-\mathrm{e}^{-\frac{R}{L}T})=A'\mathrm{e}^{-\frac{R}{L}T}$$

第3章

$$\therefore A' = \frac{E}{R}\left(1-\mathrm{e}^{-\frac{R}{L}T}\right)\mathrm{e}^{\frac{R}{L}T} = \frac{E}{R}\left(\mathrm{e}^{\frac{R}{L}T}-1\right) \tag{3.53}$$

となる。したがって、回路を流れる電流は次式のように求められる。

$$i = \begin{cases} \frac{E}{R}\left(1-\mathrm{e}^{\frac{R}{L}t}\right) & 0 \leq t < T \\ ⑯\text{..........................} & T \leq t \end{cases} \tag{3.54}$$

<3.2 練習問題>

[1] 問図3-5の RL 直列回路において $t=0$ でSを閉じ、直流電源 E を接続するとき、回路を流れる電流 i が定常状態の(1) $\frac{1}{4}$, (2) $\frac{1}{2}$, (3) $\frac{3}{4}$ に達するまでの時間を求めよ。

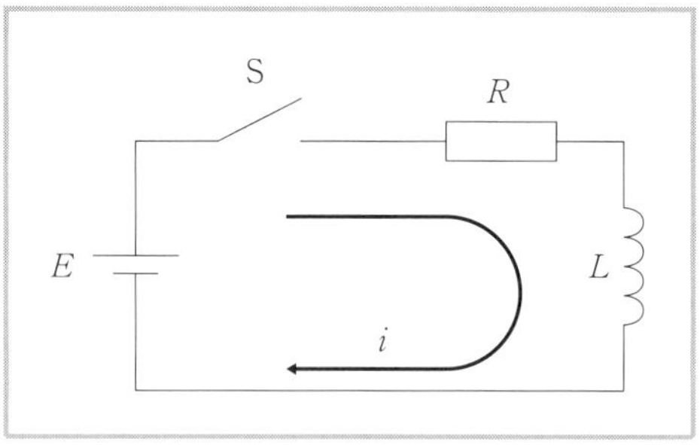

問図 3-5

[2] 問図3-6の回路について以下の問いに答えよ。

(1) $t=0$ でスイッチSを閉じたとき、インダクタを流れる電流 i_2 を求めよ。

(2) i_2 の時定数を求めよ。

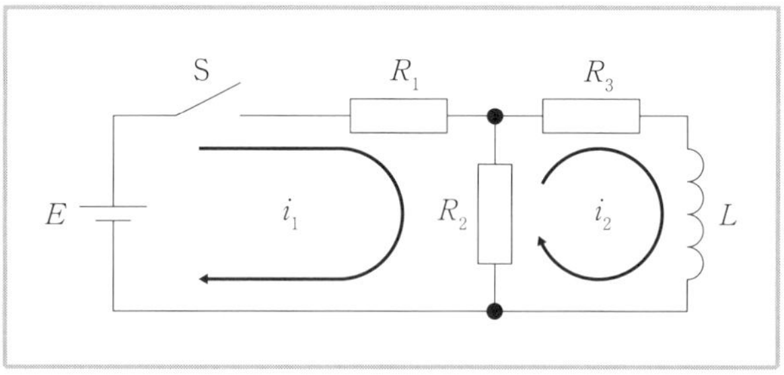

問図 3-6

[3] 定常状態にある問図 3-7 の回路において、(1)$t=0$でスイッチ S を開いたときに回路を流れる電流を求めよ。(2)スイッチを開いた後、定常状態に達するまでに抵抗R_1で消費されるエネルギーを求めよ。

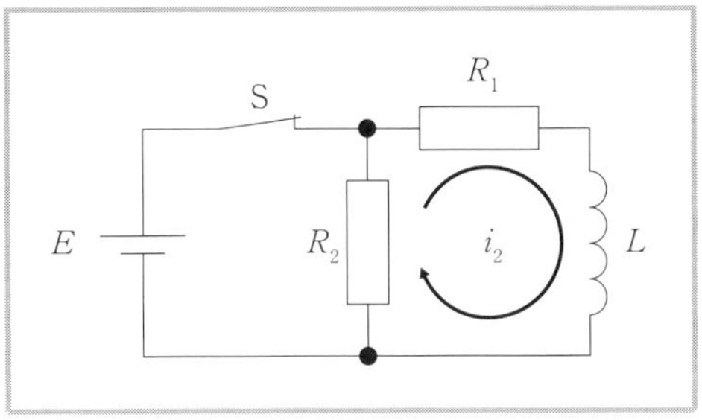

問図 3-7

[4] 定常状態にある問図 3-8 の回路において、$t=0$でスイッチ S を開いたとき、回路を流れる電流を求めよ。

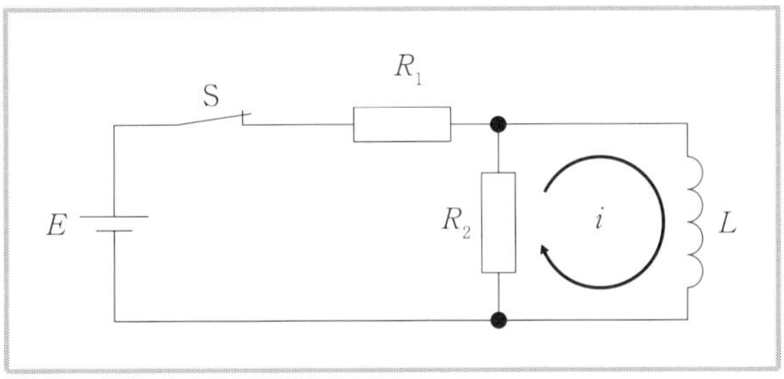

問図 3-8

[5] 問図 3-9 において、回路の時定数をτとする。$t=0$でスイッチ S_1を閉じた後、$t=\tau$でスイッチ S_2を閉じると同時に、スイッチ S_1を開く。このときの、$t=0$, $t=\frac{\tau}{2}$, τ, $\frac{3\tau}{2}$, 2τ、3τにおける電流iの値を求め、同図 3-10 にそのグラフの概形を描け。

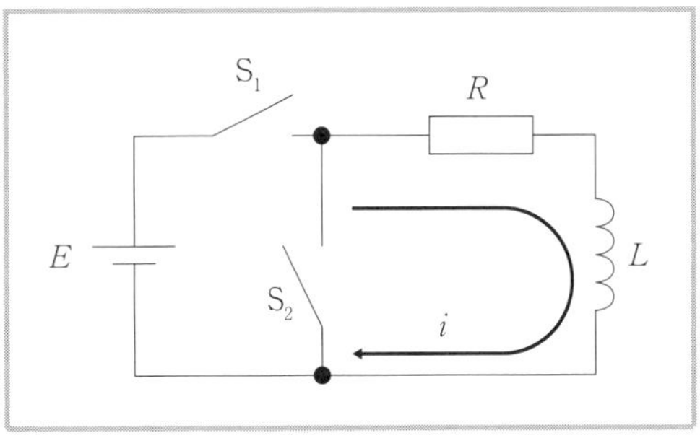

問図 3-9

第3章

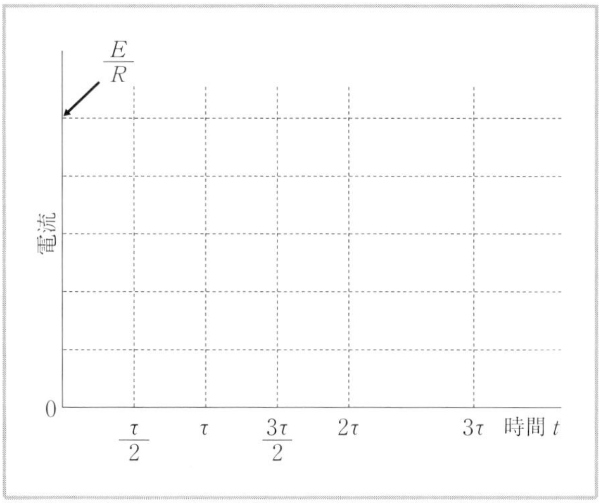

問図 3-10

3.3 RC 回路の過渡現象

学習内容 直流電源による RC 回路の過渡現象を学ぶ。

目　標 RC 回路において直流電源によって生じる過渡現象について、電流、電圧の時間変化を計算できる。

3.3(1) RC 直列回路の過渡現象

[1] 電流と電圧の変化（電荷を変数として解く場合）

・図 3-13 の回路において、$t=0$でスイッチ S を閉じたとき、回路を流れる電流i、抵抗の端子電圧、キャパシタの端子電圧v_Cを求める。ただし、キャパシタCの初期電荷は 0 とする。

・スイッチ S を閉じた後の回路方程式は次式で表される。

$$v_R+v_C=E$$

$$Ri+\frac{1}{C}\int_0^t i\mathrm{d}t=E \qquad (3.55)$$

ここで、$i=\dfrac{\mathrm{d}q}{\mathrm{d}t}$の関係を用いると

$$R\frac{\mathrm{d}q}{\mathrm{d}t}+\frac{q}{C}=E \qquad (3.56)$$

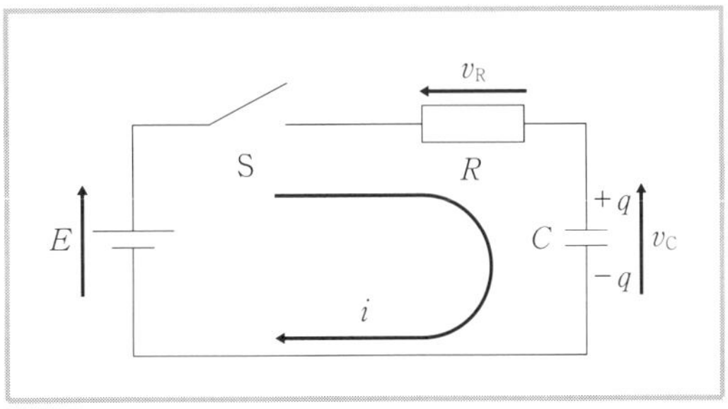

図 3-13

この微分方程式の一般解は A を定数として (3.57) 式で表される。(① p118.3.1 [1] 1 階定数係数微分方程式の解き方を参考にして、計算過程を示せ)

①

$$q = CE + Ae^{-\frac{1}{RC}t} \tag{3.57}$$

初期電荷は0であるため、$q(0) = 0$を初期条件として代入すると

$$q = ② \underline{\qquad\qquad} \tag{3.58}$$

となる。したがって、回路を流れる電流は

$$i = \frac{\mathrm{d}q}{\mathrm{d}t} = \left(-\frac{1}{RC}\right) \times \left(-CEe^{-\frac{1}{RC}t}\right) = ③ \underline{\qquad\qquad} \tag{3.59}$$

と求められる。

・抵抗の端子電圧は

$$v_{\mathrm{R}} = Ri = Ee^{-\frac{1}{RC}t} \tag{3.60}$$

キャパシタの端子電圧は

$$v_{\mathrm{C}} = \frac{q}{C} = E\left(1 - e^{-\frac{1}{RC}t}\right) \tag{3.61}$$

と求められる。

・回路を流れる電流と抵抗とキャパシタの端子電圧の時間変化を図 3-14 に示す。

・RC 回路の場合においても、電流と電圧の時間変化は指数関数的であり、時定数は(3.59)～(3.61)式から

$$\tau = ④ \underline{\qquad\qquad} [\mathrm{s}] \tag{3.62}$$

と表される。

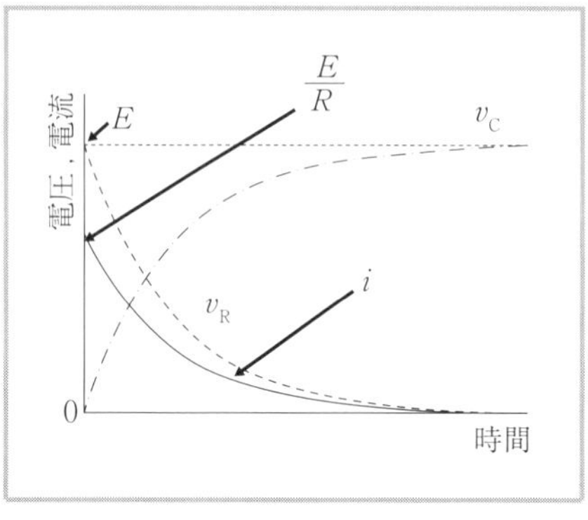

図 3-14

[2] 電流と電圧の変化（電流を変数として解く場合）

・RC 回路の過渡現象は、電流を変数として解くことも可能である。電流を変数として解く方が便利な場合もあるため、電流を変数として解く方法についても示しておく。

・(3.55)式の両辺を時間で微分すると

$$R\frac{\mathrm{d}i}{\mathrm{d}t} + \frac{1}{C}i = 0 \tag{3.63}$$

この微分方程式の一般解は、A を定数として

$$i=A\mathrm{e}^{-\frac{1}{RC}t} \tag{3.64}$$

(3.59)式より、$t=0$において$i(0)=\dfrac{E}{R}$であるため、これを初期値として用いると

$$i=\frac{E}{R}\mathrm{e}^{-\frac{1}{RC}t} \tag{3.65}$$

と求められる。

・抵抗およびキャパシタンスの端子電圧は

$$v_\mathrm{R}=Ri=E\mathrm{e}^{-\frac{1}{RC}t} \tag{3.66}$$

$$v_\mathrm{C}=\frac{1}{C}\int_0^t i\mathrm{d}t=\frac{1}{C}\left[-RC\times\frac{E}{R}\mathrm{e}^{-\frac{1}{RC}t}\right]_0^t=E\left(1-\mathrm{e}^{-\frac{1}{RC}t}\right) \tag{3.67}$$

と求められる。

[3] キャパシタに蓄えられるエネルギー

・スイッチを閉じてから定常状態に至るまでに、キャパシタに蓄えられるエネルギーを考える。キャパシタに蓄えられるエネルギーは、

$$W_\mathrm{C}=\int_0^\infty v_\mathrm{c}i\mathrm{d}t \tag{3.68}$$

で与えられる。(3.65)式と(3.67)式を代入して計算すると

$$W_\mathrm{C}=\int_0^\infty\frac{E}{R}\mathrm{e}^{-\frac{1}{RC}t}E\left(1-\mathrm{e}^{-\frac{1}{RC}t}\right)\mathrm{d}t=\frac{E^2}{R}\int_0^\infty\left(\mathrm{e}^{-\frac{1}{RC}t}-\mathrm{e}^{-\frac{2}{RC}t}\right)\mathrm{d}t$$

$$=\frac{E^2}{R}\left[-RC\mathrm{e}^{-\frac{1}{RC}t}+\frac{RC}{2}\mathrm{e}^{-\frac{2}{RC}t}\right]_0^\infty=\text{⑤}\;\underline{\qquad\qquad} \tag{3.69}$$

と求められる。このエネルギーが電源から供給され、キャパシタ内の電界として蓄積される。

＜3.3(1) 例題＞

図 3-15 の回路において、$t=0$でスイッチ S を閉じたとき、回路を流れる電流i_1、i_2を求めよ。ただし、キャパシタの初期電荷は 0 とする。

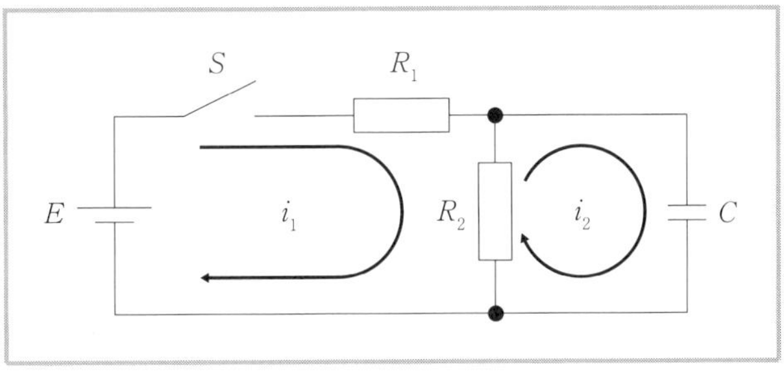

図 3-15

（解法）

スイッチSを閉じた後の回路方程式は

$$R_1i_1+R_2i_1-R_2i_2=E \tag{3.70}$$

$$-R_2i_1+R_2i_2+\frac{1}{C}\int_0^t i_2\mathrm{d}t=0 \tag{3.71}$$

(3.70)式より

$$i_1=\frac{E}{R_1+R_2}+\frac{R_2}{R_1+R_2}i_2 \tag{3.72}$$

(3.71)式に代入して整理すると

$$\frac{R_1R_2}{R_1+R_2}i_2+\frac{1}{C}\int_0^t i_2\mathrm{d}t=\frac{R_2E}{R_1+R_2} \tag{3.73}$$

$i_2=\frac{\mathrm{d}q_2}{\mathrm{d}t}$の関係を用いると

$$\frac{R_1R_2}{R_1+R_2}\frac{\mathrm{d}q_2}{\mathrm{d}t}+\frac{q_2}{C}=\frac{R_2E}{R_1+R_2} \tag{3.74}$$

この微分方程式の一般解はAを定数として

$$q_2=\frac{CR_2}{R_1+R_2}E-A\mathrm{e}^{-\frac{(R_1+R_2)}{CR_1R_2}t} \tag{3.75}$$

初期電荷は0であるため

$$q_2=⑥\underline{\qquad\qquad\qquad} \tag{3.76}$$

となる。したがって

$$i_2=\frac{\mathrm{d}q_2}{\mathrm{d}t}=\frac{CR_2E}{R_1+R_2}\times\left\{-\frac{(R_1+R_2)}{CR_1R_2}\right\}\times\left\{-\mathrm{e}^{-\frac{(R_1+R_2)}{CR_1R_2}t}\right\}=⑦\underline{\qquad\qquad\qquad} \tag{3.77}$$

(3.72)式より

$$i_1=\frac{E}{R_1+R_2}+\frac{R_2}{R_1+R_2}i_2=⑧\underline{\qquad\qquad\qquad} \tag{3.78}$$

と求められる。

3.3(2) *RC* 回路において回路の断続がある場合の過渡現象

[1] 電流と電圧の変化

・図3-16の回路において、スイッチS_1を閉じてから十分時間が経過し、定常状態にあるとする。この回路において、$t=0$でスイッチS_2を閉じると同時にS_1を開いた場合に、回路を流れる電流を考える。

・スイッチS_2を閉じた後の回路方程式は

$$v_R+v_C=E$$

$$Ri+\frac{1}{C}\int_0^t i\mathrm{d}t=0 \tag{3.79}$$

$i=\dfrac{\mathrm{d}q}{\mathrm{d}t}$の関係を用いると

$$R\frac{\mathrm{d}q}{\mathrm{d}t}+\frac{q}{C}=0 \qquad (3.80)$$

この微分方程式の一般解はAを定数として次式で表される。

$$q=A\mathrm{e}^{-\frac{1}{RC}t} \qquad (3.81)$$

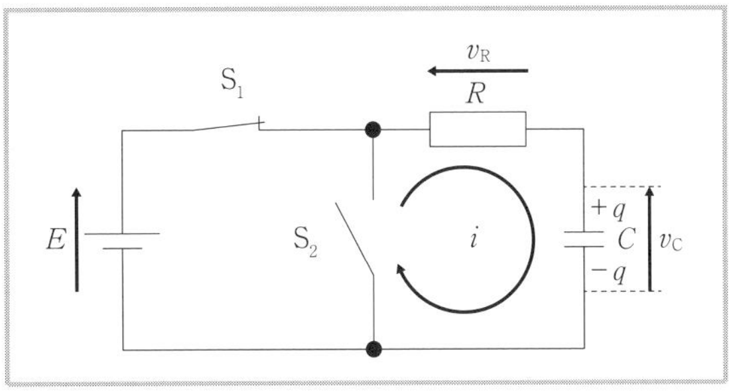

図 3-16

スイッチS_2を閉じる前の回路は定常状態であるため、キャパシタは充電され、その端子電圧は$v_C(0)=E$であり、初期電荷は$q(0)=Cv_C(0)=CE$である。これを代入すると

$$q=⑨\text{..............................} \qquad (3.82)$$

と求められる。したがって、回路を流れる電流は

$$i=\frac{\mathrm{d}q}{\mathrm{d}t}=⑩\text{..............................} \qquad (3.83)$$

と求められる。

・抵抗およびキャパシタの端子電圧は

$$v_R=Ri=⑪\text{..............................} \qquad (3.84)$$

$$v_C=\frac{q}{C}=E\mathrm{e}^{-\frac{1}{RC}t} \qquad (3.85)$$

と求められる。

・(3.83)式で、電流が負になっているのは、実際の電流の方向が、図 3-16 のiの方向と逆向きである（Cに貯えられた電荷が放電される）ためである。

・(3.82)～(3.85)式を図示すると、図 3-17 のようになる。

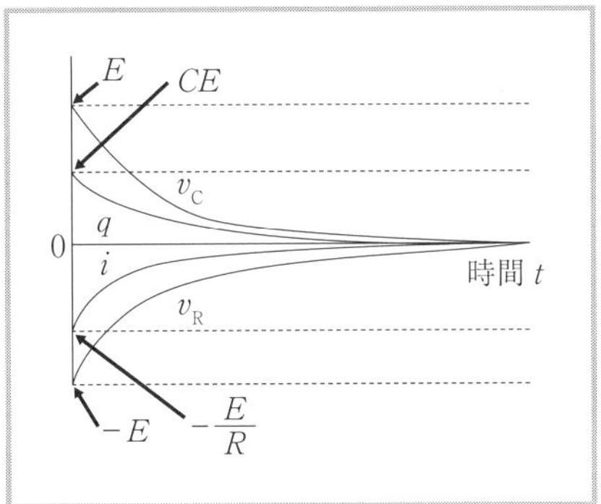

図 3-17

・ここで、電流iの方向を図 3-16 と逆方向にとった図 3-18 の場合の解法を示しておく。この図においては、キャパシタンスの端子電圧v_Cは、図 3-16 と逆方向になっていることに注意すること。

・スイッチS_2を閉じた後の回路方程式は

$$v_R + v_C = 0$$

$v_C = \frac{q}{c}$を代入して、

$$Ri + \frac{q}{c} = 0$$

$i = \frac{dq}{dt}$の関係を用いると、

$$R\frac{dq}{dt} + \frac{q}{C} = 0$$

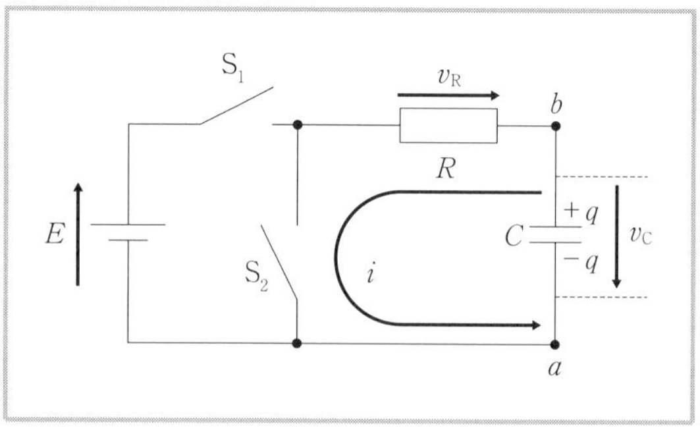

図 3-18

この式の一般解は、

$$q = Ae^{-\frac{1}{RC}t}$$

$t=0$において、$v_C(0) = -E$である（キャパシタンスCは、a 端子に対して b 端子がEだけ電位が高いように充電されている）から、初期電荷は$q(0) = Cv_C(0) =$ ⑫ ＿＿＿＿＿ である。したがって、

$$q = -CEe^{-\frac{1}{RC}t}$$

$$i = \frac{dq}{dt} = \text{⑬ ＿＿＿＿＿}$$

このように、電流iは正の値をとる。このとき、

$$v_R = Ri = Ee^{-\frac{1}{RC}t}$$

$$v_C = \frac{q}{C} = -Ee^{-\frac{1}{RC}t}$$

と求められる。

・上記の解法では、キャパシタンスの電荷qは、負の値である$q = -CE$から0に向かって変化する結果となっている。実際は、正の電流iがキャパシタンスから図 3-18 の方向に流出し、電荷qは放電により正の値CEから0に向かって変化する。このように電流i、電荷qの両方が正の値をとるような結果を得る解法を、図 3-19 で説明する。

・図 3-19 において、キャパシタンスの端子電圧v_Cの正方向は、a 端子から b 端子に向けてとっている。

・スイッチS_2を閉じた後の回路方程式は

$$v_R = v_C$$

$v_C = \frac{q}{c}$を代入して、

$$Ri = \frac{q}{c}$$

電流iは、キャパシタンスCの電荷の減少の割合であるから、

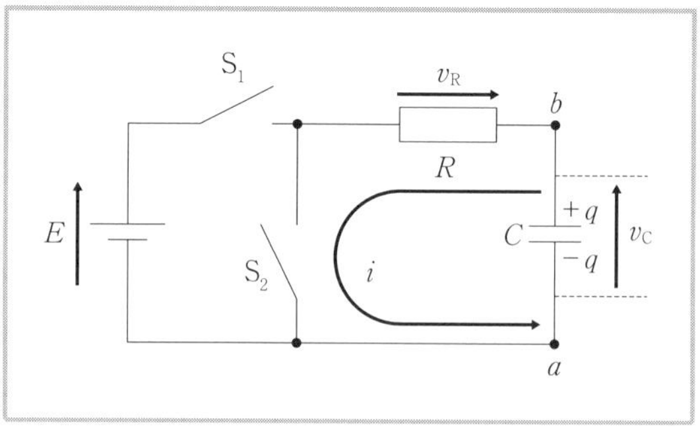

図 3-19

$$i=-\frac{\mathrm{d}q}{\mathrm{d}t}$$

これを代入して、

$$-R\frac{\mathrm{d}q}{\mathrm{d}t}-\frac{q}{C}=0$$

$$\therefore R\frac{\mathrm{d}q}{\mathrm{d}t}+\frac{q}{C}=0$$

この式の一般解は、

$$q=A\mathrm{e}^{-\frac{1}{RC}t}$$

$t=0$において、$v_{\mathrm{C}}(0)=E$である（キャパシタンスCは、a 端子に対して b 端子がEだけ電位が高いように充電されている）から、初期電荷は$q(0)=Cv_{\mathrm{C}}(0)=$⑭__________である。したがって、

$q=$⑮__________

$i=-\dfrac{\mathrm{d}q}{\mathrm{d}t}=$⑯__________

$$v_{\mathrm{R}}=Ri=E\mathrm{e}^{-\frac{1}{RC}t}$$

$$v_{\mathrm{C}}=\frac{q}{C}=E\mathrm{e}^{-\frac{1}{RC}t}$$

この解法によれば、電荷q、電流iともに正の値をとる。

[2] 抵抗で消費されるエネルギー

・スイッチを切り替えた後、抵抗で消費されるエネルギーは

$$W_{\mathrm{R}}=\int_0^{\infty}v_{\mathrm{R}}i\mathrm{d}t \tag{3.86}$$

で与えられる。(2.83)式と(2.84)式を代入して計算すると

$$W_R=\int_0^{\infty}\left(-\frac{E}{R}\mathrm{e}^{-\frac{1}{RC}t}\right)\left(-E\mathrm{e}^{-\frac{1}{RC}t}\right)\mathrm{d}t=\frac{E^2}{R}\int_0^{\infty}\mathrm{e}^{-\frac{2}{RC}t}\mathrm{d}t$$

$$=\frac{E^2}{R}\left[-\frac{RC}{2}\mathrm{e}^{-\frac{2}{RC}t}\right]_0^{\infty}=\text{⑰}\_\_\_\_\_\_\_\_\_\_ \tag{3.87}$$

と求められる。この値は、(3.69)式と等しい。このことは、キャパシタに蓄えられていたエネルギーがすべて抵抗によって消費されることを示している。

＜3.3 練習問題＞

[1] $R=2\ \mathrm{k\Omega}$の抵抗と、$C=5\ \mathrm{\mu F}$のキャパシタンスからなる RC 直列回路に、$t=0$で$E=100\ \mathrm{V}$の直流電源を接続したとする。

(1) 回路を流れる電流の時定数を求めよ。

(2) 定常状態に至るまでにキャパシタに蓄えられるエネルギーを求めよ。

[2] 問図 3-11 の回路においてt=0でスイッチ S を閉じたとき、回路を流れる電流を求めよ。ただし、キャパシタの初期電荷はQ_0とする。

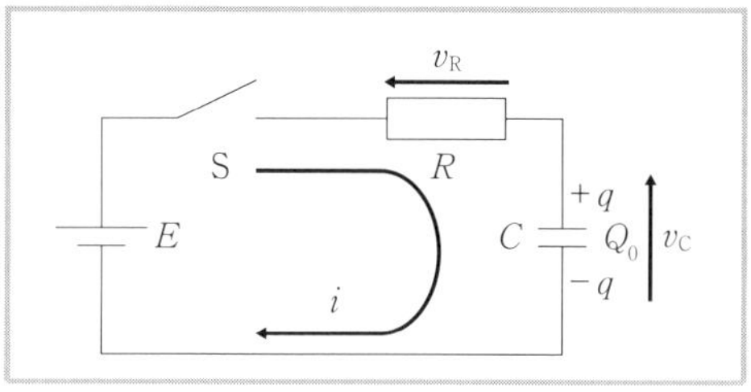

問図 3-11

[3] 問図 3-12 の回路において、t=0でスイッチ S_1を閉じた後、t=Tでスイッチ S_2を閉じると同時に S_1を開いた場合に、回路を流れる電流を求めよ。ただし、キャパシタの初期電荷は 0 とする。

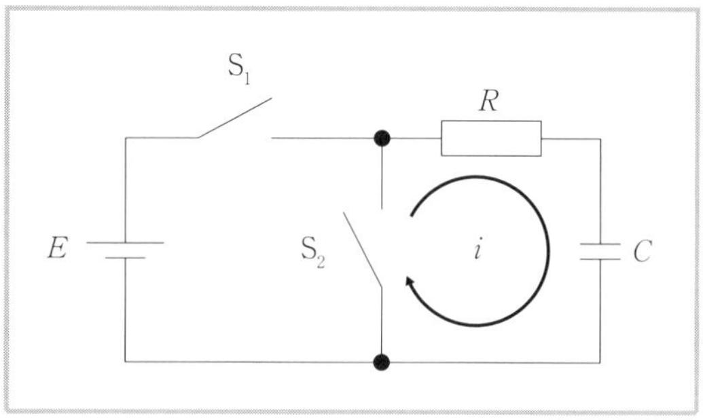

問図 3-12

[4] 定常状態にある問図 3-13 の回路において、$t=0$でスイッチ S を開いたとき、電流を変数として解く方法で回路を流れる電流を求めよ。

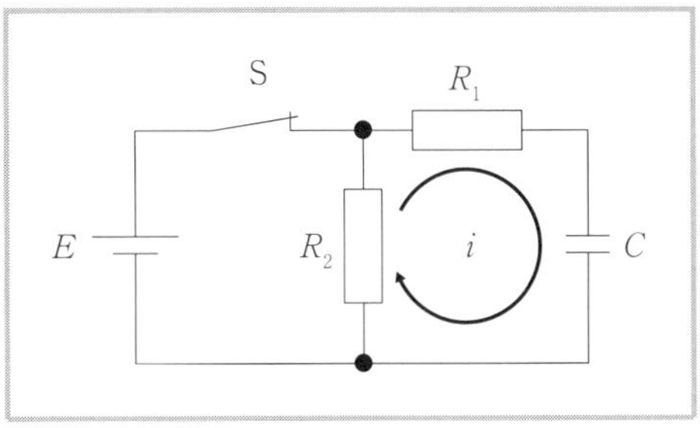

問図 3-13

第3章

3.4　LC 回路および RLC 回路の過渡現象

学習内容　直流電源による LC 回路と RLC 回路の過渡現象を学ぶ。

目　標　LC 回路および RLC 回路において直流電源によって生じる過渡現象について、電流、電圧の時間変化を計算できる。

3.4(1)　LC 回路の過渡現象

・図 3-20 の回路において、$t=0$でスイッチを閉じたとき、回路を流れる電流と各素子の端子電圧を考える。

・スイッチを閉じた後の回路方程式は次式で表される。

$$v_L+v_C=E$$

$$L\frac{di}{dt}+\frac{1}{C}\int_0^t i dt=E \qquad (3.88)$$

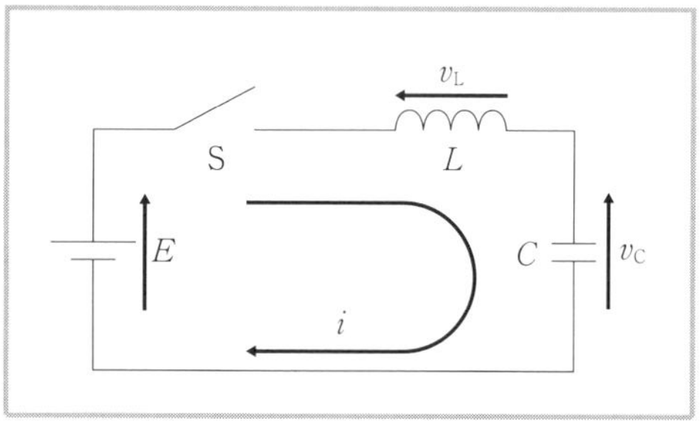

図 3-20

ここで、$i=\frac{dq}{dt}$の関係を用いると

$$L\frac{d^2q}{dt^2}+\frac{q}{C}=E \qquad (3.89)$$

定常解は、$\frac{d^2}{dt^2}=0$とおいて

$$q_s=① \quad\text{..........} \qquad (3.90)$$

となる。過渡解は$E=0$とおいた次の同次微分方程式の一般解として求められる。

$$L\frac{d^2q}{dt^2}+\frac{q}{C}=0 \qquad (3.91)$$

この微分方程式の特性方程式は

$$② \quad\text{..........}=0 \qquad (3.92)$$

であり、その解は

$$\lambda_{1,2}=\pm j\gamma \qquad (3.93)$$

$$\gamma=③ \quad\text{..........} \qquad (3.94)$$

であるため、過渡解は

$$q_t=A_1e^{j\gamma t}+A_2e^{-j\gamma t} \qquad (3.95)$$

となる。したがって、一般解は

$$q=q_s+A_1e^{j\gamma t}+A_2e^{-j\gamma t} \qquad (3.96)$$

キャパシタの初期電荷は 0 であるため、$q(0)=0$を用いると

$$q_s+A_1+A_2=0 \qquad (3.97)$$

また、インダクタの初期電流も 0 であるため

$$i(0)=\left.\frac{dq}{dt}\right|_{t=0}=j\gamma A_1-j\gamma A_2=j\gamma(A_1-A_2)=0 \qquad (3.98)$$

(3.97)式と(3.98)式から

$$A_1=A_2=-\frac{q_S}{2} \tag{3.99}$$

したがって、

$$q=q_s\left(1-\frac{e^{j\gamma t}+e^{-j\gamma t}}{2}\right)=q_s(1-\cos\gamma t) \tag{3.100}$$

ここで、$e^{\pm j\theta}=\cos\theta\pm j\sin\theta$の関係を用いて

$q=$④ ……………………

$$=CE\left(1-\cos\frac{1}{\sqrt{LC}}t\right)$$

となり、回路を流れる電流は

$$i=\frac{dq}{dt}=⑤ \text{……………………} \tag{3.101}$$

と求められる。

・キャパシタおよびインダクタの端子電圧は

$$v_C=\frac{q}{C}=⑥ \text{……………………} \tag{3.102}$$

$$v_L=L\frac{di}{dt}=⑦ \text{……………………} \tag{3.103}$$

と求められる。

・回路を流れる電流とキャパシタおよびインダクタの端子電圧の時間変化を図 3-21 に示す。

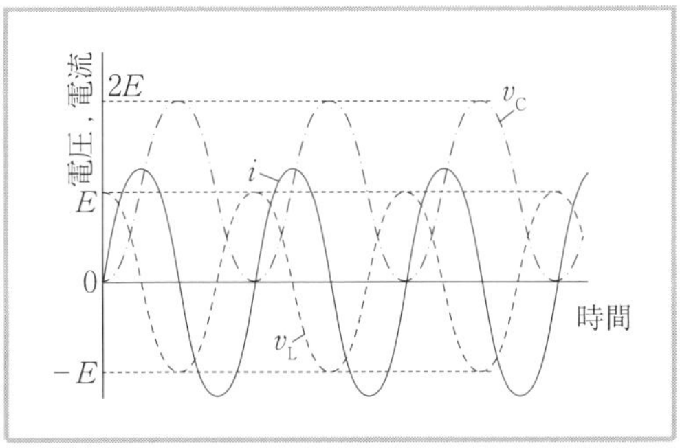

図 3-21

3.4(2) *RLC* 回路の過渡現象

・図 3-22 の回路において、$t=0$でスイッチ S を閉じた場合に回路を流れる電流を考える。

・キャパシタの初期電荷を 0 とすると、スイッチを閉じた後の回路方程式は

$$v_L+v_R+v_C=E$$

$$L\frac{di}{dt}+Ri+\frac{1}{C}\int_0^t i\,dt=E \tag{3.104}$$

電荷を変数として変形すると

$$L\frac{\mathrm{d}^2q}{\mathrm{d}t^2}+R\frac{\mathrm{d}q}{\mathrm{d}t}+\frac{q}{C}=E \tag{3.105}$$

定常解は、$\frac{\mathrm{d}^2}{\mathrm{d}t^2}, \frac{\mathrm{d}}{\mathrm{d}t}=0$とおいて

$$q_\mathrm{s}=CE \tag{3.106}$$

と求められる。次に、過渡解を

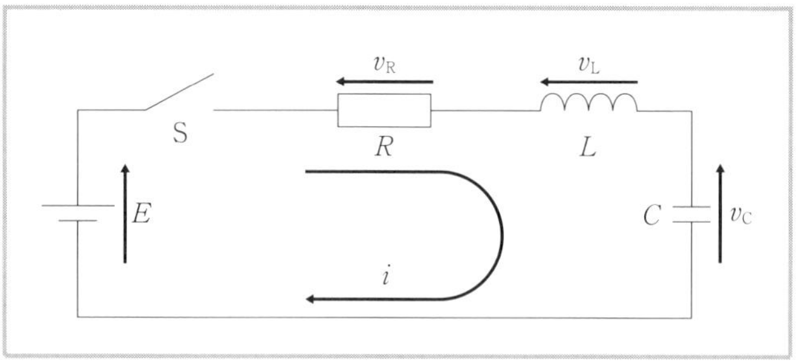

図 3-22

求めるために、$E=0$と置いた次の同次微分方程式を解く。

$$L\frac{\mathrm{d}^2q_\mathrm{t}}{\mathrm{d}t^2}+R\frac{\mathrm{d}q_\mathrm{t}}{\mathrm{d}t}+\frac{q_\mathrm{t}}{C}=0 \tag{3.107}$$

この微分方程式の特性方程式は

$$L\lambda^2+R\lambda+\frac{1}{C}=0 \tag{3.108}$$

である。この特性方程式の解は次のように求めることができる。

$$\lambda_1, \lambda_2=-\frac{R}{2L}\pm\frac{1}{2L}\sqrt{R^2-\frac{4L}{C}}=-\frac{R}{2L}\pm\sqrt{\left(\frac{R}{2L}\right)^2-\frac{1}{LC}} \tag{3.109}$$

[1] 過制動

・$R^2>\frac{4L}{C}$の場合を考える。この場合、特性方程式の解は2つの異なる実数となる。ここで、

$$\lambda_1=-\alpha+\beta,\ \lambda_2=-\alpha-\beta \tag{3.110}$$

$$\alpha=⑧\ \underline{\qquad\qquad},\ \beta=⑨\ \underline{\qquad\qquad\qquad} \tag{3.111}$$

とおくと、一般解はA_1、A_2を定数として

$$q=CE+A_1\mathrm{e}^{(-\alpha+\beta)t}+A_2\mathrm{e}^{(-\alpha-\beta)t} \tag{3.112}$$

となる。キャパシタの初期電荷は0であるため、$q(0)=0$を用いると

$$CE+A_1+A_2=0 \tag{3.113}$$

また、インダクタの初期電流も0であるため

$$i(0)=\left.\frac{\mathrm{d}q}{\mathrm{d}t}\right|_{t=0}=(-\alpha+\beta)A_1+(-\alpha-\beta)A_2=0 \tag{3.114}$$

(3.113)式から

$$A_2=-A_1-CE \tag{3.115}$$

(3.114)式に代入して

$$2\beta A_1+(\alpha+\beta)CE=0 \tag{3.116}$$

となる。したがって、

$$A_1=-\frac{CE(\alpha+\beta)}{2\beta},\ A_2=\frac{CE(\alpha-\beta)}{2\beta} \tag{3.117}$$

となり、キャパシタの電荷qは

$$q = CE - \frac{CE(\alpha+\beta)}{2\beta}\mathrm{e}^{(-\alpha+\beta)t} + \frac{CE(\alpha-\beta)}{2\beta}\mathrm{e}^{(-\alpha-\beta)t}$$

$$= CE\left\{1 - \frac{\alpha+\beta}{2\beta}\mathrm{e}^{(-\alpha+\beta)t} + \frac{\alpha-\beta}{2\beta}\mathrm{e}^{(-\alpha-\beta)t}\right\} = CE\left\{1 - \mathrm{e}^{-\alpha t}\left(\cosh\beta t + \frac{\alpha}{\beta}\sinh\beta t\right)\right\} \quad (3.118)$$

$$= CE\left\{1 - \mathrm{e}^{-\alpha t}\left(\frac{\alpha+\beta}{2\beta}\mathrm{e}^{\beta t} - \frac{\alpha-\beta}{2\beta}\mathrm{e}^{-\beta t}\right)\right\}$$

双曲線関数の公式[*1]を用いて、式変形すると

$$q = CE\left\{1 - \mathrm{e}^{-\alpha t}\left(⑩ \underline{\qquad\qquad\qquad\qquad}\right)\right\} \quad (3.118)$$

*1 双曲線関数

$$\frac{\mathrm{e}^{\theta} + \mathrm{e}^{-\theta}}{2} = \cosh\theta$$

$$\frac{\mathrm{e}^{\theta} - \mathrm{e}^{-\theta}}{2} = \sinh\theta$$

回路を流れる電流は

$$i = \frac{\mathrm{d}q}{\mathrm{d}t} = CE\left\{-\frac{(\alpha+\beta)}{2\beta}(-\alpha+\beta)\mathrm{e}^{(-\alpha+\beta)t} + \frac{\alpha-\beta}{2\beta}(-\alpha-\beta)\mathrm{e}^{(-\alpha-\beta)t}\right\}$$

$$= CE\mathrm{e}^{-\alpha t}\left\{\frac{\alpha^2-\beta^2}{2\beta}\mathrm{e}^{\beta t} - \frac{(\alpha^2-\beta^2)}{2\beta}\mathrm{e}^{-\beta t}\right\} = \frac{CE(\alpha^2-\beta^2)}{\beta}\mathrm{e}^{-\alpha t}\sinh\beta t$$

この式に(3.111)式のα、βを代入して、整理すると、

$$= ⑪ \underline{\qquad\qquad\qquad\qquad\qquad\qquad} \quad (3.119)$$

と求めることができる。

・図 3-23 に過制動の場合の回路を流れる電流iとキャパシタの電荷qの時間変化[*2]を示す。

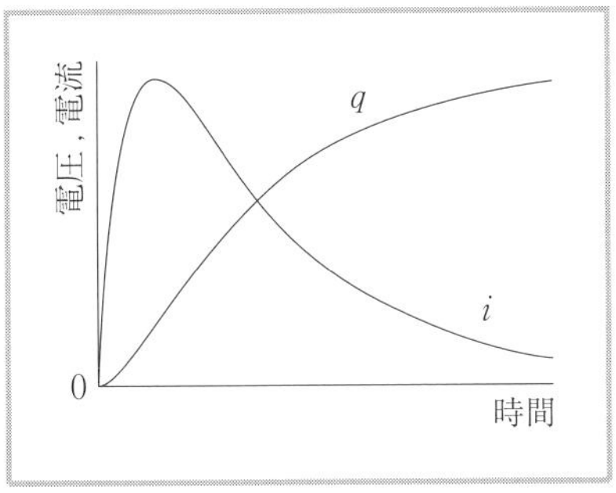

図 3-23

*2 電流iと電流qが図 3-23 のように変化するのは、双曲線関数のグラフが図 3-24 のようになるためである。各自で考察してほしい。

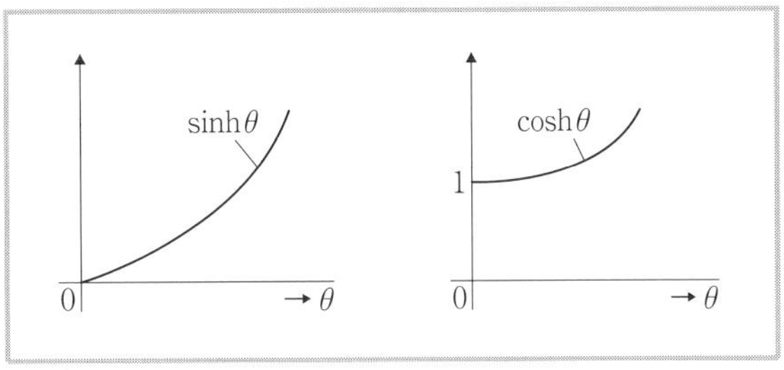

図 3-24

[2] 臨界制動

・$R^2 = \dfrac{4L}{C}$の場合を考える。この場合、特性方程式の解は実数の重解となる。ここで、

$$\lambda_{1,2} = -\alpha, \ \alpha = ⑫ \underline{\qquad} \quad (3.120)$$

とおくと、一般解は

$$q=CE+(A_2t+A_1)\mathrm{e}^{-\alpha t} \tag{3.121}$$

となる。初期条件を代入すると

$$q(0)=CE+A_1=0 \tag{3.122}$$

$$i(0)=\left.\frac{\mathrm{d}q}{\mathrm{d}t}\right|_{t=0}=A_2\mathrm{e}^{-\alpha t}-\alpha(A_2t+A_1)\mathrm{e}^{-\alpha t}\big|_{t=0}=A_2-\alpha A_1=0 \tag{3.123}$$

これらの関係から

$$A_1=-CE, A_2=\alpha A_1=-\alpha CE \tag{3.124}$$

となるため

$$q=CE\{1-(1+\alpha t)\mathrm{e}^{-\alpha t}\} \tag{3.125}$$

回路を流れる電流は

$$i=CE\mathrm{e}^{-\alpha t}\{-\alpha+\alpha(1+\alpha t)\}=CE\alpha^2t\mathrm{e}^{-\alpha t} \tag{3.126}$$

この式に、$\alpha=\frac{R}{2L}$および$R^2=\frac{4L}{C}$を代入して整理すると、

$i=$⑬ ....

・図 3-25 に臨界制動の場合に回路を流れる電流とキャパシタの電荷の時間変化を示す。

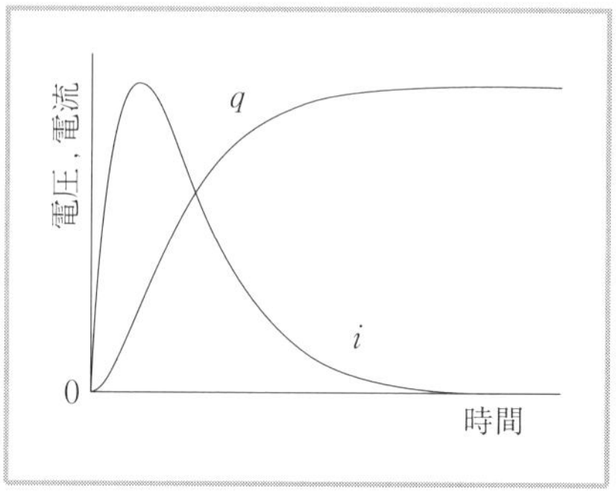

図 3-25

[3] 減衰振動

・$R^2<\frac{4L}{C}$の場合を考える。この場合、解は2つの異なる複素数となる。ここで、

$$\lambda_1=-\alpha+\mathrm{j}\gamma,\ \lambda_2=-\alpha-\mathrm{j}\gamma \tag{3.127}$$

$\alpha=$⑭ ....., $\gamma=$⑮ .... (3.128)

とおくと、一般解はA_1、A_2を定数として

$$q=CE+A_1\mathrm{e}^{(-\alpha+\mathrm{j}\gamma)t}+A_2\mathrm{e}^{(-\alpha-\mathrm{j}\gamma)t} \tag{3.129}$$

3.1 練習問題[5]の解答より、

$$q=CE+e^{-\alpha t}(B_1\cos\gamma t+B_2\sin\gamma t)$$

となる。初期条件を代入すると

$$q(0)=CE+B_1=0 \tag{3.130}$$

$$i(0)=\left.\frac{\mathrm{d}q}{\mathrm{d}t}\right|_{t=0}=-\alpha\mathrm{e}^{-\alpha t}(B_1\cos\gamma t+B_2\sin\gamma t)+\gamma\mathrm{e}^{-\alpha t}(-B_1\sin\gamma t+B_2\cos\gamma t)\Big|_{t=0}$$

$$=-\alpha B_1+\gamma B_2=0 \tag{3.131}$$

これらの関係から

$$B_1=-CE,\ B_2=\frac{\alpha}{\gamma}B_1=-\frac{\alpha}{\gamma}CE \tag{3.132}$$

となるため、キャパシタンスの電荷は

$$q=CE\left\{1-\mathrm{e}^{-\alpha t}\left(\cos\gamma t+\frac{\alpha}{\gamma}\sin\gamma t\right)\right\} \tag{3.133}$$

回路を流れる電流は

$$i=\frac{\mathrm{d}q}{\mathrm{d}t}=CE\mathrm{e}^{-\alpha t}\left\{\alpha\left(\cos\gamma t+\frac{\alpha}{\gamma}\sin\gamma t\right)+\gamma\left(\sin\gamma t-\frac{\alpha}{\gamma}\cos\gamma t\right)\right\}$$

$$=\frac{CE}{\gamma}\mathrm{e}^{-\alpha t}(\alpha^2+\gamma^2)\sin\gamma t=⑯ \tag{3.134}$$

と求めることができる。

・図 3-26 に減衰振動の場合に回路を流れる電流とキャパシタの電荷の時間変化を示す。

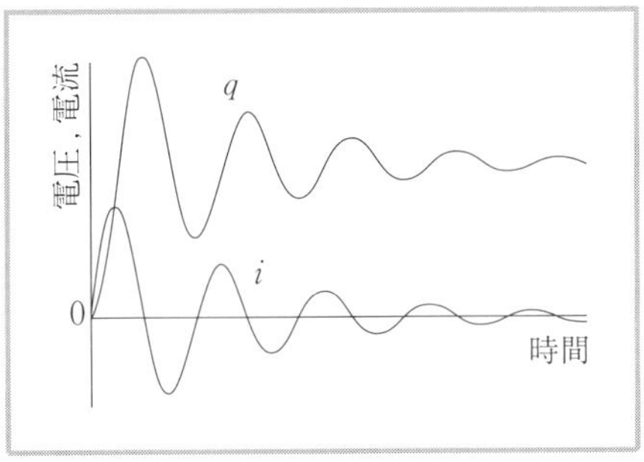

図 3-26

第3章

＜3.4 練習問題＞

[1] 問図 3-14 の回路において、キャパシタCには図に示す向きで初期電荷Q_0が蓄積されているとする。$t=0$でスイッチSを閉じたとき、回路を流れる電流を求めよ。なお、キャパシタンスCに加わる電圧の正方向は図のようにとるものとする。

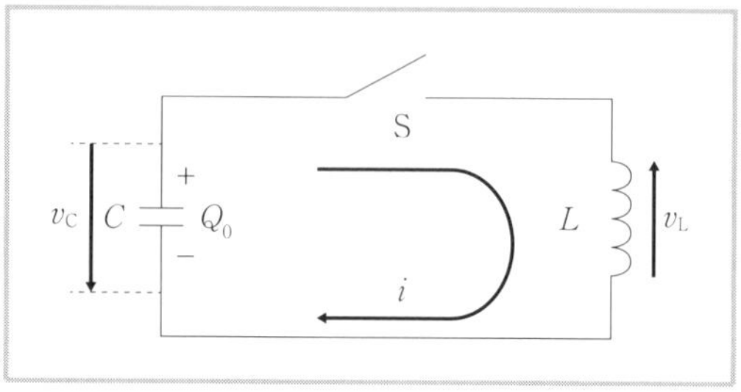

問図 3-14

[2] 問図 3-15 の回路において、キャパシタCには図に示す向きで初期電荷Q_0が蓄積されているとする。$t=0$でスイッチSを閉じたとき、回路を流れる電流を求めよ。ただし、$R^2>\dfrac{4L}{C}$とする。

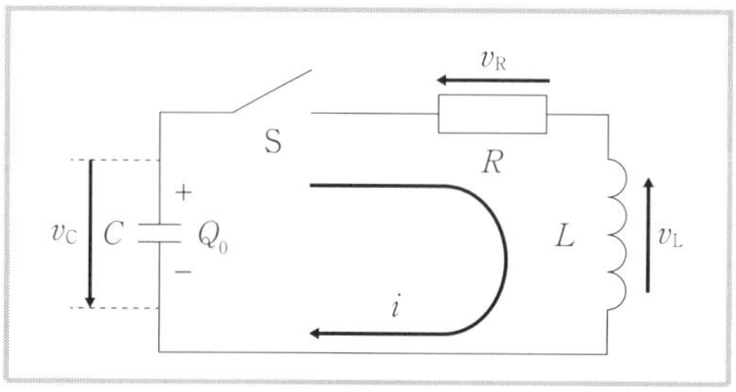

問図 3-15

[3] スイッチ S_1 が閉じられて定常状態にある問図 3-16 の回路において、$t=0$ でスイッチ S_1 を開き、同時にスイッチ S_2 を閉じたとき、回路を流れる電流 i を求めよ。ただし、キャパシタンスの初期電荷は 0 とし、$R^2<\dfrac{4L}{C}$ とする。

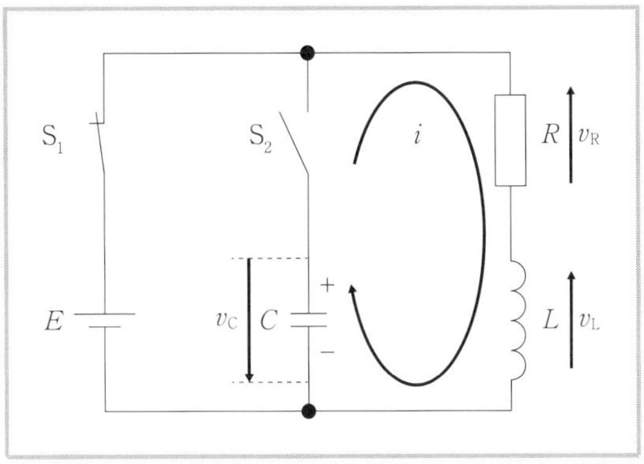

問図 3-16

第3章

3.5 交流回路の過渡現象

学習内容 RL 回路および RC 回路の交流電源による過渡現象を学ぶ。

目　標 RL 回路および RC 回路において交流電源によって生じる過渡現象について、電流の時間変化を計算できる。

3.5(1) RL 直列回路

・図 3-27 の回路において、$t=0$でスイッチ S を閉じた場合に回路を流れる電流を考える。

・スイッチを閉じた後の回路方程式は次式で表される。

$$v_L+v_R=E_m \sin \omega t$$

$$L\frac{di}{dt}+Ri=E_m \sin \omega t \qquad (3.135)$$

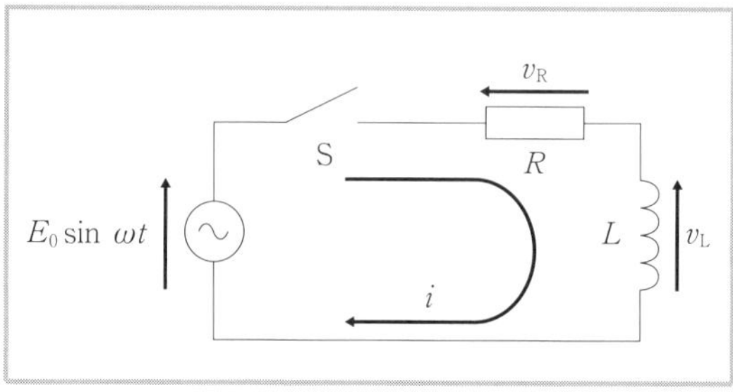

図 3-27

過渡解は、これまでと同様の方法で次の同次微分方程式を解くことで求めることができる。

$$L\frac{di_t}{dt}+Ri_t=0 \qquad (3.136)$$

過渡解は、Aを定数として

$$i_t=Ae^{-\frac{R}{L}t} \qquad (3.137)$$

となる。

・次に、定常解を考える。スイッチを閉じた後の回路は交流電源に接続された RL 回路であるため、定常解は定常状態における交流回路の解析と同様に考えることができる。電源電圧をフェーザ表示する。

$$\dot{E}=E_m\angle 0$$

定常状態において回路を流れる電流は、

$$\dot{I}=\frac{\dot{E}}{R+j\omega L}=\frac{E_m\angle 0}{\sqrt{R^2+\omega^2L^2}\angle\theta}=\frac{E_m}{\sqrt{R^2+\omega^2L^2}}\angle(-\theta)$$

$$\theta=①\underline{\qquad\qquad}$$

であるから、これを瞬時値に直して、定常解i_sを求めると

$$i_s=\frac{E_m}{\sqrt{R^2+\omega^2L^2}}\sin(\omega t-\theta)$$

と求められる。したがって、一般解は

$$i=i_s+i_t=\frac{E_m}{\sqrt{R^2+\omega^2L^2}}\sin(\omega t-\theta)+Ae^{-\frac{R}{L}t} \qquad (3.138)$$

$t=0$において、回路には電流は流れていないため、初期値として$i(0)=0$を代入すると

$$i(0)=A+\frac{E_m}{\sqrt{R^2+\omega^2L^2}}\sin(-\theta)=0 \qquad (3.139)$$

であるため、

$$A=-\frac{E_{\mathrm{m}}}{\sqrt{R^2+\omega^2L^2}}\sin\theta \tag{3.140}$$

となり、回路を流れる電流は

$$i=② \tag{3.141}$$

と求められる。

・図 3-28 に回路を流れる電流の時間変化を示す。

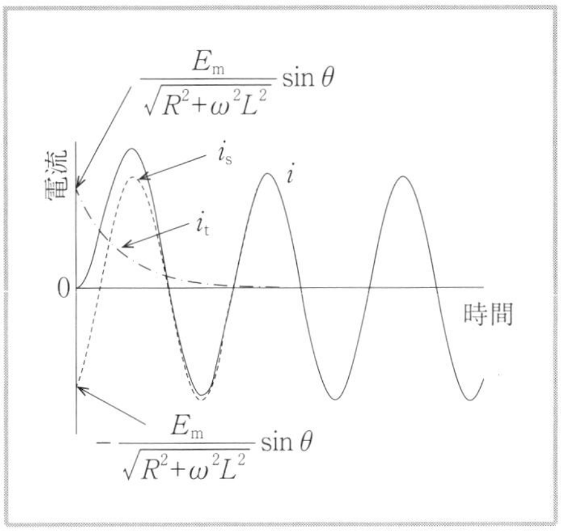

図 3-28

3.5(2) *RC* 直列回路

・図 3-29 の回路において、初期電荷を 0 として$t=0$でスイッチ S を閉じた場合に回路を流れる電流を考える。

・スイッチを閉じた後の回路方程式は次式で表される。

$$v_{\mathrm{R}}+v_{\mathrm{C}}=E_{\mathrm{m}}\sin\omega t$$

$$Ri+\frac{1}{C}\int_0^t i\mathrm{d}t=E_{\mathrm{m}}\sin\omega t \tag{3.142}$$

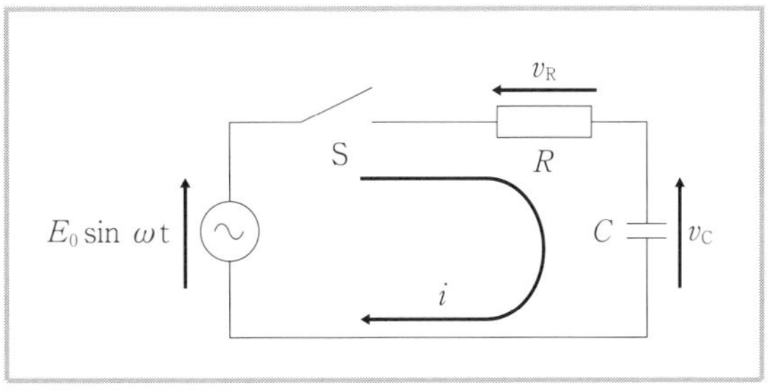

図 3-29

ここで、$i=\frac{\mathrm{d}q}{\mathrm{d}t}$の関係を用いると

$$R\frac{\mathrm{d}q}{\mathrm{d}t}+\frac{q}{C}=E_{\mathrm{m}}\sin\omega t \tag{3.143}$$

と表される。過渡解はこれまでと同様に次の同次微分方程式を解くことで求めることができる。

$$R\frac{\mathrm{d}q_{\mathrm{t}}}{\mathrm{d}t}+\frac{q_{\mathrm{t}}}{C}=0 \tag{3.144}$$

過渡解は、Aを定数として

$$q_{\mathrm{t}}=A\mathrm{e}^{-\frac{1}{RC}t} \tag{3.145}$$

と求められる。

・定常解を求めるために電源電圧をフェーザ表示し

$$\dot{E}=E_{\mathrm{m}}\angle 0$$

とおくと、定常状態において、キャパシタンスの端子電圧は、分圧則より、

$$\dot{V}_{\mathrm{C}}=\frac{\dfrac{1}{\mathrm{j}\omega C}}{R+\dfrac{1}{\mathrm{j}\omega C}}\dot{E}=\frac{1}{1+\mathrm{j}\omega CR}\dot{E}=\frac{E_{\mathrm{m}}}{\sqrt{1+\omega^2C^2R^2}\angle\theta}=\frac{E_{\mathrm{m}}}{\sqrt{1+\omega^2C^2R^2}}\angle(-\theta)$$

$\theta=$③ ＿＿＿＿＿＿＿＿

であるため、これを瞬時値v_{C}に直し、それにCを乗じて、キャパシタンスの電荷の定常解q_{s}を求めると、

$q_{\mathrm{s}}=Cv_{\mathrm{C}}=$④ ＿＿＿＿＿＿＿＿＿＿ と求められる。したがって、一般解は、

$$q=q_{\mathrm{s}}+q_{\mathrm{t}}=\frac{CE_{\mathrm{m}}}{\sqrt{1+\omega^2C^2R^2}}\sin(\omega t-\theta)+A\mathrm{e}^{-\frac{1}{RC}t} \tag{3.146}$$

初期電荷は0であるため、

$$A=-\frac{CE_{\mathrm{m}}}{\sqrt{1+\omega^2C^2R^2}}\sin(-\theta)=\frac{CE_0}{\sqrt{1+\omega^2C^2R^2}}\sin\theta \tag{3.147}$$

したがって、

$$q=\frac{CE_{\mathrm{m}}}{\sqrt{1+\omega^2C^2R^2}}\left\{\sin(\omega t-\theta)+\mathrm{e}^{-\frac{1}{RC}t}\sin\theta\right\} \tag{3.148}$$

となり、回路を流れる電流は

$$i=\frac{\mathrm{d}q}{\mathrm{d}t}=⑤ \tag{3.149}$$

＿＿＿＿＿＿＿＿＿＿＿＿＿＿＿＿＿＿＿＿＿＿＿＿

と求めることができる。なお

$$\theta=\frac{\pi}{2}-\theta',\ \theta'=\tan^{-1}\frac{1}{\omega CR} \tag{3.150}$$

とすると

$$\begin{aligned}q&=\frac{CE_{\mathrm{m}}}{\sqrt{1+\omega^2C^2R^2}}\left\{\sin\left(\omega t+\theta'-\frac{\pi}{2}\right)-\mathrm{e}^{-\frac{1}{RC}t}\sin\left(\theta'-\frac{\pi}{2}\right)\right\}\\&=-\frac{CE_{\mathrm{m}}}{\sqrt{1+\omega^2C^2R^2}}\left\{\cos(\omega t+\theta')-\mathrm{e}^{-\frac{1}{RC}t}\cos\theta'\right\}\end{aligned} \tag{3.151}$$

$$i=\frac{\mathrm{d}q}{\mathrm{d}t}=\frac{CE_{\mathrm{m}}}{\sqrt{1+\omega^2C^2R^2}}\left\{\omega\sin(\omega t+\theta')-\frac{1}{RC}\mathrm{e}^{-\frac{1}{RC}t}\cos\theta'\right\} \tag{3.152}$$

と表すこともできる。

・図3-30に(3-149)式にもとづく回路を流れる電流の時間変化を示す。

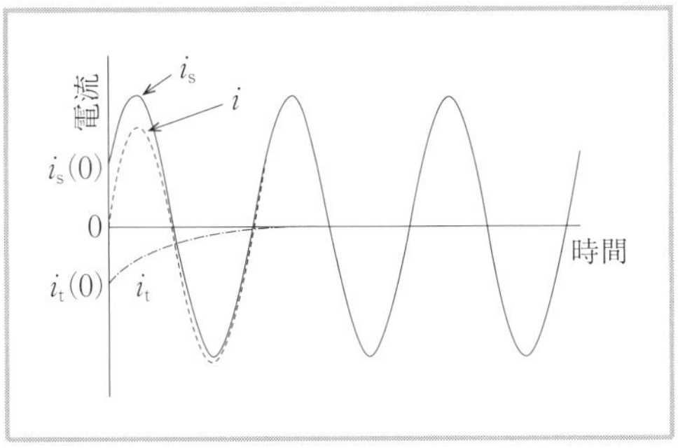

図 3-30

＜3.5 練習問題＞

[1] 問図 3-17 は 3.5(2) の図 3-27 と同じ回路である。この回路における電流iの定常解i_s、過渡解i_tは、(3.158) 式より

$$i_s=\frac{\omega CE_m}{\sqrt{1+\omega^2C^2R^2}}\cos(\omega t-\theta)$$

$$i_t=-\frac{CE_m}{RC\sqrt{1+\omega^2C^2R^2}}e^{-\frac{1}{RC}t}\sin\theta$$

である。$t=0$におけるそれぞれの電流$i_s(0)$と$i_t(0)$の大きさ（絶対値）は一致し、図 3-28 に示されるように$i(0)=0$となる。(3-153) 式を用いて、$i_s(0)$と$i_t(0)$の大きさが一致することを示せ。

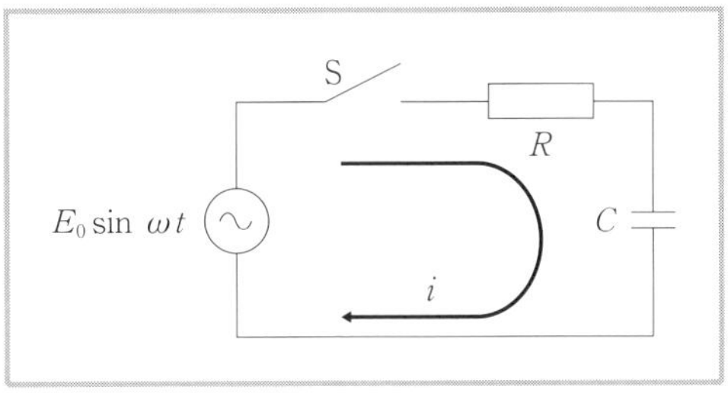

問図 3-17

[2] 問図 3-18 の回路において、$t=0$でスイッチ S を閉じたとき、回路に流れる電流を求めよ。

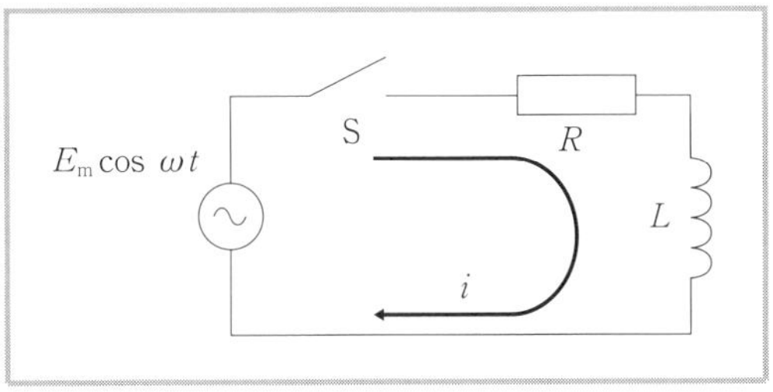

問図 3-18

第3章

[3] 上記の問題[2]においては、入力電圧が

$v=E_{\mathrm{m}}\cos\omega t$

であるとき、電流 i_{s}, i_{t} i, の式は、

$$i_{\mathrm{s}}=\frac{E_{\mathrm{m}}}{\sqrt{R^2+\omega^2L^2}}\cos(\omega t-\theta)$$

$$i_{\mathrm{t}}=-\frac{E_{\mathrm{m}}}{\sqrt{R^2+\omega^2L^2}}\mathrm{e}^{-\frac{R}{L}t}\cos\theta$$

$$=-\frac{E_{\mathrm{m}}}{\sqrt{R^2+\omega^2L^2}}\mathrm{e}^{-\frac{1}{\tau}t}\cos\theta$$、ただし、$\tau=\frac{L}{R}$

$$i=i_{\mathrm{s}}+i_{\mathrm{t}}$$

であった。$E_{\mathrm{m}}=2$、$\frac{E_{\mathrm{m}}}{\sqrt{R^2+\omega^2L^2}}=1$、

$\omega=\sqrt{3}\frac{\mathrm{rad}}{\mathrm{s}}$、$\theta=\frac{\pi}{3}\mathrm{rad}$、$\tau=1$であるとして、**表 3-1** に示す時間$t$における$v$, i, i_{s}, i_{t}の値を計算し、問図 3-19 のグラフにそれぞれの時間変化を作図せよ。

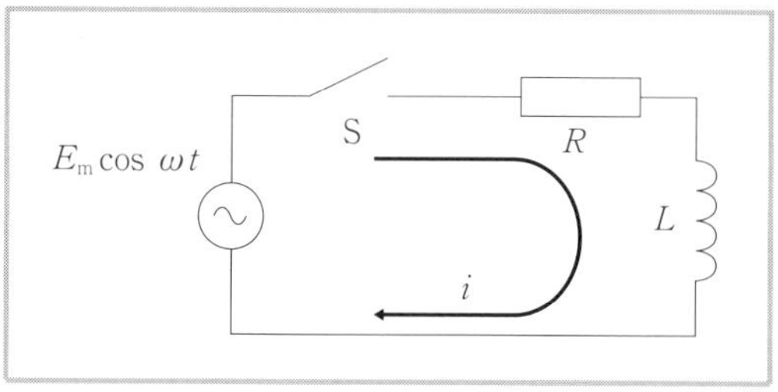

(問図 3-18)

表 3-1

t	v	i_{s}	i_{t}	i
0				
0.3	1.74	0.86	-0.37	0.49
0.6				
0.9				
1.2				
1.5				
1.8				
2.1				
2.4				
2.7				
3.0				
3.3				
3.6				

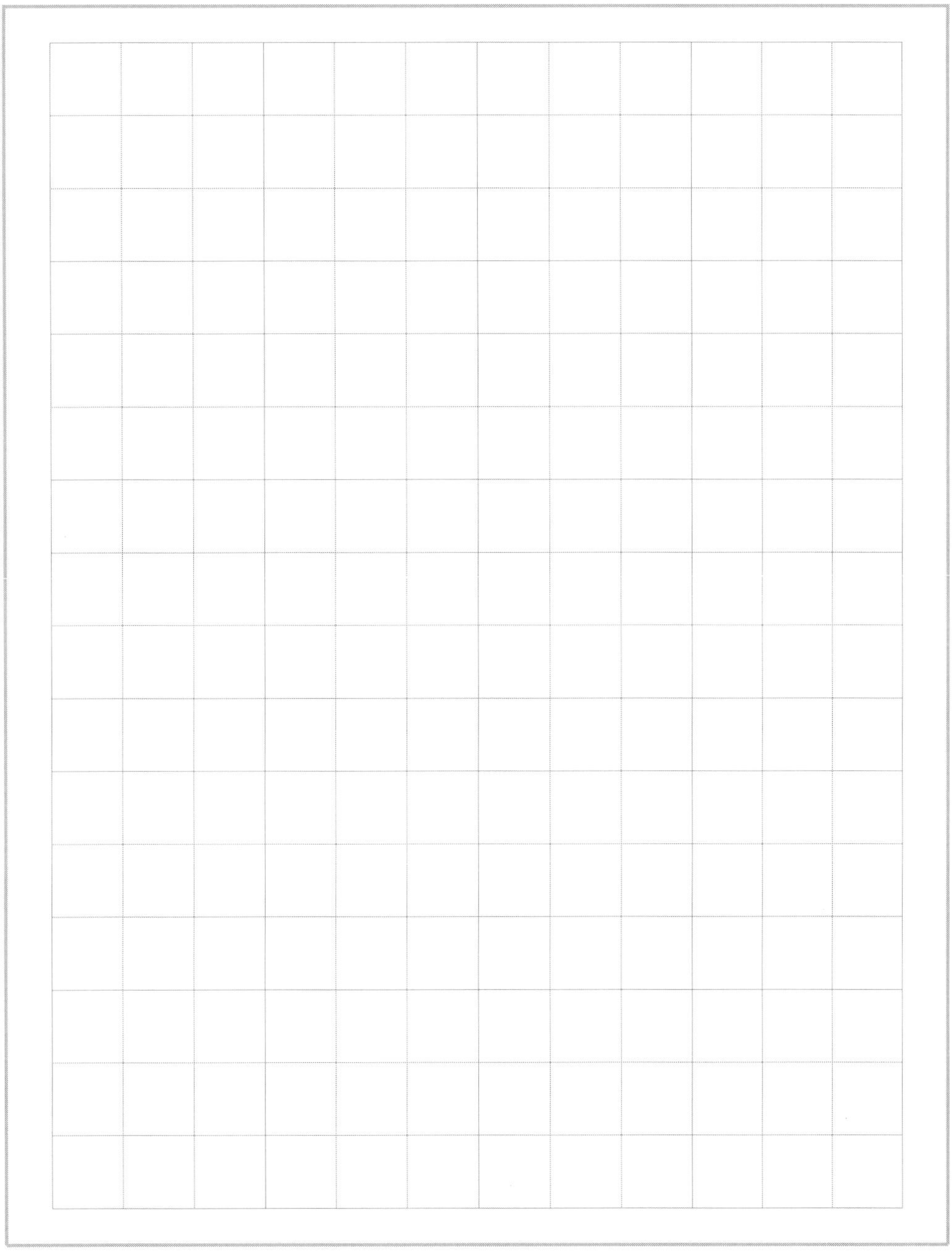

問図 3-19

[4] 問図 3-20 の回路において、$t=0$でスイッチ S を閉じたとき、回路に流れる電流を求めよ。

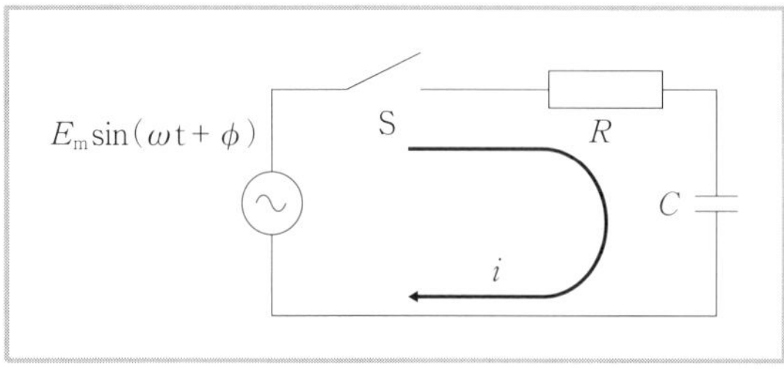

問図 3-20

解　　答

第 3 章　過渡現象

3.1 過渡現象の基礎

①E　②$\frac{E}{R}$　③E　④$\frac{E}{R}$　⑤E　⑥Ri

⑦$R\frac{dq}{dt}$　⑧$L\frac{di}{dt}$　⑨$L\frac{d^2q}{dt^2}$　⑩$\frac{1}{C}\int i dt$　⑪$\frac{q}{C}$

⑫$\frac{E}{a_0}$　⑬$\frac{E}{a_0}+A_1e^{(-\alpha+\beta)t}+A_2e^{(-\alpha-\beta)t}$

⑭$\frac{E}{a_0}+(A_2t+A_1)e^{-\alpha t}$

＜3.1 練習問題＞

[1] 省略（図 3-2 参照）

[2] 省略（図 3-4 参照）

[3] $v_R+v_L=E$　$\therefore Ri+L\frac{di}{dt}=E$

[4] $v_R+v_C=E$　$\therefore Ri+\frac{1}{C}\int_0^t i dt=E$

[5] 定常解は、$\frac{d^2}{dt^2}, \frac{d}{dt}=0$とおいて

$i_s=\frac{E}{a_0}$

$E=0$とおいた同次微分方程式の特性方程式は

$a_2\lambda^2+a_1\lambda+a_0=0$

特性方程式の解を

$\lambda_1, \lambda_2=-\alpha\pm j\gamma$

$\alpha=\frac{a_1}{2a_2},\ \gamma=\frac{1}{2a_2}\sqrt{4a_2a_0-a_1^2}$

とおくと、過渡解はA_1, A_2, B_1, B_2を定数として，

$i_t=A_1e^{-\alpha t}e^{j\gamma t}+A_2e^{-\alpha t}e^{-j\gamma t}$

$=A_1e^{-\alpha t}(\cos\gamma t+j\sin\gamma t)+A_2e^{-\alpha t}(\cos\gamma t-j\sin\gamma t)$

$=e^{-\alpha t}\{(A_1+A_2)\cos\gamma t+j(A_1-A_2)\sin\gamma t\}$

$=e^{-\alpha t}(B_1\cos\gamma t+B_2\sin\gamma t)$

と求められる。したがって、一般解は

$i=\frac{E}{a_0}+e^{-\alpha t}(B_1\cos\gamma t+B_2\sin\gamma t)$

となる。

3.2 RL 回路の過渡現象

①$Ri+L\frac{di}{dt}=E$

変形して

$\frac{di}{dt}=-\frac{R}{L}\left(i-\frac{E}{R}\right)$

$\frac{di}{i-\frac{E}{R}}=-\frac{R}{L}dt$

時間で積分すると

$\ln\left(i-\frac{E}{R}\right)=-\frac{R}{L}t+A$

$i-\frac{E}{R}=A'e^{-\frac{R}{L}t}$

$i=\frac{E}{R}+A'e^{-\frac{R}{L}t}$

②$\frac{L}{R}$　③ 0.632　④ 0.368　⑤$\frac{LE^2}{2R^2}$

⑥100 µs　⑦100 µJ　⑧0　⑨$\frac{E}{R_1}$

⑩$\frac{E}{R_1}\left\{1-\frac{R_2}{R_1+R_2}e^{-\frac{R_1R_2}{L(R_1+R_2)}t}\right\}$　⑪$\frac{E}{R}$　⑫$\frac{E}{R}$

⑬$\frac{E}{R}e^{-\frac{R}{L}t}$　⑭$\frac{LE^2}{2R^2}$　⑮$\frac{E}{R}\left(1-e^{-\frac{R}{L}t}\right)$

⑯$\frac{E}{R}\left(e^{\frac{R}{L}T}-1\right)e^{-\frac{R}{L}t}$

＜3.2 練習問題＞

[1] 回路を流れる電流iは、(3.25)式より

$i=\frac{E}{R}\left(1-\frac{t}{\tau}\right)$となる。

ただし、時定数$\tau=\frac{L}{R}$。この式の$\frac{E}{R}$が定常状態の値であるから、

(1) $1-e^{-\frac{t}{\tau}}=\frac{1}{4}$ から$-\frac{t}{\tau}=\ln\frac{3}{4}$

$t=\tau\ln\frac{4}{3}=0.288\tau$

(2) $t=\tau\ln 2=0.693\tau$

(3) $t=\tau\ln 4=1.386\tau$

[2] (1) スイッチ S を閉じた後の回路方程式は

$R_1 i_1 + R_2 i_1 - R_2 i_2 = E$

$-R_2 i_1 + R_2 i_2 + R_3 i_2 + L\dfrac{\mathrm{d}i_2}{\mathrm{d}t} = 0$

i_1を消去して

$-R_2\left(\dfrac{E + R_2 i_2}{R_1 + R_2}\right) + R_2 i_2 + R_3 i_2 + L\dfrac{\mathrm{d}i_2}{\mathrm{d}t} = 0$

$L\dfrac{\mathrm{d}i_2}{\mathrm{d}t} + \dfrac{R_1R_2 + R_2R_3 + R_3R_1}{R_1 + R_2} i_2 = \dfrac{R_2 E}{R_1 + R_2}$

一般解は

$i_2 = \dfrac{R_2 E}{R_1R_2 + R_2R_3 + R_3R_1} - A\mathrm{e}^{-\frac{R_1R_2 + R_2R_3 + R_3R_1}{L(R_1 + R_2)}t}$

$i(0) = 0$を代入して

$i_2 = \dfrac{R_2 E}{R_1R_2 + R_2R_3 + R_3R_1}\left\{1 - \mathrm{e}^{-\frac{R_1R_2 + R_2R_3 + R_3R_1}{L(R_1 + R_2)}t}\right\}$

(2) $\tau = \dfrac{L(R_1 + R_2)}{R_1R_2 + R_2R_3 + R_3R_1}$

[3] (1) スイッチSを開いた後の回路方程式は

$R_1 i + R_2 i + L\dfrac{\mathrm{d}i}{\mathrm{d}t} = 0$

一般解は

$i = A\mathrm{e}^{-\frac{(R_1 + R_2)}{L}t}$

$i(0) = \dfrac{E}{R_1}$を代入して

$i = \dfrac{E}{R_1}\mathrm{e}^{-\frac{(R_1 + R_2)}{L}t}$

(2) $W_\mathrm{R} = \displaystyle\int_0^\infty R_1 i^2 \mathrm{d}t = \dfrac{E^2}{R_1}\int_0^\infty \mathrm{e}^{-\frac{2(R_1 + R_2)}{L}t}\mathrm{d}t$

$= \dfrac{E^2}{R_1}\left[-\dfrac{L}{2(R_1 + R_2)}\mathrm{e}^{-\frac{(R_1 + R_2)}{L}t}\right]_0^\infty = \dfrac{LE^2}{R_1(R_1 + R_2)}$

[4] スイッチSを開いた後の回路方程式は

$R_2 i + L\dfrac{\mathrm{d}i}{\mathrm{d}t} = 0$

一般解は

$i = A\mathrm{e}^{-\frac{R_2}{L}t}$

$i(0) = \dfrac{E}{R_1}$を代入して

$i = \dfrac{E}{R_1}\mathrm{e}^{-\frac{R_2}{L}t}$

[5] スイッチS_1を閉じた直後に回路を流れる電流は0であるため、

$i(0) = 0$

このときの回路方程式は

$v_\mathrm{R} + v_\mathrm{L} = E$

$L\dfrac{\mathrm{d}i}{\mathrm{d}t} + Ri = E$

この微分方程式の一般解はAを定数とすると

$i = \dfrac{E}{R} - A\mathrm{e}^{-\frac{R}{L}t}$

であり、$i(0) = 0$と時定数$\tau = L/R$を用いるとスイッチS_2を閉じるまでの電流は次式のように求められる。

$i = \dfrac{E}{R}\left(1 - \mathrm{e}^{-\frac{t}{\tau}}\right)$

したがって、

$i\left(\dfrac{\tau}{2}\right) = \dfrac{E}{R}\left(1 - \mathrm{e}^{-\frac{1}{2}}\right) \approx \dfrac{E}{R}(1 - 0.607) = \dfrac{0.393E}{R}$

$i(\tau) = \dfrac{E}{R}(1 - \mathrm{e}^{-1}) \cong \dfrac{E}{R}(1 - 0.368) = \dfrac{0.632E}{R}$

スイッチS_2を閉じた後の回路方程式は

$v_\mathrm{R} + v_\mathrm{L} = 0$

$L\dfrac{\mathrm{d}i}{\mathrm{d}t} + Ri = 0$

この微分方程式の一般解は次式で表される。

$i = A'\mathrm{e}^{-\frac{t}{\tau}}$

ここで、$t = \tau$における電流は

$i(\tau) = \dfrac{E}{R}(1 - \mathrm{e}^{-1})$

であるため、これを代入すると

$A' = \dfrac{E}{R}(1 - \mathrm{e}^{-1})\mathrm{e} = \dfrac{E}{R}(\mathrm{e} - 1)$

となり、回路を流れる電流は次式のようになる。

$i(t) = \dfrac{E}{R}(\mathrm{e} - 1)\mathrm{e}^{-\frac{t}{\tau}}$

したがって、

$i\left(\dfrac{3\tau}{2}\right) = \dfrac{E}{R}(\mathrm{e} - 1)\mathrm{e}^{-\frac{3}{2}} \approx \dfrac{E}{R}(2.718 - 1) \times 0.223 = \dfrac{0.383E}{R}$

$i(2\tau) = \dfrac{E}{R}(\mathrm{e} - 1)\mathrm{e}^{-2} \approx \dfrac{0.232E}{R}$

$$i(3\tau)=\frac{E}{R}(\mathrm{e}-1)\mathrm{e}^{-3}\approx\frac{0.0855E}{R}$$

概形

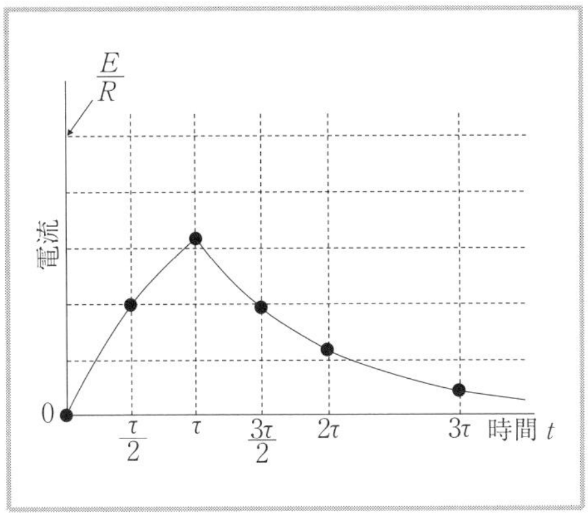

解答図 3-1

3.3 RC 回路の過渡現象

① $R\frac{\mathrm{d}q}{\mathrm{d}t}+\frac{q}{C}=E$

変形して

$$\frac{\mathrm{d}q}{\mathrm{d}t}=-\frac{1}{RC}(q-CE)$$

$$\frac{\mathrm{d}q}{q-CE}=-\frac{1}{RC}\mathrm{d}t$$

時間で積分すると

$$\ln|q-CE|=-\frac{1}{RC}t+A$$

$$q=CE+A'\mathrm{e}^{-\frac{1}{RC}t}$$

② $CE\left(1-\mathrm{e}^{-\frac{1}{RC}t}\right)$　③ $\frac{E}{R}\mathrm{e}^{-\frac{1}{RC}t}$

④ RC　⑤ $\frac{CE^2}{2}$　⑥ $\frac{CR_2}{R_1+R_2}E\left\{1-\mathrm{e}^{-\frac{(R_1+R_2)}{CR_1R_2}t}\right\}$

⑦ $\frac{E}{R_1}\mathrm{e}^{-\frac{(R_1+R_2)}{CR_1R_2}t}$　⑧ $\frac{E}{R_1+R_2}\left\{1+\frac{R_2}{R_1}\mathrm{e}^{-\frac{(R_1+R_2)}{CR_1R_2}t}\right\}$

⑨ $CE\mathrm{e}^{-\frac{1}{RC}t}$　⑩ $-\frac{E}{R}\mathrm{e}^{-\frac{1}{RC}t}$　⑪ $-E\mathrm{e}^{-\frac{1}{RC}t}$

⑫ $-CE$　⑬ $\frac{E}{R}\mathrm{e}^{-\frac{1}{RC}t}$　⑭ CE　⑮ $CE\mathrm{e}^{-\frac{1}{RC}t}$

⑯ $\frac{E}{R}\mathrm{e}^{-\frac{1}{RC}t}$　⑰ $\frac{CE^2}{2}$

< 3.3 練習問題 >

[1] (1) $\tau=RC=2\times10^3\times5\times10^{-6}=10\ \mathrm{ms}$

(2) $W_L=\frac{CE^2}{2}=\frac{5\times10^{-6}\times100^2}{2}=25\ \mathrm{mJ}$

[2] スイッチ S を閉じた後の回路方程式は

$$v_R+v_C=E$$

$$Ri+\frac{1}{C}\int_0^t i\mathrm{d}t=E$$

$i=\frac{\mathrm{d}q}{\mathrm{d}t}$を用いて

$$R\frac{\mathrm{d}q}{\mathrm{d}t}+\frac{q}{c}=E$$

一般解は

$$q=CE-A\mathrm{e}^{-\frac{1}{RC}t}$$

$q(0)=Q_0$を代入して

$$q=CE-(CE-Q_0)\mathrm{e}^{-\frac{1}{RC}t}$$

微分して

$$i=\frac{\mathrm{d}q}{\mathrm{d}t}=\frac{CE-Q_0}{RC}\mathrm{e}^{-\frac{1}{RC}t}$$

[3] スイッチ S_1を閉じた後の回路方程式は

$$Ri+\frac{1}{C}\int_0^t i\mathrm{d}t=E$$

$i=\frac{\mathrm{d}q}{\mathrm{d}t}$を用いて

$$R\frac{\mathrm{d}q}{\mathrm{d}t}+\frac{q}{C}=E$$

一般解は

$$q=CE-A\mathrm{e}^{-\frac{1}{RC}t}$$

$q(0)=0$を代入して

$$q=CE\left(1-\mathrm{e}^{-\frac{1}{RC}t}\right)$$

微分して

$$i=\frac{\mathrm{d}q}{\mathrm{d}t}=\frac{E}{R}\mathrm{e}^{-\frac{1}{RC}t}\ (0\leq t<T)$$

スイッチ S_2を閉じた後の回路方程式は

$$Ri+\frac{1}{C}\int_T^t i\mathrm{d}t=0$$

$i=\frac{\mathrm{d}q}{\mathrm{d}t}$を用いて

$$R\frac{\mathrm{d}q}{\mathrm{d}t}+\frac{q}{c}=0$$

一般解は

$q=A\mathrm{e}^{-\frac{1}{RC}t}$

$q(T)=CE\left(1-\mathrm{e}^{-\frac{1}{RC}T}\right)$から

$q=CE\left(\mathrm{e}^{\frac{1}{RC}T}-1\right)\mathrm{e}^{-\frac{1}{RC}t}$

微分して

$i=-\dfrac{E}{R}\left(\mathrm{e}^{\frac{1}{RC}T}-1\right)\mathrm{e}^{-\frac{1}{RC}t}\ (t>T)$

[4] スイッチを開いた後の回路方程式は

$R_1i+R_2i+\dfrac{1}{C}\displaystyle\int_{-\infty}^{t}i\mathrm{d}t=0$

微分して

$(R_1+R_2)\dfrac{\mathrm{d}i}{\mathrm{d}t}+\dfrac{i}{C}=0$

一般解は

$i=A\mathrm{e}^{-\frac{1}{(R_1+R_2)C}t}$

$i(0)=-\dfrac{E}{R_1+R_2}$ を用いて（定常状態にある場合、キャパシタンスの端子電圧は E であり、スイッチを開いた直後には、考えている電流と反対の向きに電流が流れる）

$i=-\dfrac{E}{R_1+R_2}\mathrm{e}^{-\frac{1}{(R_1+R_2)C}t}$

3.4 *LC* 回路および *RLC* 回路の過渡現象

①CE　②$L\lambda^2+\dfrac{1}{C}$　③$\dfrac{1}{\sqrt{LC}}$　④$q_s(1-\cos\gamma t)$

⑤$E\sqrt{\dfrac{C}{L}}\sin\dfrac{1}{\sqrt{LC}}t$　⑥$E\left(1-\cos\dfrac{1}{\sqrt{LC}}t\right)$

⑦$E\cos\dfrac{1}{\sqrt{LC}}t$　⑧$\dfrac{R}{2L}$

⑨$\sqrt{\left(\dfrac{R}{2L}\right)^2-\dfrac{1}{LC}}$　⑩$\cosh\beta t+\dfrac{\alpha}{\beta}\sinh\beta t$

⑪$\dfrac{E}{\sqrt{\left(\dfrac{R}{2}\right)^2-\dfrac{L}{C}}}\mathrm{e}^{-\frac{R}{2L}t}\sinh\sqrt{\left(\dfrac{R}{2L}\right)^2-\dfrac{1}{LC}}\,t$

⑫$\dfrac{R}{2L}$　⑬$\dfrac{E}{L}t\mathrm{e}^{-\frac{R}{2L}t}$　⑭$\dfrac{R}{2L}$　⑮$\sqrt{\dfrac{1}{LC}-\left(\dfrac{R}{2L}\right)^2}$

⑯$\dfrac{E}{\sqrt{\dfrac{L}{C}-\left(\dfrac{R}{2}\right)^2}}\mathrm{e}^{-\frac{R}{2L}t}\sin\sqrt{\dfrac{1}{LC}-\left(\dfrac{R}{2L}\right)^2}\,t$

＜3.4 練習問題＞

[1] スイッチSを閉じた後の回路方程式は

$v_L+v_C=0$

$L\dfrac{\mathrm{d}i}{\mathrm{d}t}+\dfrac{1}{C}\displaystyle\int_{-\infty}^{t}i\mathrm{d}t=0$

$i=\dfrac{\mathrm{d}q}{\mathrm{d}t}$を用いて

$L\dfrac{\mathrm{d}^2q}{\mathrm{d}t^2}+\dfrac{q}{C}=0$

一般解は

$q=A_1\mathrm{e}^{\frac{1}{\sqrt{LC}}t}+A_2\mathrm{e}^{-\frac{1}{\sqrt{LC}}t}$

初期条件$q(0)=-Q_0$, $\left.\dfrac{\mathrm{d}q}{\mathrm{d}t}\right|_{t=0}=0$から

$A_1=A_2=-\dfrac{Q_0}{2}$となるため

$q=-Q_0\left(\dfrac{\mathrm{e}^{\frac{1}{\sqrt{LC}}t}+\mathrm{e}^{-\frac{1}{\sqrt{LC}}t}}{2}\right)=-Q_0\cos\dfrac{1}{\sqrt{LC}}t$

$i=\dfrac{\mathrm{d}q}{\mathrm{d}t}=\dfrac{Q_0}{\sqrt{LC}}\sin\dfrac{1}{\sqrt{LC}}t$

[2] スイッチSを閉じた後の回路方程式は

$v_L+v_R+v_C=0$

$L\dfrac{\mathrm{d}i}{\mathrm{d}t}+Ri+\dfrac{1}{C}\displaystyle\int_{0}^{t}i\mathrm{d}t=0$

$i=\dfrac{\mathrm{d}q}{\mathrm{d}t}$を用いて

$L\dfrac{\mathrm{d}^2q}{\mathrm{d}t^2}+R\dfrac{\mathrm{d}q}{\mathrm{d}t}+\dfrac{q}{C}=0$

過制動の条件であるため特性方程式とその解は

$L\lambda^2+R\lambda+\dfrac{1}{C}=0$

$\lambda_1,\lambda_2=-\alpha\pm\beta=-\dfrac{R}{2L}\pm\sqrt{\left(\dfrac{R}{2L}\right)^2-\dfrac{1}{LC}}$

一般解は

$q=A_1\mathrm{e}^{(-\alpha+\beta)t}+A_2\mathrm{e}^{(-\alpha-\beta)t}$

初期条件$q(0)=-Q_0$, $\left.\dfrac{\mathrm{d}q}{\mathrm{d}t}\right|_{t=0}=0$から

$A_1=-\dfrac{Q_0(\alpha+\beta)}{2\beta}$, $A_2=\dfrac{Q_0(\alpha-\beta)}{2\beta}$

となるため

$q=-Q_0\mathrm{e}^{-\alpha t}\left(\dfrac{\alpha+\beta}{2\beta}\mathrm{e}^{\beta t}-\dfrac{\alpha-\beta}{2\beta}\mathrm{e}^{-\beta t}\right)$

$$=-Q_0\mathrm{e}^{-\alpha t}\left(\frac{\alpha}{\beta}\cdot\frac{\mathrm{e}^{\beta t}-\mathrm{e}^{-\beta t}}{2}+\frac{\mathrm{e}^{\beta t}+\mathrm{e}^{-\beta t}}{2}\right)$$

$$=-Q_0\mathrm{e}^{-\alpha t}(\cosh\beta t+\frac{\alpha}{\beta}\sinh\beta t)$$

$$i=\frac{\mathrm{d}q}{\mathrm{d}t}=\frac{Q_0(\alpha^2-\beta^2)}{\beta}\mathrm{e}^{-\alpha t}\sinh\beta t$$

$$=\frac{Q_0}{\sqrt{\left(\frac{RC}{2}\right)^2-LC}}\mathrm{e}^{-\frac{R}{2L}t}\sinh\sqrt{\left(\frac{R}{2L}\right)^2-\frac{1}{LC}}\,t$$

[3] スイッチSを閉じた後の回路方程式は

$$L\frac{\mathrm{d}i}{\mathrm{d}t}+Ri+\frac{1}{C}\int_{-\infty}^{t}i\mathrm{d}t=0$$

$i=\frac{\mathrm{d}q}{\mathrm{d}t}$を用いて

$$L\frac{\mathrm{d}^2q}{\mathrm{d}t^2}+R\frac{\mathrm{d}q}{\mathrm{d}t}+\frac{q}{C}=0$$

減衰振動の条件であるため特性方程式とその解は

$$L\lambda^2+R\lambda+\frac{1}{C}=0$$

$$\lambda_1,\lambda_2=-\alpha\pm\mathrm{j}\gamma=-\frac{R}{2L}\pm\mathrm{j}\sqrt{\frac{1}{LC}-\left(\frac{R}{2L}\right)^2}$$

一般解は

$$q=\mathrm{e}^{-\alpha t}(A_1\cos\gamma t+A_2\sin\gamma t)$$

初期条件$q(0)=0$, $\left.\frac{\mathrm{d}q}{\mathrm{d}t}\right|_{t=0}=\frac{E}{R}$から$A_1=0$、

$A_2=\frac{E}{\gamma R}$となり、

$$q=\frac{E}{\gamma R}\mathrm{e}^{-\alpha t}\sin\gamma t$$

$$i=\frac{\mathrm{d}q}{\mathrm{d}t}=\frac{E}{R}\mathrm{e}^{-\alpha t}\cos\gamma t$$

$$=\frac{E}{R}\mathrm{e}^{-\frac{R}{2L}t}\sin\sqrt{\frac{1}{LC}-\left(\frac{R}{2L}\right)^2}\,t$$

3.5 交流回路の過渡現象

①$\tan^{-1}\frac{\omega L}{R}$

②$\frac{E_\mathrm{m}}{\sqrt{R^2+\omega^2L^2}}\left\{\sin(\omega t-\theta)+\mathrm{e}^{-\frac{R}{L}t}\sin\theta\right\}$

③$\tan^{-1}\omega CR$

④$\frac{CE_\mathrm{m}}{\sqrt{1+\omega^2C^2R^2}}\sin(\omega t-\theta)$

⑤$\frac{CE_\mathrm{m}}{\sqrt{1+\omega^2C^2R^2}}\left\{\omega\cos(\omega t-\theta)-\frac{1}{RC}\mathrm{e}^{-\frac{1}{RC}t}\sin\theta\right\}$

＜3.5 練習問題＞

[1] $$|i_\mathrm{s}(0)|=\frac{\omega CE_\mathrm{m}}{\sqrt{1+\omega^2C^2R^2}}\cos\theta$$

$$=\frac{\omega CE_\mathrm{m}}{\sqrt{1+\omega^2C^2R^2}}\times\frac{1}{\sqrt{1+\omega^2C^2R^2}}$$

$$=\frac{\omega CE_\mathrm{m}}{1+\omega^2C^2R^2}$$

$$|i_\mathrm{t}(0)|=\frac{CE_\mathrm{m}}{RC\sqrt{1+\omega^2C^2R^2}}\sin\theta$$

$$=\frac{CE_\mathrm{m}}{R\sqrt{1+\omega^2C^2R^2}}\times\frac{\omega CR}{\sqrt{1+\omega^2C^2R^2}}$$

$$=\frac{\omega CE_\mathrm{m}}{1+\omega^2C^2R^2}$$

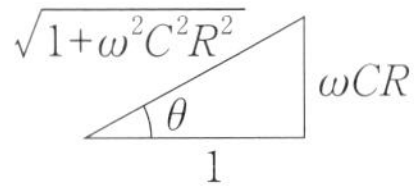

[2] スイッチを閉じた後の回路方程式は

$$L\frac{\mathrm{d}i}{\mathrm{d}t}+Ri=E_\mathrm{m}\cos\omega t$$

過渡解は

$$i_\mathrm{t}=A\mathrm{e}^{-\frac{R}{L}t}$$

定常解は$\theta=\tan^{-1}\frac{\omega L}{R}$とおくと

$$i_\mathrm{s}(t)=\frac{E_\mathrm{m}}{\sqrt{R^2+\omega^2L^2}}\cos(\omega t-\theta)$$

したがって、一般解は

$$i=\frac{E_\mathrm{m}}{\sqrt{R^2+\omega^2L^2}}\cos(\omega t-\theta)+A\mathrm{e}^{-\frac{R}{L}t}$$

初期値として$i(0)=0$を代入すると

$A=-\frac{E_\mathrm{m}}{\sqrt{R^2+\omega^2L^2}}\cos\theta$となるため

$$i=\frac{E_\mathrm{m}}{\sqrt{R^2+\omega^2L^2}}\left\{\cos(\omega t-\theta)-\mathrm{e}^{-\frac{R}{L}t}\cos\theta\right\}$$

[3]

解答表 3-1

t	v	i_s	i_t	i
0.00	2.00	0.50	-0.50	0.00
0.30	1.74	0.86	-0.37	0.49
0.60	1.01	1.00	-0.27	0.73
0.90	0.02	0.87	-0.20	0.67
1.20	-0.97	0.51	-0.15	0.36
1.50	-1.71	0.02	-0.11	-0.09
1.80	-2.00	-0.48	-0.08	-0.56
2.10	-1.76	-0.85	-0.06	-0.91
2.40	-1.06	-1.00	-0.05	-1.04
2.70	-0.07	-0.88	-0.03	-0.92
3.00	0.93	-0.53	-0.02	-0.56
3.30	1.69	-0.04	-0.02	-0.06
3.60	2.00	0.46	-0.01	0.44

[4] スイッチを閉じた後の回路方程式は

$$Ri+\frac{1}{C}\int_{-\infty}^{t} i\mathrm{d}\tau=E_{\mathrm{m}}\sin(\omega t+\phi)$$

$i=\dfrac{\mathrm{d}q}{\mathrm{d}t}$を用いて

$$R\frac{\mathrm{d}q}{\mathrm{d}t}+\frac{q}{C}=E_{\mathrm{m}}\sin(\omega t+\phi)$$

過渡解は

$$q_{\mathrm{t}}=A\mathrm{e}^{-\frac{1}{RC}t}$$

定常解は$\theta=\tan^{-1}\omega CR$とおいて

$$q_{\mathrm{s}}=\frac{CE_{\mathrm{m}}}{\sqrt{1+\omega^2C^2R^2}}\sin(\omega t+\phi-\theta)$$

一般解は

$$q=\frac{CE_{\mathrm{m}}}{\sqrt{1+\omega^2C^2R^2}}\sin(\omega t+\phi-\theta)+A\mathrm{e}^{-\frac{1}{RC}t}$$

初期条件として$q(0)=0$を代入すると

$A=-\dfrac{CE_{\mathrm{m}}}{\sqrt{1+\omega^2C^2R^2}}\sin(\phi-\theta)$となるため

$$q=\frac{CE_{\mathrm{m}}}{\sqrt{1+\omega^2C^2R^2}}\left\{\sin(\omega t+\phi-\theta)-\mathrm{e}^{-\frac{1}{RC}t}\sin(\phi-\theta)\right\}$$

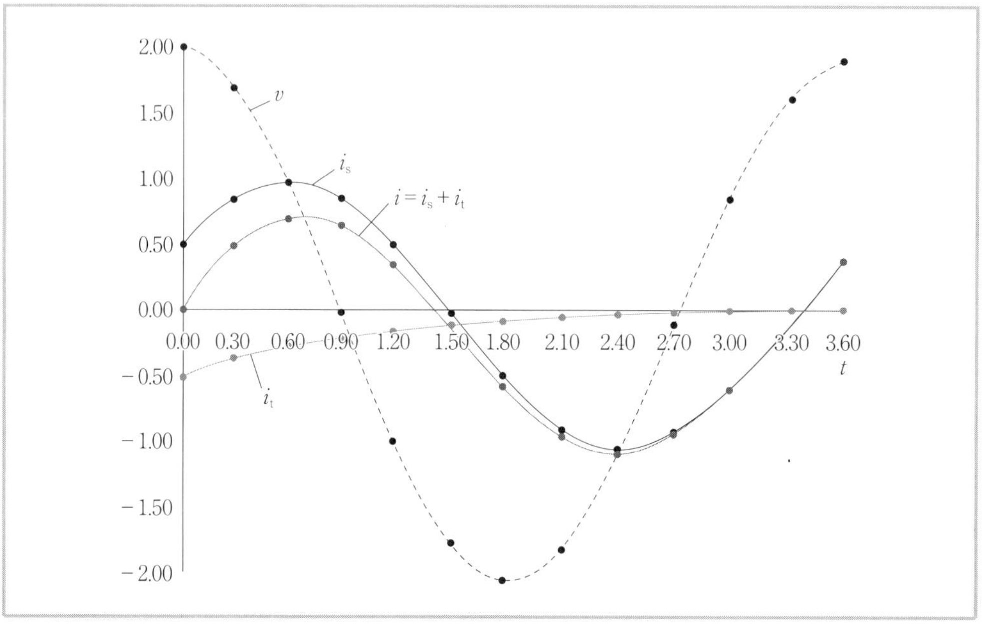

解答図 3-2（正答図）

$$i=\frac{\mathrm{d}q}{\mathrm{d}t}=\frac{CE_{\mathrm{m}}}{\sqrt{1+\omega^2C^2R^2}}\left\{\omega\cos(\omega t+\phi-\theta)\right.$$

$$\left.+\frac{1}{RC}\mathrm{e}^{-\frac{1}{RC}t}\sin(\phi-\theta)\right\}$$

第 4 章 ラプラス変換による解析

＿＿、⬚：文字式を記入
＿＿、□：数値を記入

4.1 ラプラス変換の基礎

学習内容 ラプラス変換の基礎と微分方程式への応用を学ぶ。

目　標 ラプラス変換とラプラス逆変換を理解し、ラプラス変換によって定数係数線形常微分方程式が解ける。

・微分方程式を解くための有力な手法としてラプラス変換がある。

・ラプラス変換を用いると微分方程式を代数方程式に置き換えて解くことができる。

4.1(1) ラプラス変換の定義

・ラプラス変換は、$t<0$で$f(t)=0$である1価の関数に対して次のように定義される。本書では、$\mathcal{L}[f(t)]$と略記する。

$$F(s)=\mathcal{L}[f(t)]=\int_0^\infty f(t)\mathrm{e}^{-st}\mathrm{d}t \tag{4.1}$$

ここで、sは時間に依存しない複素数である。また、$F(s)$から$f(t)$を求めるための変換をラプラス逆変換といい、次のように定義される。

$$f(t)=\mathcal{L}^{-1}[F(s)]=\frac{1}{2\pi\mathrm{j}}\int_{c-\mathrm{j}\infty}^{c+\mathrm{j}\infty}F(s)\mathrm{e}^{st}\mathrm{d}s \tag{4.2}$$

ここで、$f(t)$はt関数、$F(s)$はs関数と呼ばれる。t関数とs関数は1対1で対応するため、通常は、(4.2)式を用いてラプラス逆変換することはほとんどなく、後述のラプラス変換表を用いてラプラス逆変換を行う。

4.1(2) 基本関数のラプラス変換

[1] 単位ステップ関数

・ラプラス変換では、$t<0$において$f(t)=0$である関数を扱う。この条件を満たす最も基本的な関数として単位ステップ関数がある。単位ステップ関数は$t<0$では0となり、$t\geq 0$では1となる関数であり、

$$u_{\mathrm{s}}(t)=\begin{cases}1 & (t\geq 0)\\ 0 & (t<0)\end{cases} \tag{4.3}$$

と表される。

・単位ステップ関数のラプラス変換は

$$\mathcal{L}[u_{\mathrm{s}}(t)]=\int_0^\infty f(t)\mathrm{e}^{-st}\mathrm{d}t=\int_0^\infty \mathrm{e}^{-st}\mathrm{d}t=\left[-\frac{1}{s}\mathrm{e}^{-st}\right]_0^\infty=\frac{1}{s} \tag{4.4}$$

となる。

※電気回路におけるスイッチの開閉は、単位ステップ関数を用いて表現することができる。例

えば、電源電圧Eの直流電源を$t=0$で回路に接続する場合には、

$$e(t)=Eu_{\mathrm{S}}(t)=\begin{cases}E & (t\geq 0)\\ 0 & (t<0)\end{cases} \tag{4.5}$$

と書くことができる。この場合の電源電圧のラプラス変換は$E(s)=\dfrac{E}{s}$となる。

[2] 単位ランプ関数

・$tu_{\mathrm{s}}(t)$のラプラス変換を考える。

$$\mathcal{L}[tu_{\mathrm{s}}(t)]=\int_0^{\infty}t\mathrm{e}^{-st}\mathrm{d}t=\left[-\frac{t}{s}\mathrm{e}^{-st}\right]_0^{\infty}+\frac{1}{s}\int_0^{\infty}\mathrm{e}^{-st}\mathrm{d}t=\frac{1}{s}\left[-\frac{1}{s}\mathrm{e}^{-st}\right]_0^{\infty}=\frac{1}{s^2} \tag{4.6}$$

[3] 指数関数

・aを定数として$\mathrm{e}^{-at}u_{\mathrm{s}}(t)$のラプラス変換を考える。

$$\mathcal{L}[\mathrm{e}^{-at}u_{\mathrm{s}}(t)]=\int_0^{\infty}\mathrm{e}^{-at}\mathrm{e}^{-st}\mathrm{d}t=\int_0^{\infty}\mathrm{e}^{-(s+a)t}\mathrm{d}t=\left[-\frac{1}{s+a}\mathrm{e}^{-(s+a)t}\right]_0^{\infty}=\frac{1}{s+a} \tag{4.7}$$

[4] 正弦関数

・角周波数ωの片側正弦関数$\sin\omega tu_{\mathrm{s}}(t)$のラプラス変換を考える。

$$\mathcal{L}[\sin\omega tu_{\mathrm{s}}(t)]=\int_0^{\infty}\left(\frac{e^{\mathrm{j}\omega t}-\mathrm{e}^{-\mathrm{j}\omega t}}{2\mathrm{j}}\right)\mathrm{e}^{-st}\mathrm{d}t=\frac{1}{2\mathrm{j}}\int_0^{\infty}\{\mathrm{e}^{-(s-\mathrm{j}\omega)t}-\mathrm{e}^{-(s+\mathrm{j}\omega)t}\}\mathrm{d}t$$

$$=\frac{1}{2\mathrm{j}}\left[-\frac{1}{s-\mathrm{j}\omega}\mathrm{e}^{-(s-\mathrm{j}\omega)t}+\frac{1}{s+\mathrm{j}\omega}\mathrm{e}^{-(s+\mathrm{j}\omega)t}\right]_0^{\infty}=\frac{1}{2\mathrm{j}}\left(\frac{1}{s-\mathrm{j}\omega}-\frac{1}{s+\mathrm{j}\omega}\right)=\frac{\omega}{s^2+\omega^2} \tag{4.8}$$

[5] 双曲線正弦関数

・αを定数とした片側双曲線正弦関数$\sinh\alpha tu_{\mathrm{s}}(t)$のラプラス変換を考える。

$$\mathcal{L}[\sinh\alpha tu_{\mathrm{s}}(t)]=\int_0^{\infty}\left(\frac{\mathrm{e}^{\alpha t}-\mathrm{e}^{-\alpha t}}{2}\right)\mathrm{e}^{-st}\mathrm{d}t=\frac{1}{2}\int_0^{\infty}\{\mathrm{e}^{-(s-\alpha)t}-\mathrm{e}^{-(s+\alpha)t}\}\mathrm{d}t$$

$$=\frac{1}{2}\left[-\frac{1}{s-\alpha}\mathrm{e}^{-(s-\alpha)t}+\frac{1}{s+\alpha}\mathrm{e}^{-(s+\alpha)t}\right]_0^{\infty}=\frac{1}{2}\left(\frac{1}{s-\alpha}-\frac{1}{s+\alpha}\right)=\frac{\alpha}{s^2-\alpha^2} \tag{4.9}$$

[6] ラプラス変換表

・基本的な関数のラプラス変換を表 4-1 に示す。

表 4.1　ラプラス変換表

$f(t)$	$F(s)$
$u_s(t)$	$\dfrac{1}{s}$
$tu_s(t)$	$\dfrac{1}{s^2}$
$t^n u_s(t)$	$\dfrac{n!}{s^{n+1}}$
$e^{-at}u_s(t)$	$\dfrac{1}{s+a}$
$\sin \omega t u_s(t)$	$\dfrac{\omega}{s^2+\omega^2}$
$\cos \omega t u_s(t)$	$\dfrac{s}{s^2+\omega^2}$
$\sinh \alpha t u_s(t)$	$\dfrac{\alpha}{s^2-\alpha^2}$
$\cosh \alpha t u_s(t)$	$\dfrac{s}{s^2-\alpha^2}$

4.1(3) ラプラス変換の性質

[1] 線形定理

・$\mathcal{L}[f_1(t)]=F_1(s), \mathcal{L}[f_2(t)]=F_2(s)$とし、$a$および$b$を定数として$f_1(t)$と$f_2(t)$を線形結合した関数のラプラス変換を考える。

$$\mathcal{L}[af_1(t)+bf_2(t)]=\int_0^\infty \{af_1(t)+bf_2(t)\}e^{-st}dt=a\int_0^\infty f_1(t)e^{-st}dt+b\int_0^\infty f_2(t)e^{-st}dt$$
$$=a\mathcal{L}[f_1(t)]+b\mathcal{L}[f_2(t)]=aF_1(s)+bF_2(s)$$

$$\mathcal{L}[af_1(t)+bf_2(t)]=aF_1(s)+bF_2(s) \tag{4.10}$$

[2] 相似定理

・$\mathcal{L}[f(t)]=F(s)$とし、aを正の定数として$f(at)$のラプラス変換を考える。$\tau=at$とおくと

$$\mathcal{L}[f(at)]=\int_0^\infty f(at)e^{-st}dt=\int_0^\infty f(\tau)e^{-\frac{s}{a}\tau}\frac{dt}{d\tau}d\tau=\frac{1}{a}\int_0^\infty f(\tau)e^{-\frac{s}{a}\tau}d\tau=\frac{1}{a}F\left(\frac{s}{a}\right)$$

となる。

$$\mathcal{L}[f(at)]=\frac{1}{a}F\left(\frac{s}{a}\right) \tag{4.11}$$

[3] 推移定理

・$\mathcal{L}[f(t)]=F(s)$とし、aを定数として$f(t-a)$のラプラス変換を考える。$\tau=t-a$とおくと、$\tau=<0$で$f(\tau)=0$であるため

第4章

$$\mathscr{L}[f(t-a)]=\int_0^\infty f(t-a)\mathrm{e}^{-st}\mathrm{d}t=\int_0^\infty f(\tau)\mathrm{e}^{-s(\tau+a)}\mathrm{d}\tau=\mathrm{e}^{-aS}F(s)$$

$$\mathscr{L}[f(t-a)]=\mathrm{e}^{-aS}F(s) \tag{4.12}$$

・$\mathscr{L}[f(t)]=F(s)$とし、aを定数として$f(t)\mathrm{e}^{-at}$のラプラス変換を考える。

$$\mathscr{L}[f(t)\mathrm{e}^{-at}]=\int_0^\infty f(t)\mathrm{e}^{-at}\mathrm{e}^{-st}\mathrm{d}t=\int_0^\infty f(t)\mathrm{e}^{-(s+a)t}\mathrm{d}t=F(a+a)$$

$$\mathscr{L}[f(t)\mathrm{e}^{-at}]=F(a+a) \tag{4.13}$$

[4] 時間微分

・$\mathscr{L}[f(t)]=F(s)$として$\dfrac{\mathrm{d}f(t)}{\mathrm{d}t}$のラプラス変換を考える。

$$\mathscr{L}\left[\frac{\mathrm{d}f(t)}{\mathrm{d}t}\right]=\int_0^\infty \frac{\mathrm{d}f(t)}{\mathrm{d}t}\mathrm{e}^{-st}\mathrm{d}t=[f(t)\mathrm{e}^{-st}]_0^\infty-\int_0^\infty f(t)\frac{\mathrm{d}}{\mathrm{d}t}\mathrm{e}^{-st}\mathrm{d}t$$

$$=\lim_{t\to\infty} f(t)\mathrm{e}^{-st}-f(0)+s\int_0^\infty f(t)\mathrm{e}^{-st}\mathrm{d}t=sF(s)-f(0)$$

ただし、$\lim\limits_{t\to\infty} f(t)\mathrm{e}^{-st}=0$とする。

$$\mathscr{L}\left[\frac{\mathrm{d}f(t)}{\mathrm{d}t}\right]=sF(s)-f(0) \tag{4.14}$$

・$\dfrac{\mathrm{d}^2f(t)}{\mathrm{d}t^2}$のラプラス変換を考える。

$$\mathscr{L}\left[\frac{\mathrm{d}^2f(t)}{\mathrm{d}t^2}\right]=\int_0^\infty \frac{\mathrm{d}^2f(t)}{\mathrm{d}t^2}\mathrm{e}^{-st}\mathrm{d}t=\left[\frac{\mathrm{d}f(t)}{\mathrm{d}t}\mathrm{e}^{-st}\right]_0^\infty-\int_0^\infty \frac{\mathrm{d}f(t)}{\mathrm{d}t}\frac{\mathrm{d}}{\mathrm{d}t}\mathrm{e}^{-st}\mathrm{d}t$$

$$=\lim_{t\to\infty}\frac{\mathrm{d}f(t)}{\mathrm{d}t}\mathrm{e}^{-st}-\left.\frac{\mathrm{d}f(t)}{\mathrm{d}t}\right|_{t=0}+s\int_0^\infty \frac{\mathrm{d}f(t)}{\mathrm{d}t}\mathrm{e}^{-st}\mathrm{d}t=s\{sF(s)-f(0)\}-\left.\frac{\mathrm{d}f(t)}{\mathrm{d}t}\right|_{t=0}$$

$$=s^2F(s)-sf(0)-\left.\frac{\mathrm{d}f(t)}{\mathrm{d}t}\right|_{t=0}$$

ただし、$\lim\limits_{t\to\infty} f(t)\mathrm{e}^{-st}=0$、$\lim\limits_{t\to\infty}\dfrac{\mathrm{d}f(t)}{\mathrm{d}t}\mathrm{e}^{-st}=0$とする。

$$\mathscr{L}\left[\frac{\mathrm{d}^2f(t)}{\mathrm{d}t^2}\right]=s^2F(s)-sf(0)-\left.\frac{\mathrm{d}f(t)}{\mathrm{d}t}\right|_{t=0} \tag{4.15}$$

[5] 時間積分

・$\mathscr{L}[f(t)]=F(s)$として$\int_0^t f(\tau)\mathrm{d}\tau$のラプラス変換を考える。

$$\mathscr{L}\left[\int_0^t f(t)\mathrm{d}t\right]=\int_0^\infty\int_0^t f(\tau)\mathrm{d}\tau\mathrm{e}^{-st}\mathrm{d}t=\left[-\frac{1}{s}\mathrm{e}^{-st}\int_0^t f(\tau)\mathrm{d}\tau\right]_0^\infty+\frac{1}{s}\int_0^\infty f(t)\mathrm{e}^{-st}\mathrm{d}t$$

$$=\frac{1}{s}F(s)$$

$$\mathcal{L}\left[\int_0^t f(t)\mathrm{d}t\right]=\frac{1}{s}F(s) \tag{4.16}$$

・$\mathcal{L}[f(t)]=F(s)$として$\int_{-\infty}^{t} f(\tau)\mathrm{d}\tau$のラプラス変換を考える。

$$\mathcal{L}\left[\int_{-\infty}^t f(t)\mathrm{d}t\right]=\mathcal{L}\left[\int_{-\infty}^0 f(\tau)\mathrm{d}\tau+\int_0^t f(\tau)\mathrm{d}\tau\right]=\frac{1}{s}\int_{-\infty}^0 f(\tau)\mathrm{d}\tau+\mathcal{L}\left[\int_0^t f(\tau)\mathrm{d}\tau\right]$$

$$=\frac{1}{s}F(s)+\frac{1}{s}\int_{-\infty}^0 f(t)\mathrm{d}t$$

$$\mathcal{L}\left[\int_{-\infty}^t f(t)\mathrm{d}t\right]=\frac{1}{s}F(s)+\frac{1}{s}\int_{-\infty}^0 f(t)\mathrm{d}t \tag{4.17}$$

※初期電荷がある場合のキャパシタの端子電圧をラプラス変換すると

$$\mathcal{L}\left[\frac{1}{C}\int_{-\infty}^t i(\tau)\mathrm{d}\tau\right]=\frac{1}{sC}I(s)+\frac{1}{sC}\int_{-\infty}^0 i(\tau)\mathrm{d}\tau=\frac{1}{sC}I(s)+\frac{1}{sC}\left\{q(0)-\lim_{\tau\to-\infty}q(\tau)\right\} \tag{4.18}$$

と書くことができる。$\lim_{\tau\to-\infty}q(\tau)=0$であると考えると$\int_{-\infty}^0 i(\tau)\mathrm{d}\tau$は初期電荷を意味している。

4.1(4) ラプラス変換による微分方程式の解法と部分分数展開

[1] 微分方程式の解法

・ラプラス変換によって定数係数線形微分方程式を解く方法を示す。次の1階の線形微分方程式を考える。

$$a_1\frac{\mathrm{d}i}{\mathrm{d}t}+a_0 i=E \tag{4.19}$$

両辺をラプラス変換すると

$$sa_1I(s)-a_1i(0)+a_0I(s)=\frac{E}{s} \tag{4.20}$$

$i(0)=0$とし、$I(s)$について解くと

$$I(s)=\frac{E}{s(a_1s+a_0)}=\frac{\frac{E}{a_1}}{s\left(s+\frac{a_0}{a_1}\right)} \tag{4.21}$$

ここで、

$$I(s)=\frac{A}{s}+\frac{B}{s+\frac{a_0}{a_1}} \tag{4.22}$$

とおいて部分分数分解する。上式から

$$As+\frac{a_0}{a_1}A+Bs=\frac{E}{a_1} \tag{4.23}$$

第4章

であるため、

$$A+B=0,\ \frac{a_0}{a_1}A=\frac{E}{a_1} \tag{4.24}$$

の関係が得られる。これらの関係から、

$$A=\frac{E}{a_0},\ B=-A=-\frac{E}{a_0} \tag{4.25}$$

となるため、

$$I(s)=\frac{E}{a_0}\left(\frac{1}{s}-\frac{1}{s+\dfrac{a_0}{a_1}}\right) \tag{4.26}$$

ラプラス逆変換を行うと

$$i(t)=\frac{E}{a_0}\left(1-\mathrm{e}^{-\frac{a_0}{a_1}t}\right) \tag{4.27}$$

と求められる。

[2] 部分分数展開

・s関数をラプラス逆変換する際に、上記のように部分分数分解を行うことが必要となる場合が多い。部分分数分解には上記の手順のように連立方程式を解く方法の他に、ヘビサイトの展開定理を用いる方法がある。次の部分分数分解を考える。

$$F(s)=\frac{1}{(s-a)(s-b)(s-c)}=\frac{A}{s-a}+\frac{B}{s-b}+\frac{C}{s-c} \tag{4.28}$$

ここで、$F(s)$と$s-a$の積を考えると

$$(s-a)F(s)=A+\frac{(s-a)}{(s-b)}B+\frac{(s-a)}{(s-c)}C \tag{4.29}$$

となる。ここで、$s=a$を代入すると

$$(s-a)F(s)\big|_{s=a}=A \tag{4.30}$$

と係数Aを求められる。B、Cも同様に

$$B=(s-b)F(s)\big|_{s=b} \tag{4.31}$$

$$C=(s-c)F(s)\big|_{s=c} \tag{4.32}$$

と求められる。

・次のように重極がある場合を考える。

$$F(s)=\frac{1}{(s-a)(s-b)^2}=\frac{A}{s-a}+\frac{B}{(s-b)^2}+\frac{C}{s-b} \tag{4.33}$$

係数AとBはこれまでと同様に

$$A=(s-a)F(s)\big|_{s=a} \tag{4.34}$$

$$B=(s-b)^2F(s)\big|_{s=b} \tag{4.35}$$

と求められる。次に、係数Cを求めるために、$F(s)$と$(s-b)^2$の積をsで微分すると

$$\frac{\mathrm{d}(s-b)^2F(s)}{\mathrm{d}s}=\frac{\mathrm{d}}{\mathrm{d}s}\left\{\frac{(s-b)^2}{(s-a)}A+B+C(s-b)\right\}=\frac{2(s-b)(s-a)-(s-b)^2}{(s-a)^2}A+C \tag{4.36}$$

となる。ここで、$s=b$を代入すると

$$\left.\frac{\mathrm{d}}{\mathrm{d}s}(s-b)^2F(s)\right|_{s=b}=C \tag{4.37}$$

と係数Cを求められる。

＜4.1 練習問題＞

[1] $\cos \omega t$のラプラス変換を定義にしたがって求めよ。

[2] $\cosh \alpha t$のラプラス変換を定義にしたがって求めよ。

[3] 次の微分方程式を$a_1^2-4a_2a_0<0$、$i(0)=0$、$\left.\frac{\mathrm{d}i}{\mathrm{d}t}\right|_{t=0}=I_0$の条件でラプラス変換を使って解け。

$$a_2\frac{\mathrm{d}^2i(t)}{\mathrm{d}t^2}+a_1\frac{\mathrm{d}i(t)}{\mathrm{d}t}+a_0i(t)=0$$

4.2 *RL* 回路および *RC* 回路の過渡現象

学習内容 ラプラス変換による基本回路の直流電源による過渡現象の解析を学ぶ。

目　標 ラプラス変換を用いて *RL* 回路および *RC* 回路において直流電源によって生じる過渡現象を解析できる。

4.2(1) *RL* 回路の過渡現象

・図 4-1 に示す回路において、$t=0$でスイッチ S を閉じたとき、回路を流れる電流をラプラス変換によって求めてみる。

・スイッチを閉じた後の回路方程式は

$$L\frac{\mathrm{d}i}{\mathrm{d}t}+Ri=E \tag{4.38}$$

である。両辺をラプラス変換すると

$$sLI(s)-Li(0)+RI(s)=\frac{E}{s} \tag{4.39}$$

となる。初期電流は 0 であるため、$i(0)=0$を代入して整理すると

$$I(s)=\frac{E}{s(sL+R)}=\frac{\frac{E}{L}}{s\left(s+\frac{R}{L}\right)} \tag{4.40}$$

となる。ここで、

$$I(s)=\frac{A}{s}+\frac{B}{s+\frac{R}{L}} \tag{4.41}$$

とおくと

$$As+A\frac{R}{L}+Bs=\frac{E}{L} \tag{4.42}$$

となり、次の関係が得られる。

$$A+B=0 \tag{4.43}$$

$$\frac{R}{L}A=\frac{E}{L} \tag{4.44}$$

これらの関係から、

$$A=① \quad \text{..................} \tag{4.45}$$

$$B=② \quad \text{..................} \tag{4.46}$$

となるため、

$$I(s)=\frac{A}{s}+\frac{B}{s+\frac{R}{L}}=③ \quad \text{..} \tag{4.47}$$

と書くことができる。この式をラプラス逆変換すると

$$i(t)=\mathscr{L}^{-1}[I(s)]=\frac{E}{R}\left(1-\mathrm{e}^{-\frac{R}{L}t}\right) \tag{4.48}$$

第4章

と求めることができる。

・抵抗の端子電圧は$v_R=Ri=E\left(1-e^{-\frac{R}{L}t}\right)$となり、インダクタの端子電圧は$v_L=L\frac{di}{dt}$の関係をラプラス変換して

$$V_L(s)=sLI(s)=\frac{E}{s+\frac{R}{L}} \tag{4.49}$$

ラプラス逆変換すると

$$v_L=\mathcal{L}^{-1}[V_L(s)]=Ee^{-\frac{R}{L}t} \tag{4.50}$$

と求められる。

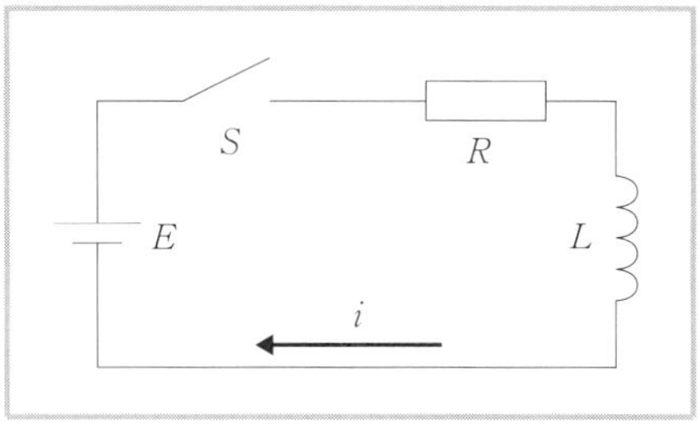

図 4-1

＜4.2(1) 例題＞

[1] 図 4-2 の回路において、スイッチS_1を閉じてから十分時間が経過し、定常状態にあるとする。この回路において、$t=0$でスイッチS_2を閉じると同時にS_1を開いた場合に、回路を流れる電流を考える。

（解法）

スイッチS_2を閉じたあとの回路方程式は

$$Ri+L\frac{di}{dt}=0 \tag{4.51}$$

この式をラプラス変換すると

$$RI(s)+sLI(s)-Li(0)=0 \tag{4.52}$$

初期電流$i(0)=\frac{E}{R}$を代入すると

$$RI(s)+sLI(s)-\frac{LE}{R}=0 \tag{4.53}$$

整理すると

$$I(s)=\frac{\frac{LE}{R}}{R+sL}=\frac{\frac{E}{R}}{s+\frac{R}{L}} \tag{4.54}$$

この式をラプラス逆変換することで回路を流れる電流は

$$i(t)=\text{④}\underline{\hspace{6cm}} \tag{4.55}$$

と求めることができる。

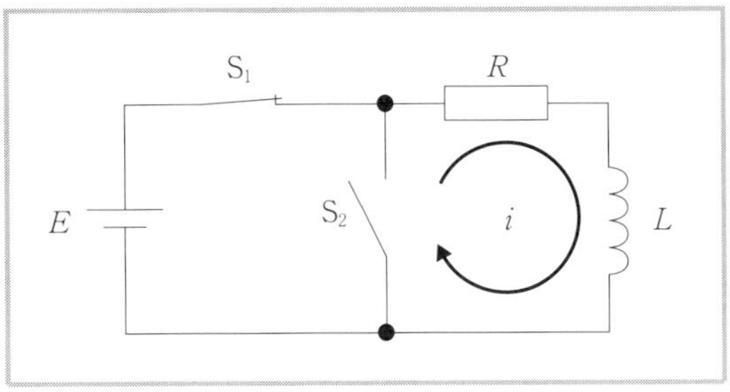

図 4-2

[2] 図 4-3 の回路において、$t=0$でスイッチ S_1を閉じた後、$t=T$でスイッチ S_2を閉じると同時に S_1を開いた場合に、回路を流れる電流を求めよ。ただし、インダクタの初期電流は 0 とする。

（解法）

この場合、次式で表される電源を接続したものと考えられる。

$$e(t)=E\{u_{\mathrm{s}}(t)-u_{\mathrm{s}}(t-T)\} \tag{4.56}$$

回路方程式は

$$Ri+L\frac{\mathrm{d}i}{\mathrm{d}t}=e(t) \tag{4.57}$$

ラプラス変換すると

$$RI(s)+sLI(s)-Li(0)=\frac{E}{s}-\frac{E}{s}\mathrm{e}^{-Ts}=\frac{E}{s}(1-\mathrm{e}^{-Ts}) \tag{4.58}$$

初期電流は$i(0)=0$であるため、代入して整理すると

$$I(s)=\frac{E}{s(sL+R)}(1-\mathrm{e}^{-Ts})=\frac{E}{R}\left(1-\frac{1}{s+\frac{R}{L}}\right)-\frac{E}{R}\left(1-\frac{1}{s+\frac{R}{L}}\right)\mathrm{e}^{-Ts} \tag{4.59}$$

ラプラス逆変換すると

$$i(t)=\frac{E}{R}\left(1-\mathrm{e}^{-\frac{R}{L}t}\right)u_{\mathrm{s}}(t)-\frac{E}{R}\left\{1-\mathrm{e}^{-\frac{R}{L}(t-T)}\right\}u_{\mathrm{s}}(t-T) \tag{4.60}$$

$$=\begin{cases}\frac{E}{R}\left(1-\mathrm{e}^{\frac{R}{L}t}\right) & (0\leq t<T)\\ \text{⑤}\underline{\hspace{6cm}} & (T\leq t)\end{cases} \tag{4.61}$$

と求められる。

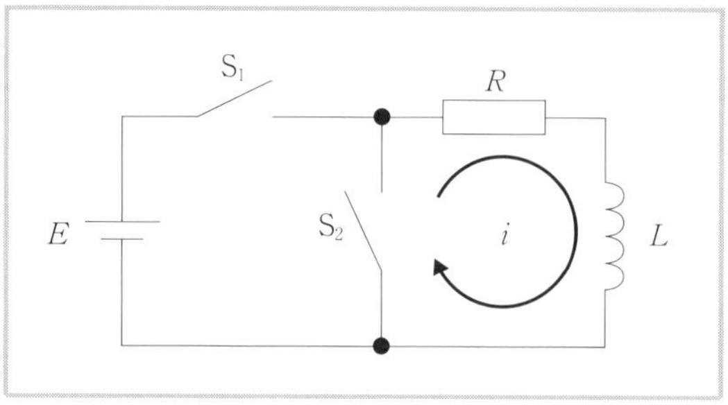

図 4-3

4.2(2) *RC* 回路の過渡現象

・図 4-4 に示す回路において、$t=0$でスイッチ S を閉じたとき、回路を流れる電流をラプラス変換によって求めてみる。ただし、キャパシタの初期電荷は 0 とする。

・初期電荷が 0 であるため、スイッチを閉じた後の回路方程式は

$$Ri+\frac{1}{C}\int_0^{\infty} i\mathrm{d}t=E \tag{4.62}$$

と書ける。両辺をラプラス変換すると

$$RI(s)+\frac{1}{sC}I(s)=\frac{E}{s} \tag{4.63}$$

整理すると

$$I(s)=\frac{E}{s\left(R+\frac{1}{sC}\right)}=\frac{E}{R}\frac{1}{s+\frac{1}{RC}} \tag{4.64}$$

ラプラス逆変換を行うと

$$i(t)=\frac{E}{R}\mathrm{e}^{-\frac{1}{RC}t} \tag{4.65}$$

と求められる。

・抵抗の端子電圧は$v_{\mathrm{R}}=Ri=E\mathrm{e}^{-\frac{1}{RC}t}$となり、キャパシタの端子電圧は

$$v_{\mathrm{C}}=\frac{1}{C}\int_0^{t} i\mathrm{d}t \tag{4.66}$$

の関係をラプラス変換して

$$V_{\mathrm{C}}(s)=\frac{I(s)}{sC}=\frac{\frac{E}{RC}}{s\left(s+\frac{1}{RC}\right)} \tag{4.67}$$

ここで、

$$V_{\mathrm{C}}=\frac{A}{s}+\frac{B}{s+\frac{1}{RC}} \tag{4.68}$$

とおくと

$$As + A\frac{1}{RC} + Bs = \frac{E}{RC} \tag{4.69}$$

となり、次の関係が得られる。

$$A + B = 0 \tag{4.70}$$

$$\frac{1}{RC}A = \frac{E}{RC} \tag{4.71}$$

これらの関係から、

$$A = ⑥\text{.........................} \tag{4.72}$$

$$B = ⑦\text{.........................} \tag{4.73}$$

となるため、

$$V_C(s) = \frac{A}{s} + \frac{B}{s + \frac{1}{RC}} = ⑧\text{.........................} \tag{4.74}$$

と書くことができる。この式をラプラス逆変換すると

$$v_C = \mathscr{L}^{-1}[V_C(s)] = E\left(1 - e^{-\frac{1}{RC}t}\right) \tag{4.75}$$

と求められる。

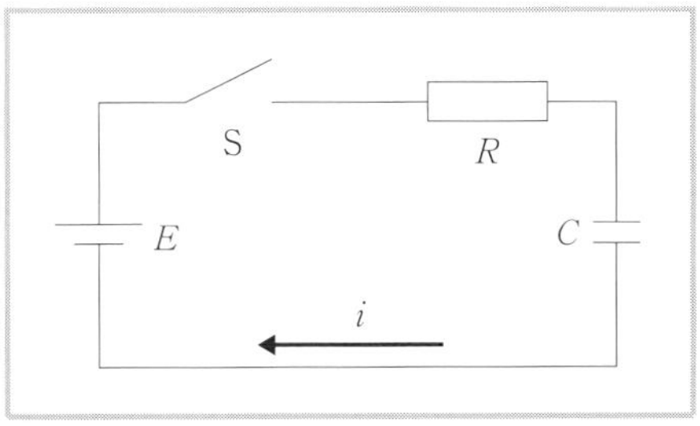

図 4-4

＜4.2(2) 例題＞

・図 4-5 の回路において、スイッチ S_1 を閉じてから十分時間が経過し、定常状態にあるとする。この回路において、$t=0$ でスイッチ S_2 を閉じると同時に S_1 を開いた場合に、回路を流れる電流を求めよ。

（解法）

・スイッチ S_2 を閉じた後の回路方程式は

$$Ri + \frac{1}{C}\int_{-\infty}^{0} i\,dt = 0 \tag{4.76}$$

ラプラス変換すると

$$RI(s) + \frac{1}{sC}I(s) + \frac{1}{sC}q(0) = 0 \tag{4.77}$$

初期条件として$v_C(0)=\dfrac{q(0)}{C}=E$を代入して整理すると

$$I(s)=-\frac{E}{s\left(R+\dfrac{1}{sC}\right)}=-\frac{\dfrac{E}{R}}{s+\dfrac{1}{RC}} \tag{4.78}$$

ラプラス逆変換を行うと

$$i(t)=⑨\underline{\qquad\qquad\qquad\qquad} \tag{4.79}$$

と求められる。

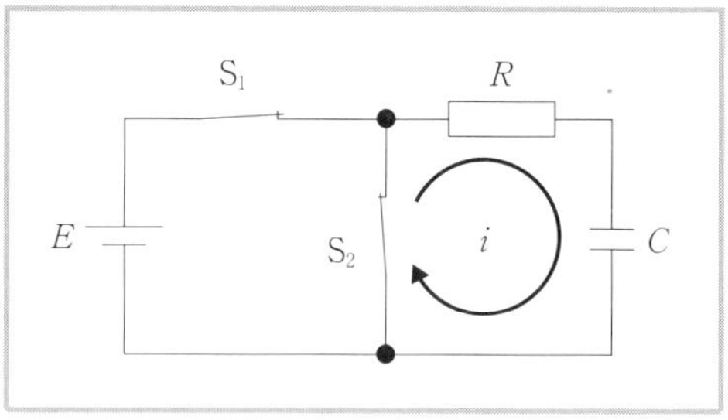

図 4-5

＜4.2 練習問題＞

[1] 定常状態にある問図 4-1 の回路において、$t=0$でスイッチSを開いたとき、回路を流れる電流をラプラス変換によって求めよ。

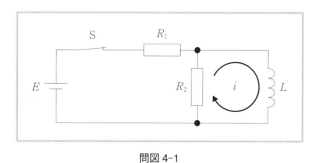

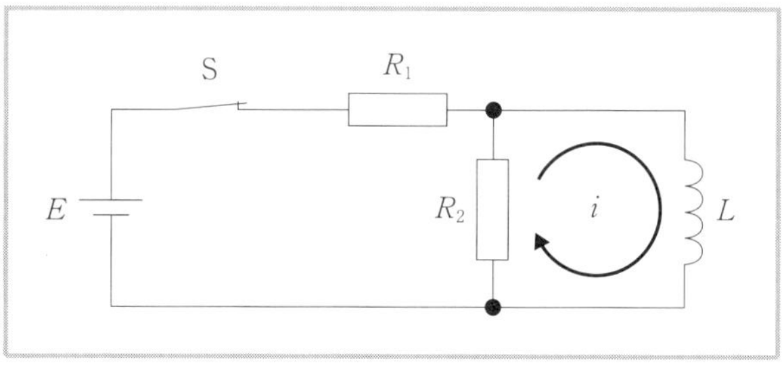

問図 4-1

[2] 問図 4-2 の回路において$t=0$でスイッチ S を閉じたとき、回路を流れる電流を求めよ。ただし、キャパシタの初期電荷はQ_0とする。

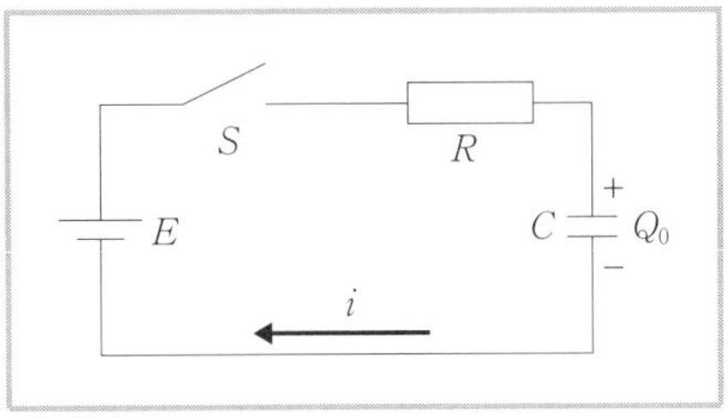

問図 4-2

第4章

[3] 問図 4-3 の回路において、$t=0$でスイッチ S_1を閉じた後、$t=T$でスイッチ S_2を閉じると同時に S_1を開いた場合に、回路を流れる電流をラプラス変換によって求めよ。ただし、キャパシタの初期電荷は 0 とする。

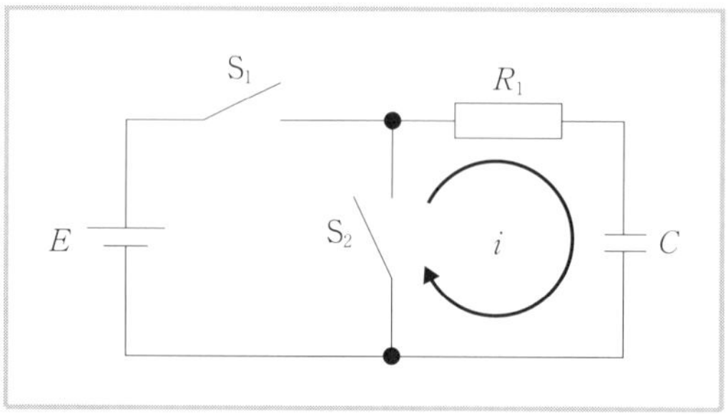

問図 4-3

4.3 *LC* 回路および *RLC* 回路の過渡現象

学習内容 ラプラス変換による *LC*・*RLC* 回路の直流電源による過渡現象の解析を学ぶ。

目　標 ラプラス変換を用いて *LC* 回路および *RLC* 回路において直流電源によって生じる過渡現象を解析できる。

4.3(1) *LC* 回路の過渡現象

・図 4-6 の回路において、$t=0$でスイッチを閉じたとき、回路を流れる電流を考える。ただし、初期電荷は 0 とする。

・初期電荷が 0 であるため、スイッチを閉じた後の回路方程式は次式で表される。

$$L\frac{\mathrm{d}i}{\mathrm{d}t}+\frac{1}{C}\int_0^t i\mathrm{d}t=E \qquad (4.80)$$

この式の両辺をラプラス変換すると

$$sLI(s)-Li(0)+\frac{1}{sC}I(s)=\frac{E}{s} \qquad (4.81)$$

初期電流は 0 であるため$i(0)=0$を代入して整理すると

$$I(s)=\frac{E}{s\left(sL+\frac{1}{sC}\right)}=\frac{\frac{E}{L}}{s^2+\frac{1}{LC}} \qquad (4.82)$$

この式を次のように変形することでラプラス逆変換が可能となる。

$$I(s)=\frac{E\sqrt{LC}}{L}\frac{\frac{1}{\sqrt{LC}}}{s^2+\left(\frac{1}{\sqrt{LC}}\right)^2}=E\sqrt{\frac{C}{L}}\frac{\frac{1}{\sqrt{LC}}}{s^2+\left(\frac{1}{\sqrt{LC}}\right)^2} \qquad (4.83)$$

したがって、回路を流れる電流は

$$i(t)=\mathscr{L}^{-1}[I(s)]=① \text{..............................} \qquad (4.84)$$

と求められる。

・インダクタの端子電圧を s 関数で表すと

$$V_{\mathrm{L}}(s)=\mathscr{L}\left[L\frac{\mathrm{d}i}{\mathrm{d}t}\right]=sLI(s)=E\frac{s}{s^2+\left(\frac{1}{\sqrt{LC}}\right)^2} \qquad (4.85)$$

この式をラプラス逆変換して次のように求められる。

$$v_{\mathrm{L}}(t)=\mathscr{L}^{-1}[V_{\mathrm{L}}(s)]=② \text{..............................} \qquad (4.86)$$

・キャパシタの端子電圧を s 関数で表すと

$$V_{\mathrm{C}}(s)=\mathscr{L}\left[\frac{1}{C}\int_0^{\infty} i\mathrm{d}t\right]=\frac{I(s)}{sC}=\frac{\frac{E}{LC}}{s\left(s^2+\frac{1}{LC}\right)} \qquad (4.87)$$

ここで、

第4章

$$V_C(s)=\frac{A_1}{s}+\frac{A_2}{s+\frac{j}{\sqrt{LC}}}+\frac{A_3}{s-\frac{j}{\sqrt{LC}}} \tag{4.88}$$

とおくと

$$A_1s^2+\frac{1}{LC}A_1+A_2s^2-\frac{j}{\sqrt{LC}}A_2s+A_3s^2+\frac{j}{\sqrt{LC}}A_3s=\frac{E}{LC} \tag{4.89}$$

となり、

$$A_1+A_2+A_3=0,\ \frac{j}{\sqrt{LC}}(A_{3_2})=0,\ \frac{1}{LC}A_1=\frac{E}{LC} \tag{4.90}$$

の関係が得られる。これらの関係から

$$A_1=E \tag{4.91}$$

$$A_2=A_3=-\frac{A_1}{2}=-\frac{E}{2} \tag{4.92}$$

となるため、次のように変形することでラプラス逆変換が可能となる。

$$V_C(s)=\frac{A_1}{s}+\frac{A_2}{s+\frac{j}{\sqrt{LC}}}+\frac{A_3}{s-\frac{j}{\sqrt{LC}}}=E\left\{\frac{1}{s}-\frac{1}{2\left(s+\frac{j}{\sqrt{LC}}\right)}-\frac{1}{2\left(s-\frac{j}{\sqrt{LC}}\right)}\right\}$$

$$=E\left(\frac{1}{s}-\frac{s}{s^2+\frac{1}{LC}}\right) \tag{4.93}$$

この式をラプラス逆変換して次のように求めることができる。

$$v_C(t)=\mathcal{L}^{-1}[V_C(s)]=③\ \underline{\qquad\qquad} \tag{4.94}$$

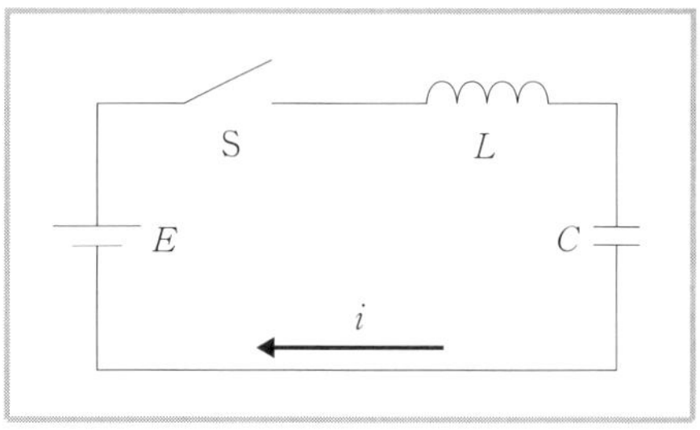

図 4-6

4.3(2) *RLC* 回路の過渡現象

・図 4-7 の回路において、$t=0$でスイッチを閉じたとき、回路を流れる電流と各素子の端子電圧を考える。

・スイッチを閉じた後の回路方程式は

$$L\frac{\mathrm{d}i}{\mathrm{d}t}+Ri+\frac{1}{C}\int_0^t i\mathrm{d}t=E \tag{4.95}$$

この式の両辺をラプラス変換して

$$sLI(s)-Li(0)+RI(s)+\frac{1}{sC}I(s)=\frac{E}{s} \tag{4.96}$$

初期電流は 0 であるため$i(0)=0$を代入して整理すると

$$I(s)=\frac{E}{s\left(sL+R+\dfrac{1}{sC}\right)}=\frac{\dfrac{E}{L}}{s^2+\dfrac{R}{L}s+\dfrac{1}{LC}}=\frac{\dfrac{E}{L}}{\left(s+\dfrac{R}{2L}\right)^2+\dfrac{1}{LC}-\left(\dfrac{R}{2L}\right)^2} \tag{4.97}$$

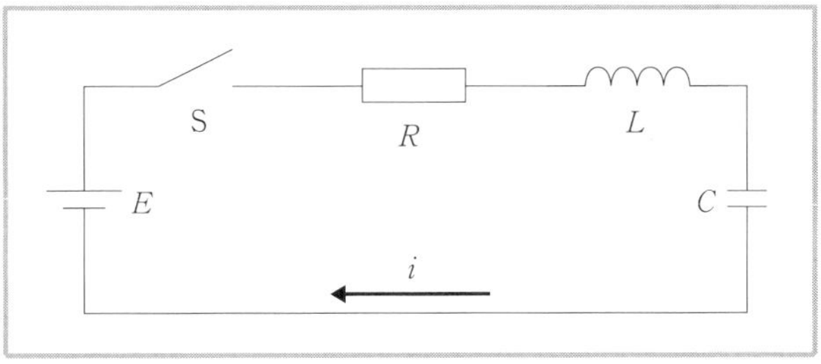

図 4-7

[1] 過制動

・$R^2>\dfrac{4L}{C}$の場合を考える。ここで

$$\alpha=\frac{R}{2L},\beta=\sqrt{\left(\frac{R}{2L}\right)^2-\frac{1}{LC}} \tag{4.98}$$

とおき、変形すると

$$I(s)=\frac{\dfrac{E}{L}}{(s+\alpha)^2-\beta^2}=\frac{E}{L\beta}\frac{\beta}{(s+\alpha)^2-\beta^2} \tag{4.99}$$

逆ラプラス変換すると

$i(t)=$④ ＿＿＿＿＿＿＿＿　(4.100)

と求めることができる。

[2] 臨界制動

・$R^2=\dfrac{4L}{C}$の場合を考える。ここで

$$\alpha=\frac{R}{2L} \tag{4.101}$$

とおくと

$$I(s)=\frac{E}{L}\frac{1}{(s+\alpha)^2} \tag{4.102}$$

逆ラプラス変換すると

$$i(t)=⑤\underline{\qquad\qquad\qquad} \tag{4.103}$$

と求めることができる。

[3] 減衰振動

・$R^2<\dfrac{4L}{C}$の場合を考える。ここで

$$\alpha=\frac{R}{2L}, \gamma=\sqrt{\frac{1}{LC}-\left(\frac{R}{2L}\right)^2} \tag{4.104}$$

とおくと

$$I(s)=\frac{\frac{E}{L}}{(s+\alpha)^2+\gamma^2}=\frac{E}{L\gamma}\frac{\gamma}{(s+\alpha)^2+\gamma^2} \tag{4.105}$$

逆ラプラス変換すると

$$i(t)=⑥\underline{\qquad\qquad\qquad} \tag{4.106}$$

と求めることができる。

<4.3 練習問題>

[1] 問図 4-4 の回路において、キャパシタCには図に示す向きで初期電荷Q_0が蓄積されているとする。$t=0$でスイッチ S を閉じたとき、回路を流れる電流をラプラス変換によって求めよ。

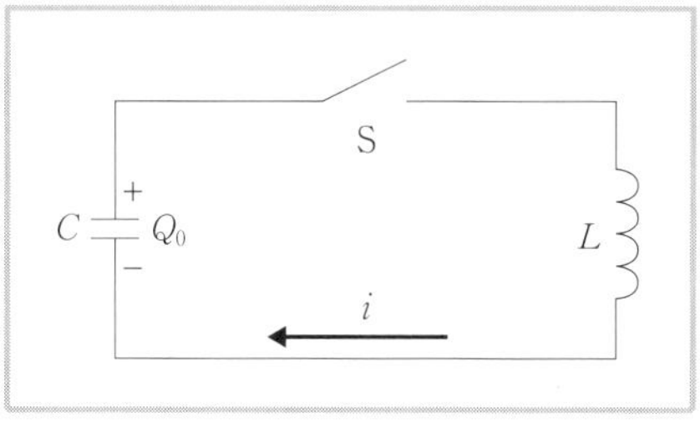

問図 4-4

[2] 問図 4-5 の回路において、キャパシタ C には図に示す向きで初期電荷 Q_0 が蓄積されているとする。$t=0$ でスイッチ S を閉じたとき、回路を流れる電流をラプラス変換によって求めよ。ただし、$R^2>\dfrac{4L}{C}$ とする。

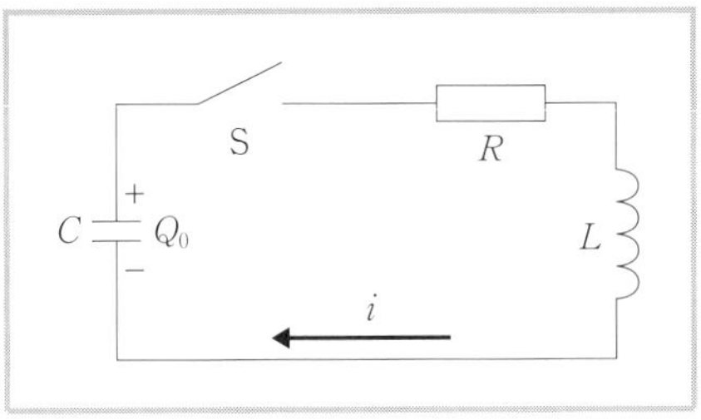

問図 4-5

第4章

[3] スイッチ S_1が閉じられて定常状態にある図の回路において、$t=0$でスイッチを開いたとき、回路を流れる電流をラプラス変換によって求めよ。ただし、キャパシタンスの初期電荷は0とし、$R^2<\dfrac{4L}{C}$とする。

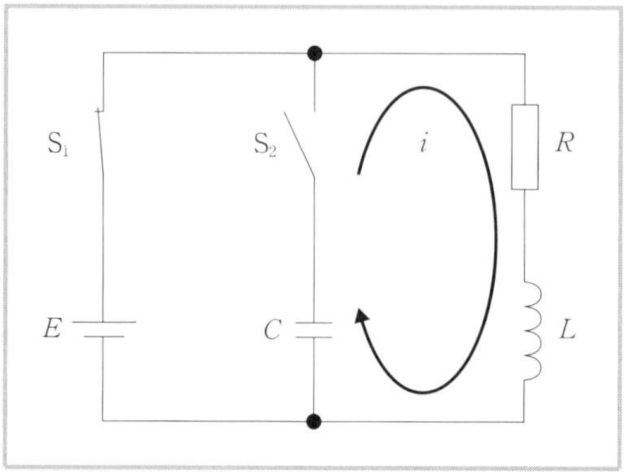

問図 4-6

4.4 交流回路の過渡現象

学習内容 ラプラス変換による交流回路の過渡現象を学ぶ。

目　標 ラプラス変換を用いて基本的な回路において交流電源によって生じる過渡現象を解析できる。

4.4(1) 交流電源を直接ラプラス変換する方法

・図4-8の回路において$t=0$でスイッチを閉じたとき、回路を流れる電流を考える。

・スイッチを閉じた後の回路方程式は次式で表される。

$$L\frac{\mathrm{d}i}{\mathrm{d}t}+Ri=E_0\sin\omega t \tag{4.107}$$

ラプラス変換すると

$$sLI(s)-Li(0)+RI(s)=E_0\frac{\omega}{s^2+\omega^2} \tag{4.108}$$

初期条件を代入して整理すると

$$I(s)=E_0\frac{\omega}{(sL+R)(s^2+\omega^2)}=\frac{\dfrac{E_0\omega}{L}}{\left(s+\dfrac{R}{L}\right)(s+\mathrm{j}\omega)(s-\mathrm{j}\omega)} \tag{4.109}$$

ここで、

$$I(s)=\frac{A}{s+\dfrac{R}{L}}+\frac{B}{s+\mathrm{j}\omega}+\frac{C}{s-\mathrm{j}\omega} \tag{4.110}$$

とおくと

$$A=\left(s+\frac{R}{L}\right)F(s)\Big|_{s=-\frac{R}{L}}=\frac{\dfrac{E_0\omega}{L}}{\left(-\dfrac{R}{L}+\mathrm{j}\omega\right)\left(-\dfrac{R}{L}-\mathrm{j}\omega\right)}=\frac{\dfrac{E_0\omega}{L}}{\dfrac{R^2}{L^2}+\omega^2}=\frac{E_0\omega L}{R^2+\omega^2L^2} \tag{4.111}$$

$$B=(s+\mathrm{j}\omega)F(s)\big|_{s=-\mathrm{j}\omega}=\frac{\dfrac{E_0\omega}{L}}{\left(-j\omega+\dfrac{R}{L}\right)(-2\mathrm{j}\omega)}$$

$$=-\frac{E_0}{2\mathrm{j}(R-\mathrm{j}\omega L)}=-\frac{E_0}{2\mathrm{j}\sqrt{R^2+\omega^2L^2}}\mathrm{e}^{\mathrm{j}\theta} \tag{4.112}$$

ただし、$\theta=\tan^{-1}\dfrac{\omega L}{R}$

$$C=(s-\mathrm{j}\omega)F(s)\big|_{s=\mathrm{j}\omega}=\frac{\dfrac{E_0\omega}{L}}{\left(\mathrm{j}\omega+\dfrac{R}{L}\right)(2\mathrm{j}\omega)}$$

$$=\frac{E_0}{2\mathrm{j}(R+\mathrm{j}\omega L)}=\frac{E_0}{2\mathrm{j}\sqrt{R^2+\omega^2L^2}}\mathrm{e}^{-\mathrm{j}\theta} \tag{4.113}$$

第4章

したがって、

$$I(s)=\frac{E_0}{\sqrt{R^2+\omega^2L^2}}\left(\frac{\omega L}{\sqrt{R^2+\omega^2L^2}}\frac{1}{s+\frac{R}{L}}-\frac{\mathrm{e}^{\mathrm{j}\theta}}{2\mathrm{j}(s+\mathrm{j}\omega)}+\frac{\mathrm{e}^{-\mathrm{j}\theta}}{2\mathrm{j}(s-\mathrm{j}\omega)}\right) \tag{4.114}$$

ラプラス逆変換すると

$$\begin{aligned}i(t)&=\frac{E_0}{\sqrt{R^2+\omega^2L^2}}\left\{\frac{\omega L}{\sqrt{R^2+\omega^2L^2}}\mathrm{e}^{-\frac{R}{L}t}-\frac{\mathrm{e}^{-\mathrm{j}(\omega t-\theta)}}{2\mathrm{j}}+\frac{\mathrm{e}^{\mathrm{j}(\omega t-\theta)}}{2\mathrm{j}}\right\}\\&=①\end{aligned} \tag{4.115}$$

と求められる。

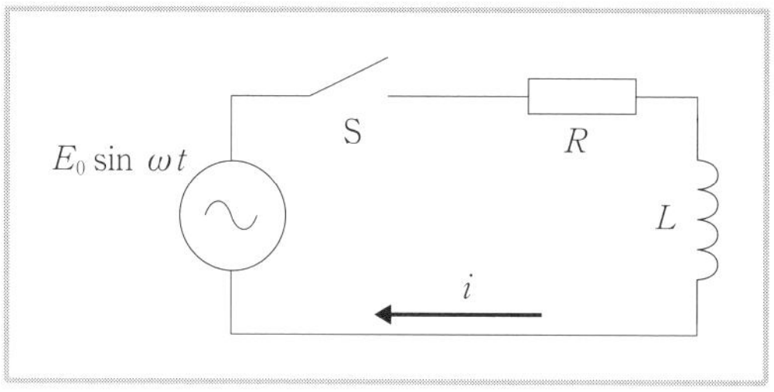

図 4-8

4.4(2) 交流電源を複素数表記する方法

・電源電圧を

$$\dot{E}=E_0\mathrm{e}^{\mathrm{j}\omega t} \tag{4.116}$$

とおくと回路方程式は

$$L\frac{\mathrm{d}i}{\mathrm{d}t}+Ri=E_0\mathrm{e}^{\mathrm{j}\omega t} \tag{4.117}$$

ラプラス変換すると

$$sLI(s)-Li(0)+RI(s)=\frac{E_0}{s-\mathrm{j}\omega} \tag{4.118}$$

初期条件を代入して整理すると

$$I(s)=\frac{E_0}{(sL+R)(s-\mathrm{j}\omega)}=\frac{\frac{E_0}{L}}{\left(s+\frac{R}{L}\right)(s-\mathrm{j}\omega)} \tag{4.119}$$

ここで、

$$I(s)=\frac{A}{s+\frac{R}{L}}+\frac{B}{s-\mathrm{j}\omega} \tag{4.120}$$

とおくと

$$A=\left(s+\frac{R}{L}\right)I(s)\Big|_{s=-\frac{R}{L}}=\frac{\dfrac{E_0}{L}}{\left(-\dfrac{R}{L}-\mathrm{j}\omega\right)}=-\frac{E_0}{R+\mathrm{j}\omega L}=-\frac{E_0}{\sqrt{R^2+\omega^2L^2}}\mathrm{e}^{-\mathrm{j}\theta} \tag{4.121}$$

$$B=(s-\mathrm{j}\omega)I(s)\big|_{s=\mathrm{j}\omega}=\frac{\dfrac{E_0}{L}}{\mathrm{j}\omega+\dfrac{R}{L}}=\frac{E_0}{R+\mathrm{j}\omega L}=\frac{E_0}{\sqrt{R^2+\omega^2L^2}}\mathrm{e}^{-\mathrm{j}\theta} \tag{4.122}$$

となる。ただし$\theta=\tan^{-1}\dfrac{\omega L}{R}$である。したがって、

$$I(s)=\frac{E_0}{\sqrt{R^2+\omega^2L^2}}\mathrm{e}^{-\mathrm{j}\theta}\left(\frac{1}{s-\mathrm{j}\omega}-\frac{1}{s+\dfrac{R}{L}}\right) \tag{4.123}$$

ラプラス逆変換すると

$$i(t)=\frac{E_0}{\sqrt{R^2+\omega^2L^2}}\mathrm{e}^{-\mathrm{j}\theta}\left(\mathrm{e}^{\mathrm{j}\omega t}-\mathrm{e}^{-\frac{R}{L}t}\right)=\frac{E_0}{\sqrt{R^2+\omega^2L^2}}\left\{\mathrm{e}^{\mathrm{j}(\omega t-\theta)}-\mathrm{e}^{-\frac{R}{L}t}\mathrm{e}^{-\mathrm{j}\theta}\right\} \tag{4.124}$$

となる。ここで、

$$E_0\sin\omega t=\mathrm{Im}\left[\dot{E}\right] \tag{4.125}$$

であるため

$$\begin{aligned} i(t)&=\mathrm{Im}\left[\frac{E_0}{\sqrt{R^2+\omega^2L^2}}\left\{\mathrm{e}^{\mathrm{j}(\omega t-\theta)}-\mathrm{e}^{-\frac{R}{L}t}\mathrm{e}^{-\mathrm{j}\theta}\right\}\right]\\ &=① \end{aligned} \tag{4.126}$$

と求められる。

＜4.4 練習問題＞

[1] 問図 4-7 の回路において、$t=0$でスイッチ S を閉じたとき、回路を流れる電流をラプラス変換によって求めよ。

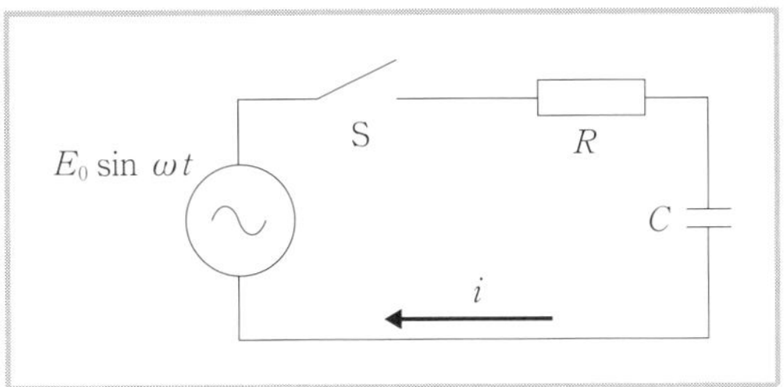

問図 4-7

[2] 問図 4-8 の回路において、$t=0$でスイッチSを閉じたとき、回路を流れる電流をラプラス変換によって求めよ。

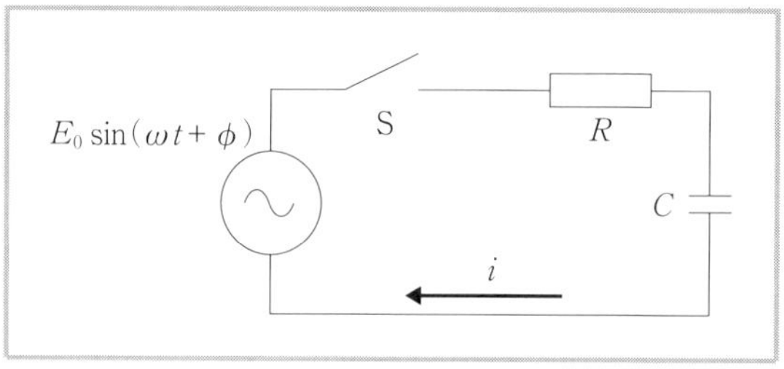

問図 4-8

解　答

第 4 章　ラプラス変換による解析

4.1 ラプラス変換の基礎

＜ 4.1 練習問題＞

[1] $\mathcal{L}[\cos \omega t u_s(t)]=\int_0^\infty\left(\frac{e^{j\omega t}+e^{-j\omega t}}{2}\right)e^{-st}dt$

$$=\frac{1}{2}\int_0^\infty\{e^{-(s-j\omega)t}+e^{-(s+j\omega)t}\}dt$$

$$=\frac{1}{2}\left[-\frac{1}{s-j\omega}e^{-(s-j\omega)t}-\frac{1}{s+j\omega}e^{-(s+j\omega)t}\right]_0^\infty$$

$$=\frac{1}{2}\left(\frac{1}{s-j\omega}+\frac{1}{s+j\omega}\right)=\frac{s}{s^2+\omega^2}$$

[2] $\mathcal{L}[\cosh \alpha t u_s(t)]=\int_0^\infty\left(\frac{e^{\alpha t}+e^{-\alpha t}}{2}\right)e^{-st}dt$

$$=\frac{1}{2}\int_0^\infty\{e^{-(s-\alpha)t}+e^{-(s+\alpha)t}\}dt$$

$$=\frac{1}{2}\left[-\frac{1}{s-\alpha}e^{-(s-\alpha)t}-\frac{1}{s+\alpha}e^{-(s+\alpha)t}\right]_0^\infty$$

$$=\frac{1}{2}\left(\frac{1}{s-\alpha}+\frac{1}{s+\alpha}\right)=\frac{s}{s^2+\alpha^2}$$

[3] ラプラス変換すると

$$s^2a_2I(s)-sa_2i(0)-a_2\left.\frac{di}{dt}\right|_{t=0}+sa_1I(s)$$

$$-a_1i(0)+a_0I(s)=0$$

初期条件を代入して整理すると

$$I(s)=\frac{a_2I_0}{a_2\left(s^2+\frac{a_1}{a_2}s+\frac{a_0}{a_2}\right)}=\frac{I_0}{\left(s+\frac{a_1}{2a_2}\right)^2+\frac{a_0}{a_2}-\left(\frac{a_1}{2a_2}\right)^2}$$

$a_1^2-4a_2a_0<0$ であるため、$\frac{a_0}{a_2}-\left(\frac{a_1}{2a_2}\right)^2>0$ となる。ここで、

$$\alpha=\frac{a_1}{2a2},\ \gamma=\sqrt{\frac{a_0}{a_2}-\left(\frac{a_1}{2a_2}\right)^2}$$

とおくと

$$I(s)=\frac{I_0}{(s+\alpha)^2+\gamma^2}=\frac{I_0}{\gamma}\frac{\gamma}{(s+\alpha)^2+\gamma^2}$$

ラプラス逆変換して

$$i(t)=\frac{I_0}{\gamma}e^{-\alpha t}\sin\gamma t$$

$$=\frac{I_0}{\sqrt{\frac{a_0}{a_2}-\left(\frac{a_1}{2a_2}\right)^2}}e^{-\frac{a_1}{a_2}t}\sin\sqrt{\frac{a_0}{a_2}-\left(\frac{a_1}{2a_2}\right)^2}\,t$$

4.2 RL 回路および RC 回路の過渡現象

① $\frac{E}{R}$　② $-\frac{E}{R}$　③ $\frac{E}{R}\left(\frac{1}{s}-\frac{1}{s+\frac{R}{L}}\right)$　④ $\frac{E}{R}e^{-\frac{R}{L}t}$

⑤ $\frac{E}{R}\left(e^{\frac{R}{L}T}-1\right)e^{-\frac{R}{L}t}$　⑥ E　⑦ $-E$

⑧ $E\left(\frac{1}{s}-\frac{1}{s+\frac{1}{RC}}\right)$　⑨ $-\frac{E}{R}e^{-\frac{1}{RC}t}$

＜ 4.2 練習問題＞

[1] スイッチを開いた後の回路方程式は

$$R_2i+L\frac{di}{dt}=0$$

ラプラス変換すると

$$R_2I(s)+sLI(s)-Li(0)=0$$

初期条件 $i(0)=\frac{E}{R_1}$ を代入して整理すると

$$I(s)=\frac{E}{R_1\left(s+\frac{R_2}{L}\right)}$$

ラプラス逆変換すると

$$i(t)=\frac{E}{R_1}e^{-\frac{R_2}{L}t}$$

[2] スイッチを閉じた後の回路方程式は

$$Ri+\frac{1}{C}\int_{-\infty}^{t}idt=E$$

ラプラス変換すると

$$RI(s)+\frac{1}{sC}I(s)+\frac{1}{sC}q(0)=\frac{E}{s}$$

$q(0)=Q_0$ を代入して整理すると

$$I(s)=\frac{CE-Q_0}{RC\left(s+\frac{1}{RC}\right)}$$

ラプラス逆変換すると

$$i(t)=\frac{CE-Q_0}{RC}e^{-\frac{1}{RC}t}$$

[3] スイッチの開閉操作は次式で表される電源を接続したものと考えられる。

$e(t)=Eu_S(t)-Eu_S(t-T)$

したがって、回路方程式は

$$Ri+\frac{1}{C}\int_{-\infty}^{t} i\mathrm{d}t=e(t)$$

ラプラス変換すると

$$RI(s)+\frac{1}{sC}I(s)=\frac{E}{s}-\frac{E}{s}\mathrm{e}^{-Ts}$$

$$I(s)=\frac{E}{R\left(s+\frac{1}{RC}\right)}-\frac{E}{R\left(s+\frac{1}{RC}\right)}\mathrm{e}^{-Ts}$$

ラプラス逆変換すると

$$i(t)=\frac{E}{R}\mathrm{e}^{-\frac{1}{RC}t}u_S(t)-\frac{E}{R}\mathrm{e}^{-\frac{1}{RC}(t-T)}u_S(t-T)$$

$$=\begin{cases}\frac{E}{R}\mathrm{e}^{-\frac{1}{RC}t} & 0\leq t<T\\ -\frac{E}{R}\left(\mathrm{e}^{\frac{T}{RC}}-1\right)\mathrm{e}^{-\frac{1}{RC}t} & t>T\end{cases}$$

4.3 LC 回路および RLC 回路の過渡現象

①$E\sqrt{\frac{C}{L}}\sin\frac{1}{\sqrt{LC}}t$　②$E\cos\frac{1}{\sqrt{LC}}t$

③$E\left(1-\cos\frac{1}{\sqrt{LC}}t\right)$　④$\frac{E}{L\beta}\mathrm{e}^{-\alpha t}\sinh\beta t$

⑤$\frac{E}{L}t\mathrm{e}^{-\alpha t}$　⑥$\frac{E}{L\gamma}\mathrm{e}^{-\alpha t}\sin\gamma t$

＜4.3 練習問題＞

[1] スイッチを閉じた後の回路方程式は

$$L\frac{\mathrm{d}i}{\mathrm{d}t}+\frac{1}{C}\int_{-\infty}^{t} i\mathrm{d}t=0$$

ラプラス変換すると

$$sLI(s)+\frac{1}{sC}I(s)+\frac{1}{sC}q(0)=0$$

$q(0)=-Q_0$を代入して整理すると

$$I(s)=\frac{Q_0}{\sqrt{LC}}\frac{\frac{1}{\sqrt{LC}}}{s^2+\left(\frac{1}{\sqrt{LC}}\right)^2}$$

ラプラス逆変換すると

$$i(t)=\frac{Q_0}{\sqrt{LC}}\sin\frac{1}{\sqrt{LC}}t$$

[2] スイッチを閉じた後の回路方程式は

$$L\frac{\mathrm{d}i}{\mathrm{d}t}+Ri+\frac{1}{C}\int_{-\infty}^{t} i\mathrm{d}t=0$$

ラプラス変換すると

$$sLI(s)+RI(s)+\frac{1}{sC}I(s)+\frac{1}{sC}q(0)=0$$

$q(0)=-Q_0$を代入して整理すると

$$I(s)=\frac{\frac{Q_0}{LC}}{\left(s+\frac{R}{2L}\right)^2+\frac{1}{LC}-\left(\frac{R}{2L}\right)^2}$$

過制動の条件であるため

$$\alpha=\frac{R}{2L},\ \beta=\sqrt{\left(\frac{R}{2L}\right)^2-\frac{1}{LC}}$$

とおくと

$$I(s)=\frac{Q_0}{LC\beta}\frac{\beta}{(s+\alpha)^2-\beta}$$

ラプラス逆変換すると

$$i(t)=\frac{Q_0}{LC\beta}\mathrm{e}^{-\alpha t}\sinh\beta t$$

[3] スイッチを閉じた後の回路方程式は

$$L\frac{\mathrm{d}i}{\mathrm{d}t}+Ri+\frac{1}{C}\int_{-\infty}^{t} i\mathrm{d}t=0$$

ラプラス変換すると

$$sLI(s)-Li(0)+RI(s)+\frac{1}{sC}I(s)=0$$

$i(0)=\frac{E}{R}$を代入して整理すると

$$I(s)=\frac{\frac{E}{R}s}{\left(s+\frac{R}{2L}\right)^2+\frac{1}{LC}-\left(\frac{R}{2L}\right)^2}$$

減衰振動の条件であるため、

$$\alpha=\frac{R}{2L},\ \gamma=\sqrt{\frac{1}{LC}-\left(\frac{R}{2L}\right)^2}$$

とおくと

$$I(s)=\frac{E}{R}\frac{s}{(s+\alpha)^2+\gamma^2}$$

ラプラス逆変換すると

$$i(t)=\frac{E}{R}\mathrm{e}^{-\alpha t}\cos\gamma t$$

4.4 交流回路の過渡現象

① $\dfrac{E_0}{\sqrt{R^2+\omega^2L^2}}\left\{\sin(\omega t-\theta)+\mathrm{e}^{-\frac{R}{L}t}\sin\theta\right\}$

4.4 練習問題

[1] スイッチを閉じた後の回路方程式は

$$Ri+\frac{1}{C}\int_{-\infty}^{t}i\mathrm{d}t=E_0\sin\omega t$$

ラプラス変換すると

$$RI(s)+\frac{1}{sC}I(s)=\frac{E_0\omega}{s^2+\omega^2}$$

整理すると

$$I(s)=\frac{\dfrac{E_0\omega s}{R}}{\left(s+\dfrac{1}{RC}\right)(s^2+\omega^2)}=\frac{\dfrac{E_0\omega s}{R}}{\left(s+\dfrac{1}{RC}\right)(s+\mathrm{j}\omega)(s-\mathrm{j}\omega)}$$

$$I(s)=\frac{A}{s+\dfrac{1}{RC}}+\frac{B}{s+\mathrm{j}\omega}+\frac{C}{s-\mathrm{j}\omega}$$

とおき、$\theta=\tan^{-1}\omega CR$とおくと

$$A=-\frac{E_0\omega}{R^2C\left(\dfrac{1}{R^2C^2}+\omega^2\right)}=-\frac{E_0\omega C}{(1+\omega^2C^2R^2)}$$

$$B=\frac{E_0\omega C}{2\sqrt{1+\omega^2C^2R^2}}\mathrm{e}^{-\mathrm{j}\theta}$$

$$C=\frac{E_0\omega C}{2\sqrt{1+\omega^2C^2R^2}}\mathrm{e}^{\mathrm{j}\theta}$$

したがって、

$$I(s)=\frac{E_0\omega C}{\sqrt{1+\omega^2C^2R^2}}\left\{\frac{\mathrm{e}^{\mathrm{j}\theta}}{2(s+\mathrm{j}\omega)}+\frac{\mathrm{e}^{-\mathrm{j}\theta}}{2(s-\mathrm{j}\omega)}\right.$$

$$\left.-\frac{1}{\sqrt{1+\omega^2C^2R^2}}\left(\frac{1}{s+\dfrac{1}{RC}}\right)\right\}$$

ラプラス逆変換すると

$$i(t)=\frac{E_0\omega C}{\sqrt{1+\omega^2C^2R^2}}\left\{\frac{\mathrm{e}^{-\mathrm{j}(\omega t-\theta)}}{2}+\frac{\mathrm{e}^{\mathrm{j}(\omega t-\theta)}}{2}\right.$$

$$\left.-\frac{1}{\sqrt{1+\omega^2C^2R^2}}\mathrm{e}^{-\frac{1}{RC}t}\right\}$$

$$=\frac{CE_0}{\sqrt{1+\omega^2C^2R^2}}\left\{\omega\cos(\omega t-\theta)\right.$$

$$\left.-\frac{\omega CR}{CR\sqrt{1+\omega^2C^2R^2}}\mathrm{e}^{-\frac{1}{RC}t}\right\}$$

$$=\frac{CE_0}{\sqrt{1+\omega^2C^2R^2}}\left\{\omega\cos(\omega t-\theta)-\frac{1}{RC}\cdot\mathrm{e}^{-\frac{1}{RC}t}\sin\theta\right\}$$

[2] スイッチを閉じた後の回路方程式は

$$Ri+L\frac{\mathrm{d}i}{\mathrm{d}t}=E_0\sin(\omega t+\phi)$$

変形すると

$$Ri+L\frac{\mathrm{d}i}{\mathrm{d}t}=E_0(\sin\omega t\cos\phi+\cos\omega t\sin\phi)$$

ラプラス逆変換すると

$$RI(s)+sLI(s)=\frac{E_0(\omega\cos\phi+s\sin\phi)}{s^2+\omega^2}$$

整理すると

$$I(s)=\frac{\dfrac{E_0}{L}(\omega\cos\phi+s\sin\phi)}{\left(s+\dfrac{R}{L}\right)(s+\mathrm{j}\omega)(s-\mathrm{j}\omega)}$$

$$I(s)=\frac{A}{s+\dfrac{R}{L}}+\frac{B}{s+\mathrm{j}\omega}+\frac{C}{s-\mathrm{j}\omega}$$

とおき、$\theta=\tan^{-1}\dfrac{\omega L}{R}$とおくと

$$A=\frac{\dfrac{E_0}{L}\left(\omega\cos\phi-\dfrac{R}{L}\sin\phi\right)}{\omega^2+\left(\dfrac{R}{L}\right)^2}=-\frac{E_0(R\sin\phi-\omega L\cos\phi)}{R^2+\omega^2L^2}$$

$$B=\frac{\dfrac{E_0}{L}(\omega\cos\phi-\mathrm{j}\omega\sin\phi)}{\left(\dfrac{R}{L}-\mathrm{j}\omega\right)(-2\mathrm{j}\omega)}=-\frac{E_0(\cos\phi-\mathrm{j}\sin\phi)}{2\mathrm{j}(R-\mathrm{j}\omega L)}$$

$$=-\frac{E_0\mathrm{e}^{-\mathrm{j}(\phi-\theta)}}{2\mathrm{j}\sqrt{R^2+\omega^2L^2}}$$

$$C=\frac{\dfrac{E_0}{L}(\omega\cos\phi+\mathrm{j}\omega\sin\phi)}{\left(\dfrac{R}{L}-\mathrm{j}\omega\right)(2\mathrm{j}\omega)}=\frac{E_0(\cos\phi+\mathrm{j}\sin\phi)}{2\mathrm{j}(R+\mathrm{j}\omega L)}$$

$$=\frac{E_0\mathrm{e}^{\mathrm{j}(\phi-\theta)}}{2\mathrm{j}\sqrt{R^2+\omega^2L^2}}$$

したがって

$$I(s)=\frac{E_0}{\sqrt{R^2+\omega^2L^2}}\left\{-\frac{\mathrm{e}^{-\mathrm{j}(\phi-\theta)}}{2\mathrm{j}(s+\mathrm{j}\omega)}+\frac{\mathrm{e}^{\mathrm{j}(\phi-\theta)}}{2\mathrm{j}(s-\mathrm{j}\omega)}\right.$$

$$\left.-\frac{R\sin\phi-\omega L\cos\phi}{\sqrt{R^2+\omega^2L^2}\left(s+\dfrac{R}{L}\right)}\right\}$$

ラプラス逆変換すると

$$i(t)=\frac{E_0}{\sqrt{R^2+\omega^2L^2}}\left\{-\frac{\mathrm{e}^{-\mathrm{j}(\omega t+\phi-\theta)}}{2\mathrm{j}}+\frac{\mathrm{e}^{\mathrm{j}(\omega t+\phi-\theta)}}{2\mathrm{j}}\right.$$

$$\left.-\frac{R\sin\phi-\omega L\cos\phi}{\sqrt{R^2+\omega^2L^2}}\mathrm{e}^{-\frac{R}{L}t}\right\}$$

$$=\frac{E_0}{\sqrt{R^2+\omega^2L^2}}\left\{\sin(\omega t+\phi-\theta)\right.$$

$$\left.-\mathrm{e}^{-\frac{R}{L}t}(\cos\theta\sin\phi-\sin\theta\cos\phi)\right\}$$

$$=\frac{E_0}{\sqrt{R^2+\omega^2L^2}}\left\{\sin(\omega t+\phi-\theta)-\mathrm{e}^{-\frac{R}{L}t}\sin(\phi-\theta)\right\}$$

索　引

記　号

英　字

あ　行

か　行

さ　行

た　行

な　行

は　行

ま 行

ら 行

参考文献

紙田公：『これならわかる回路計算に強くなる本』電気書院（1988）
橋口清人、松原孝史、箕田充志：『電気回路 AtoZ』電気書院（2014）
柴崎誠：『図説 %Z 法と対称座標法の入門』オーム社（2018）
安岡康一：『基本を学ぶ電力工学』オーム社（2012）
堀田栄喜：「電力システム工学，5 章 三相交流」東京工業大学 TOKYO TECH OCW
前川幸一郎：『これでわかった対称座標法』啓学出版（1970）
公益社団法人 日本電気技術者協会：「電気技術解説講座」
https://jeea.or.jp/course/contents/04110/
西巻正郎、下川博文、奥村万規子：『続電気回路の基礎　第 3 版』森北出版（2014）
大下眞二郎：『詳解電気回路演習（下）』共立出版（1980）
春山定雄：『わかる解き方電気回路』ダイゴ社（1994）
山口勝也：『詳解電気回路・過渡現象演習』日本理工出版会（1972）
加藤政一、和田成夫、佐野雅敏、田井野徹、鷹野致和、高田進：『電気回路　改訂版』実教出版（2016）
高木浩一、佐野秀則、髙橋徹、猪原哲：『できる電気回路演習』森北出版（2009）
尾崎弘：『大学課程電気回路（2）第 3 版』オーム社（2000）p.89-168
大下眞二郎：『詳解電気回路演習（下）』共立出版（2002）p.143-252
服藤憲司：『例題と演習で学ぶ続・電気回路第 2 版』森北出版（2017 年）p.80-148
小関修、光本真一：『基礎電気回路ノートＩ』電気書院（2018）
吉岡芳夫、作道訓之：『過渡現象の基礎』森北出版（2006）
小郷寛、小亀英己：『基礎からの交流理論』電気学会（2005）

――著 者 略 歴――
小関 修（おぜき おさむ）
豊田工業高等専門学校名誉教授
光本 真一（みつもと しんいち）
豊田工業高等専門学校 電気・電子システム工学科 教授
伊藤 和晃（いとう かずあき）
岐阜大学 工学部 機械工学科 准教授
室谷 英彰（むろたに ひであき）
徳山工業高等専門学校 情報電子工学科 准教授

応用電気回路ノート

2021年9月17日 第1版第1刷発行

著 者 小関 修 / 光本 真一 / 伊藤 和晃 / 室谷 英彰
発行者 田中 聡

発 行 所
株式会社 電 気 書 院
ホームページ www.denkishoin.co.jp
（振替口座 00190-5-18837）
〒101-0051 東京都千代田区神田神保町1-3ミヤタビル2F
電話(03)5259-9160／FAX(03)5259-9162

印刷 亜細亜印刷株式会社
Printed in Japan／ISBN978-4-485-30113-5